四川省示范性高职院校建设项目成果
校企合作共同编写，与企业对接，实用性强

U0794198

计算机维护与服务规范

——7天精通PC维护

Jisuanji Weihu Yu Fuwu Guifan

—7tian Jingtong PC Weihu

主编◎刘 顺 李明
参编◎孙雅妮 王飞 曾兆敏 瞿 艺
主审◎景 红

西南交通大学出版社
·成都·

图书在版编目（CIP）数据

计算机维护与服务规范 ：7 天精通 PC 维护 / 刘顺，李明主编. —成都：西南交通大学出版社，2014.8（2020.12 重印）

四川省示范性高职院校建设项目成果

ISBN 978-7-5643-3254-9

Ⅰ. ①计… Ⅱ. ①刘… ②李… Ⅲ. ①计算机维护－高等职业教育－教材 Ⅳ. ①TP307

中国版本图书馆 CIP 数据核字（2014）第 175834 号

四川省示范性高职院校建设项目成果

计算机维护与服务规范

——7 天精通 PC 维护

主编 刘 顺 李 明

责任编辑	李芳芳
特邀编辑	何 桥
封面设计	米迦设计工作室
出版发行	西南交通大学出版社 （四川省成都市二环路北一段 111 号 西南交通大学创新大厦 21 楼）
发行部电话	028-87600564 028-87600533
邮政编码	610031
网 址	http: //www.xnjdcbs.com
印 刷	成都蓉军广告印务有限责任公司
成品尺寸	185 mm × 260 mm
印 张	16.25
字 数	404 千字
版 次	2014 年 8 月第 1 版
印 次	2020 年 12 月第 3 次
书 号	ISBN 978-7-5643-3254-9
定 价	42.00 元

图书如有印装质量问题 本社负责退换

版权所有 盗版必究 举报电话：028-87600562

序

2014年6月23至24日，全国第七次职业教育工作会议在北京召开，中共中央总书记、国家主席、中央军委主席习近平就加快职业教育发展作出重要指示。他强调，职业教育是国民教育体系和人力资源开发的重要组成部分，是广大青年打开通往成功成才大门的重要途径，肩负着培养多样化人才、传承技术技能、促进就业创业的重要职责，必须高度重视、加快发展。

在国家大力发展职业教育、创新人才培养模式的新形势下，加强高职院校教材建设及课程资源建设，是深化教育教学改革和全面培养技术技能人才的前提和基础。

近年来，四川信息职业技术学院坚持走“根植信息产业、服务信息社会”的特色发展之路，始终致力于打造西部电子信息高端技术技能人才培养高地，立志为电子信息产业和区域经济社会发展培养技术技能人才。在省级示范性高等职业院校建设过程中，学院通过联合企业全程参与教材开发与课程建设，组织编写了涉及应用电子技术、软件技术、计算机网络技术、数控技术等四个示范建设专业的具有较强指导作用和较高现实价值的系列教材。

在编著过程中，编著者基于“理实一体”、“教学做一体化”的基本要求，秉承新颖性、实用性、开放性的基本原则，以校企联合为依托，基于工作过程系统化课程开发理念，精心选取教学内容、优化设计学习情境，最终形成了这套示范系列教材。本套教材充分体现了“企业全程参与教材开发、课程内容与职业标准对接、教学过程与生产过程对接”的基本特点，具体表现在：

一是编写队伍体现了“校企联合、专兼结合”。教材以适应技术技能人才培养为需求，联合四川军工集团零八一电子集团、联想集团、四川长征机床集团有限公司、宝鸡机床集团有限公司等知名企业全程参与教材开发，编写队伍既有企业一线技术工程师，又有学校的教授、副教授，专兼搭配。他们既熟悉国家职业教育形势和政策，又了解社会和行业需求；既懂得教育教学规律，又深谙学生心理。

二是内容选取体现了“对接标准，立足岗位”。教材编写以国家职业标准、行业标准为指南，有机融入了电子信息产业链上的生产制造类企业、系统集成企业、应用维护企业或单位的相关技术岗位的知识技能要求，使课程内容与国家职业标准和行业企业标准有机融合，学生通过学习和实践，能实现从学习者向从业者能力的递进。突出了课程内容与职业标准对接，使教材既可以作为学校教学使用，也可作为企业员工培训使用。

三是内容组织体现了“项目导向、任务驱动”。教材基于工作过程系统化理念开发，采用“项目导向、任务驱动”方式组织内容，以完成实际工作中的真实项目或教学迁移项目为目标，通过核心任务驱动教学。教学内容融基础理论、实验、实训于一体，注重培养学生安全意识、团队意识、创新意识和成本意识，做到了素质并重，能让学生在模拟真实的工作环境中学习和实践，突出了教学过程与生产过程对接。

四是配套资源体现了“丰富多样、自主学习”。本套教材建设有配套的精品资源共享课程（见 http://www.scitc.com.cn/），配置教学文档库、课件库、素材库、习题及试题库、技术资料库、工程案例库，形成了立体化、资源化、网络化的开放式学习平台。

尽管本套教材在探索创新中还存在有待进一步提升之处，但仍不失为一套针对高职电子信息类专业的好教材，值得推广使用。

此为序。

四川省高职高专院校

人才培养工作委员会主任

前　言

计算机已经成为我们工作和学习中不可缺少的工具，高效地辅助我们完成各项工作。随着计算机成为家电下乡产品，计算机使用数量呈几何增长，这就需要大量的计算机维护人员。本书的编写目的就是让计算机维护工程师快速掌握计算机维护知识，结合行业标准、行业技术规范、最新计算机知识，力求内容的实用性、可读性。

由于高职教育的特殊性，本书采用项目式教学法编写，项目课程模块化，7 天完成教学任务，每天一个项目，即 7 天精通 PC 维护，本书主要内容包括：

项目一：计算机部件识别，讲解计算机组成及相关部件技术参数。

项目二：计算机选购，讲解笔记本电脑选购及台式机配置和选购。

项目三：计算机组装，讲解拆装工具、拆装技术规范和台式机、笔记本拆装规范。

项目四：操作系统安装，讲解计算机启动过程、BIOS 设置、硬盘分区、操作系统安装、驱动安装等内容。

项目五：计算机软件维护，讲解 DOS 命令、数据备份还原、数据恢复、杀毒软件、硬盘内存扫描、操作系统密码破解、U 盘维护工具盘制作。

项目六：计算机故障排除，故障处理原则、方法、流程、案例分析。

项目七：计算机外设实验，打印机实验、复印机实验、无线路由器配置实验。

本书由刘顺、李明担任主编，由西南交通大学软件学院景红教授担任主审，参与编写的老师有：孙雅妮、王飞、曾兆敏、瞿艺。本书在编写过程中得到四川信息职业技术学院赵克林教授的指导和支持，在此表示衷心的感谢！

由于时间仓促，书中难免存在疏漏之处，敬请读者批评指正。

编　者

2014 年 5 月

目 录

项目一

计算机部件识别

【项目目标】

通过本项目的学习，了解计算机系统的组成，熟悉计算机部件的功能和参数，加深对计算机系统的认识。

【任务描述】

了解计算机部件功能、形状、参数。

【任务分析】

本任务的关键点：

（1）了解计算机发展及软硬件组成。
（2）了解台式机部件功能、形状、结构、参数。
（3）了解笔记本电脑部件功能、形状、结构、参数。

【预备知识】

一、计算机的基本发展史

中国最早的计算工具——算筹；公元 600 年左右，我国出现新的计算工具——算盘；17 世纪欧洲出现计算尺和机械式计算机，到 1985 年第一台笔记本诞生，如图 1.1 所示。

世界上第一台电子计算机 ENIAC 于 1946 年 2 月在美国的宾夕法尼亚大学诞生，如图 1.2 所示。

世界上第一台电子数字积分式计算机——埃尼克（ENIAC）在美国宾夕法尼亚大学莫尔学院诞生。ENIAC 犹如一个庞然大物，它重达 30 t，占地 170 m^2，内装 18 000 个电子管，第一代计算机由于采用电子管，因而体积大、耗电多、运算速度较低、故障率较高而且价格极贵。

本阶段，计算机软件尚处于初始发展期，符号语言已经出现并被使用，主要用于科学计算方面。

图 1.1　计算机的基本发展史

图 1.2　世界上第一台电子计算机 ENIAC

第一代（1946—1957 年）是电子管计算机时代，其特征是采用电子管作为运算和逻辑元件，数据表示主要是定点数，用机器语言和汇编语言编写程序，主要用于科学计算和工程计算。

第二代（1957—1964 年）是晶体管计算机时代。其特征是用晶体管作为运算和逻辑元件，用铁锌氧磁心作为主存储器，磁带和磁盘用作外存储器；软件方面开始采用 FORTRAN、COBOL 等高级程序设计语言。

第三代（1965—1970 年）是中、小规模集成电路计算机时代。其特征是用集成电路替代了分立元件，用半导体存储器取代了磁心存储器，中央处理器采用了微程序控制技术；软件方面操作系统逐渐成熟且功能逐渐强化，出现了系列化的计算机产品。

第四代（1971 年至今）是大规模和超大规模计算机的时代。其特征是以大规模集成电路和超大规模集成电路为主要部件，集成并替代了大量的小型集成电路；软件方面此时发展了数据库系统、分布式操作系统、通信软件等。

二、计算机系统

计算机由硬件和软件两部分组成的，硬件部分包括微处理器（包含运算器和控制器）、存储器（包括内存储器和外存储器）和输入输出设备，软件部分包括系统软件和应用软件，如图 1.3 所示。

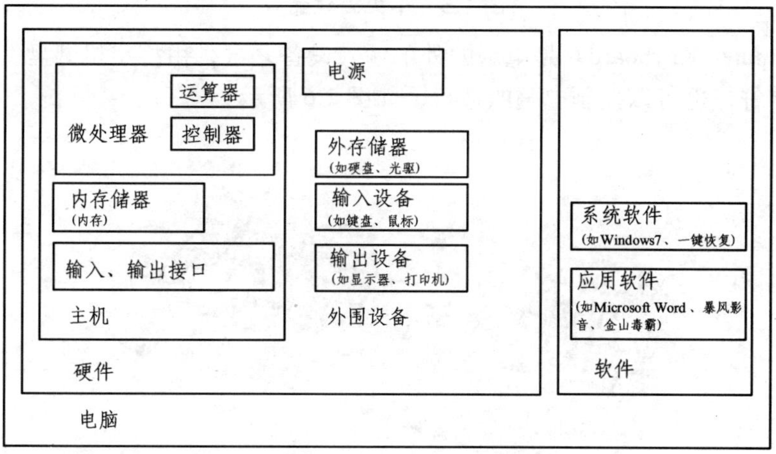

图 1.3　计算机的组成

主机是计算机的核心，其主要组成有微处理器、内存储器和输入输出接口，如图 1.4 所示。

图 1.4　主机

中央处理器（Central Processing Unit，CPU），是电子计算机的主要设备之一。其功能主要是解释计算机指令以及处理计算机软件中的数据，如图 1.5 所示。

图 1.5　中央处理器

键盘（Computer Keyboard）是电脑的外部输入设备之一，由打字机键盘发展而来。通过键盘可以输入字符，也可以控制电脑的运行，如图 1.6 所示。

图 1.6　键盘

内存（Computer Memory）是一种利用半导体技术制成的电子设备，用来存储数据。电子电路的数据是以二进制的方式存储，存储器的每一个存储单元称作记忆元，如图 1.7 所示。

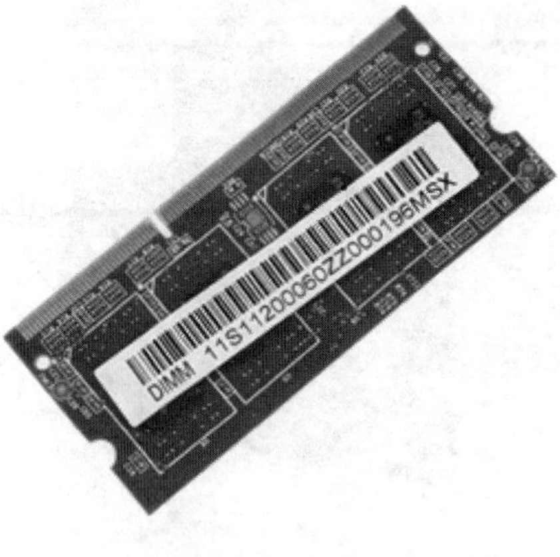

图 1.7　内存

外存储器（简称外存）是相对内存而言的，通常是磁性介质或光盘，像硬盘、软盘、磁带、CD 等，能长期保存信息，并且不依赖于电来保存信息，如图 1.8 所示。

图 1.8　外存储器

鼠标（Computer Mouse）也是计算机的一种输入设备。我们可以通过拖动鼠标、单击按键、双击按键命令计算机为我们工作，如图 1.9 所示。

图 1.9　鼠标

显示器（Monitor）是计算机的输出设备。外观很像电视机，通过它能把我们输入计算机的信息、计算机工作的过程和计算机处理后的结果显示出来，如图 1.10 所示。

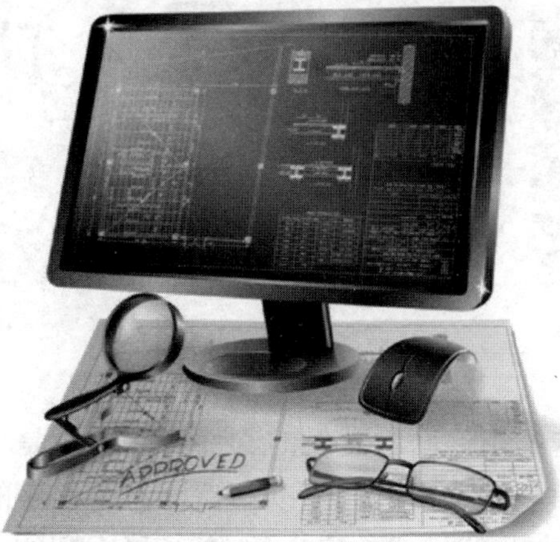

图 1.10　显示器

软件（Software）是一系列按照特定顺序组织的计算机数据和指令的集合。一般来讲软件被划分为编程语言、系统软件、应用软件和介于这两者之间的中间件。软件并不仅仅包括可以在计算机上运行的计算机程序，与这些计算机程序相关的文档，一般也被认为是软件的一部分。简单地说，软件就是程序和文档的集合体，如图 1.11 所示。

图 1.11　软件

系统软件为计算机使用提供最基本的功能，但是并不针对某一特定应用领域。而应用软件则恰好相反，不同的应用软件根据用户和所服务的领域提供不同的功能。

系统软件是负责管理计算机系统中各种独立的硬件，使得它们可以协调工作。一般来讲，系统软件包括操作系统和一系列基本的工具（比如编译器，数据库管理，存储器格式化，文件系统管理，用户身份验证，驱动管理，网络连接等方面的工具）。目前 PC 市场上占有率最高的是微软所推出的 Windows 系列，其次则是类 Unix 系列的操作系统，例如由开放式架构且逐渐窜起的 GNU/Linux，以及 FreeBSD 等，此外尚有 Solaris，OS/2 及 eComStation 等，如图 1.12 所示。

图 1.12　系统软件

应用软件是为了某种特定的用途而被开发的软件。它可以是一个特定的程序，比如一个图像浏览器；也可以是一组功能联系紧密，可以互相协作的程序的集合，比如微软的 Office 软件；也可以是一个由众多独立程序组成的庞大的软件系统，比如数据库管理系统，如图 1.13 所示。

图 1.13　应用软件

一般来说个人计算机分为两大机型与两大系统，在机型上分为常见的桌面型电脑与笔记本电脑，按照大小和移动性分为：

1. 台式机（也称桌面计算机）

台式机，是一种独立相互分离的计算机，完完全全跟其他部件无联系，相对于笔记本和上网本体积较大，主机、显示器等设备一般都是相对独立的，一般需要放置在电脑桌或者专门的工作台上。因此命名为台式机，如图 1.14 所示。

图 1.14　台式机

2. 一体机

由于显示器尺寸关系，早期计算机系统主要有三部分组成：显示器、主机和输入设备。随着显示器尺寸的缩小，电脑厂商开始把主机集成到显示器中，从而形成一体电脑(All-In-One)，缩写为 AIO。AIO 相较传统台式机有着连线少、体积小的优势，集成度更高，价格也并无明显变化，可塑造性更强，厂商可以设计出极具个性的产品。AIO 可以说是与笔记本和传统台式机并列的一条新兴产品线，国内各大 PC 厂商都十分重视，如图 1.15 所示。

图 1.15　一体机

3. 笔记本电脑

笔记本电脑(NoteBook Computer,NoteBook),中文又称笔记型、手提或膝上计算机(Laptop Computer，Laptop)，是一种小型、可以方便携带的个人电脑，通常重达 1～3 kg（也有部分机种可能重达 4～6 kg，视不同品牌或型号而定）。当前笔记本电脑的发展趋势是体积越来越小，重量越来越轻，而功能却越来越强大。为了缩小体积，笔记型电脑通常拥有液晶显示器（液晶屏），现在新式的有触摸屏。除了键盘以外，有些还装有触控板（Touchpad）或触控点作为指向设备（Pointing Device），如图 1.16 所示。

图 1.16　笔记本电脑

4. 平板式电脑（只能归属于笔记本电脑的派生型）

平板电脑也叫平板计算机（Tablet Personal Computer，简称 Tablet PC，Flat PC，Tablet，Slates），是一种小型、方便携带的个人电脑，以触摸屏作为基本的输入设备。它拥有的触摸屏（也称为数位板技术）允许用户通过触控笔或数字笔而不是传统的键盘或鼠标来进行作业。用户可以使用内建的手写识别、屏幕上的软键盘、语音识别或者一个真正的键盘（如果该机型配备的话）。平板电脑由比尔·盖茨提出，应支持来自高通骁龙处理器，Intel、AMD 和 ARM 的芯片架构。平板电脑分为 ARM 架构（代表产品为 iPad 和安卓平板电脑）与 X86 架构（代表产品为 Surface Pro 和 Wbin Magic），后者一般采用 Intel 处理器及 Windows 操作系统，具有完整的电脑及平板功能，支持 exe 程序，如图 1.17 所示。

图 1.17　平板式电脑

5. 可穿戴式电脑（概念型产品，未具市场规模与趋势，美国 VA 公司曾于 1999 年主推过，但如今不再强调）

穿戴式电脑（Wearable Computer）为可穿戴于身上外出进行活动的微型电子设备，如图 1.18 所示。此种电脑由轻巧的装置构成，利用手表类小机械电子零件组成，达成像头戴式显示器（HMD）一般，使得电脑更具便携性，目前已出现了将衣服与电脑进行结合的研究。这类技术已经开发用来支持通用或特殊目的的信息技术和媒体发展。

图 1.18　可穿戴式电脑

【任务实施】

现代个人计算机一般包括：① 显示器；② 主板；③ CPU（中央处理器）；④ 主存（RAM）；⑤ 个人电脑接口（PCI）；⑥ 电源；⑦ 光盘驱动器（VCD、DVD、蓝光光盘）；⑧ 辅助存储器（硬盘）；⑨ 键盘；⑩ 鼠标，如图 1.19 所示。

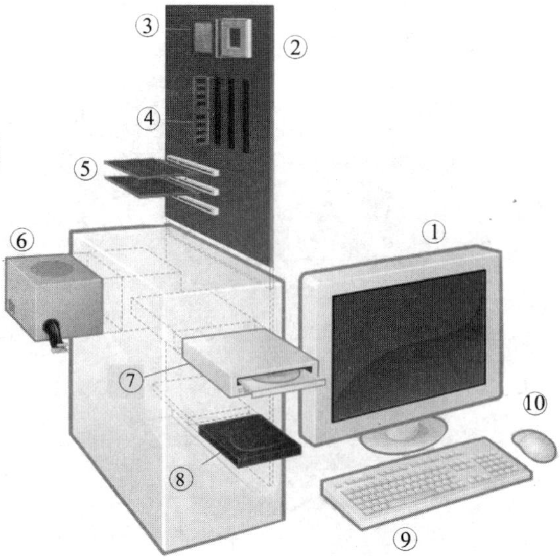

图 1.19　现代一般台式机组成

一、认识 CPU

中央处理器（Central Processing Unit，CPU）是一块超大规模的集成电路，是一台计算机的运算核心和控制核心，如图 1.20 所示。CPU 主要包括运算器（Arithmetic and Logic Unit，ALU）和控制器（Control Unit，CU）两大部件。此外，还包括若干个寄存器和高速缓冲存储器及实现它们之间联系的数据、控制及状态的总线。它与内部存储器和输入/输出设备合称为电子计算机三大核心部件。

图 1.20　CPU 正面图和背面图

微型计算机的大脑或发动机是中央处理器（有时也称作微处理器），即 CPU。CPU 用于进行系统的计算和处理。

计算机的性能在很大程度上由 CPU 的性能所决定，而 CPU 的性能主要体现在其运行程序的速度上。影响运行速度的性能指标包括 CPU 的工作频率、Cache 容量、指令系统和逻辑结构等参数。

1. 主　频

主频也叫时钟频率，单位是 MHz，主要用来表示 CPU 的运算速度。CPU 的主频由外频和倍频系数来确定，两者的乘积就是主频。CPU 的主频与外频之间存在着一个比值关系，这个比值就是倍频系数，简称倍频。外频和倍频其中任何一项提高，都可以使 CPU 的主频上升。因此，主频仅仅是 CPU 性能表现的一个方面，而不代表 CPU 的全部性能。例如 CPU i3-530 主频 2.93 GHz，如图 1.21 所示。

图 1.21　CPU i3-530

2. FSB

前端总线（Front Side Bus，FSB）频率也即 CPU 的外部时钟频率，它是 CPU 和北桥芯片之间数据总线传输时钟频率。前端总线频率越高，意味着单位时间内传输的数据量也就越大。

3. 内部缓存

封闭在 CPU 芯片内部的高速缓存，用于暂时存储 CPU 运算时的部分指令和数据，存取速度与 CPU 主频一致。L1 缓存越大，CPU 工作时与存取速度较慢的 L2 缓存和内存间交换数据的次数就越少，相对 CPU 的运算速度可以提高。

4. 外部缓存

CPU 二级高速缓存，分内部和外部两种模块。内部的芯片二级缓存运行速度与主频相同，而外部的二级缓存则只有主频的一半。L2 高速缓存容量也会影响 CPU 的性能，原则上是越大越好。

5. 总线宽度

地址总线宽度决定了 CPU 可以访问的物理地址空间，简单地说，就是 CPU 到底能够使用多大容量的内存。当前 32 位地址总线的 CPU，理论上可以访问 4 GB 的存储空间，同时具备 64 位数据位宽的传输能力。

6. 封装形式

传统意义上的封装形式对于芯片仅仅是一个外壳，是机械结构性的保护。现阶段芯片的封装除了结构特性外，还包含了散热机制，并成为了电性能上芯片与主板连接的平台。CPU 封装的意义在于最大限度地发挥它的最佳性能和提供一个与主板的连接平台，是实现笔记本电脑专用 CPU 体积小、散热快、功耗低等各项特性的保证。

7. CPU 核心数

多核心，也指单芯片多处理器（Chip Multiprocessors，CMP）。CMP 是由美国斯坦福大学提出的，其思想是将大规模并行处理器中的 SMP（对称多处理器）集成到同一芯片内，各个处理器并行执行不同的进程。这种依靠多个 CPU 同时并行地运行程序是实现超高速计算的一个重要方向，称为并行处理，如图 1.22 所示。

CPU 先进技术还包括集成显示核心、睿频、多线程等，如图 1.23 所示。

图 1.22　多核 CPU

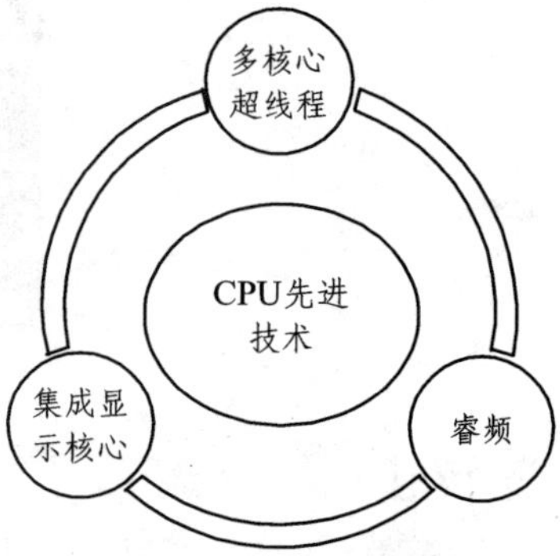

图 1.23　CPU 先进技术

CPU 在工作的时候会产生大量的热，如果不将这些热量及时散发出去，轻则导致死机，重则可能将 CPU 烧毁，CPU 散热器就是用来为 CPU 散热的。散热器对 CPU 的稳定运行起着决定性的作用。因此，购买电脑时选购一款好的散热器非常重要。CPU 风扇由风扇、散热片和底座组成，如图 1.24 所示。

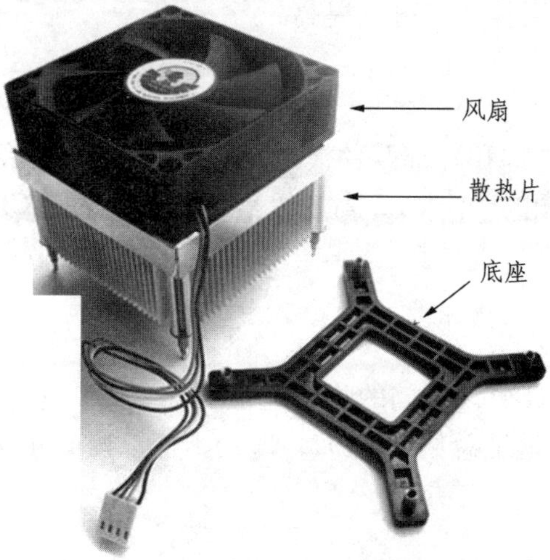

图 1.24　散热器

二、认识主板

主板，又叫主机板（Mainboard）、系统板（Systemboard）或母板（Motherboard），它安装在机箱内，是微机最基本的也是最重要的部件之一。主板一般为矩形电路板，上面安装了组成计算机的主要电路系统，一般有 BIOS 芯片、I/O 控制芯片、键盘和面板控制开关接口、指示灯插接件、扩充插槽、主板及插卡的直流电源供电接插件等元件，如图 1.25 所示。

图 1.25　主板

主板采用了开放式结构。主板上大都有 6～15 个扩展插槽，供 PC 机外围设备的控制卡（适配器）插接。通过更换这些插卡，可以对微机的相应子系统进行局部升级，使厂家和用户在配置机型方面有更大的灵活性。总之，主板在整个微机系统中扮演着举足轻重的角色。可以说，主板的类型和档次决定着整个微机系统的类型和档次，主板的性能影响着整个微机系统的性能。

以华硕 P8Z68 为例讲解主板接口，如图 1.26 所示。

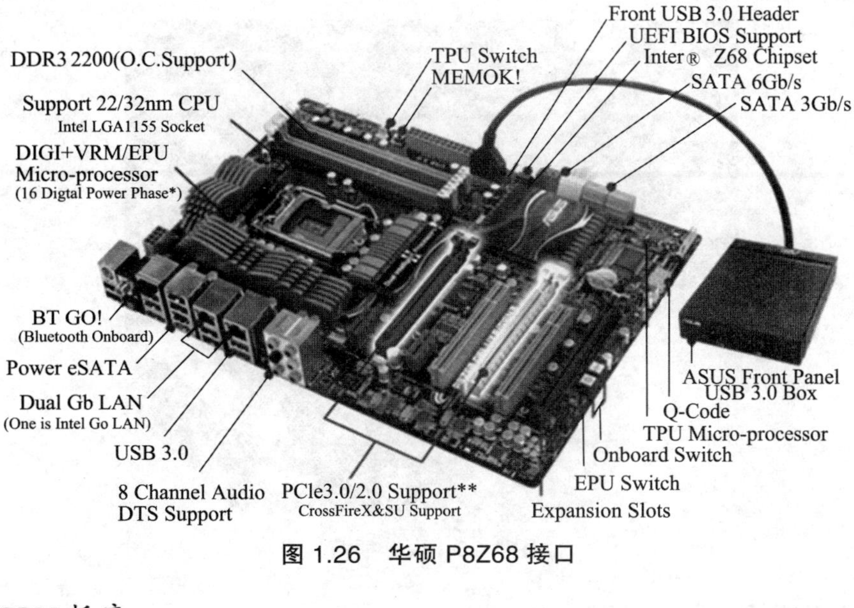

图 1.26　华硕 P8Z68 接口

（一）CPU 插座

CPU 需要通过 CPU 插座与主板连接才能进行工作。CPU 经过多年的发展，采用的接口方式有引脚式、卡式、触点式、针脚式等，如图 1.27 所示。

图 1.27　CPU 插槽

（二）内存插槽

内存插槽是指主板上用来插暂存硬件内存条的插槽。主板所支持的内存种类和容量都由内存插槽来决定。

接口类型是根据内存条金手指上导电触片的数量来划分的，金手指上的导电触片习惯上称为针脚数（Pin）。不同的内存采用的接口类型各不相同，而每种接口类型所采用的针脚数也各不相同。

内存插槽为蓝黑配色，4 个 DIMM 内存插槽超频可以支持双通道 DDR3 3200 内存，最大容量为 32 GB，如图 1.28 所示。

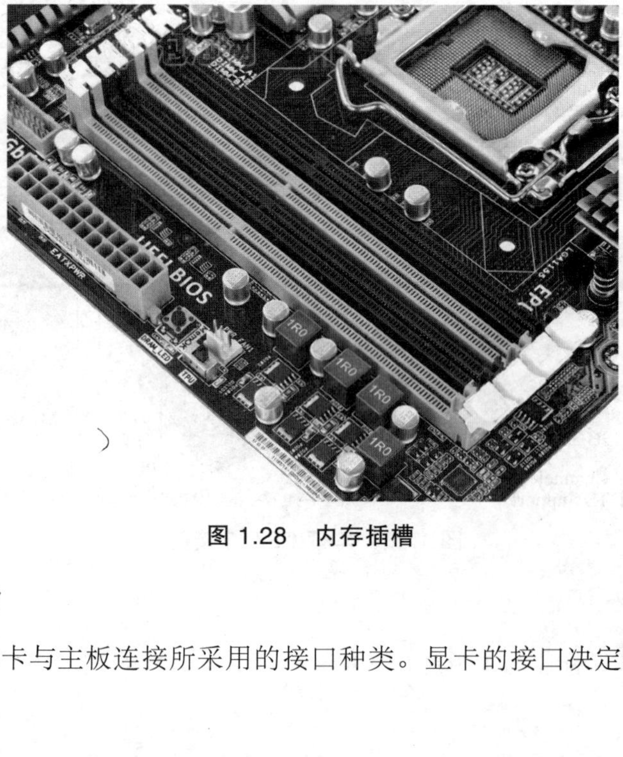

图 1.28　内存插槽

（三）显卡插槽

接口类型是指显卡与主板连接所采用的接口种类。显卡的接口决定着显卡与系统之间数据传输的最大带宽，也就是瞬间所能传输的最大数据量。不同的接口能为显卡带来不同的性能，而且也决定着主板是否能够使用此显卡。只有在主板上有相应接口的情况下，显卡才能使用。

显卡接口分为：PCI 接口、AGP 接口、PCI Express 接口、AGI 与 AGU 接口。

PCI 扩展部位主板提供了 3 个 PCI-Express x16 插槽，支持双路 SLI 或三路 CrossFire，其中全速的 PCI-Express x16 插槽依然为黄色，另外两条的带宽依次为 x8 和 x4。另外主板还提供了 4 个 PCI-Express x1 插槽供用户扩展，如图 1.29 所示。

图 1.29　显卡插槽

（四）主板电池

主板电池用于记录计算机系统时间，也就是维持系统时钟的准确性，电量不够时，时间会回到出厂日期。主板电池还用于记录启动时要用的硬件信息，也就是维持 CMOS 的 BIOS 信息，如图 1.30 所示。

图 1.30　主板电池

（五）主板 I/O 接口

I/O 接口的功能是负责实现 CPU 通过系统总路线。

I/O 接口主要有：PS/2 接口（接鼠标/键盘）、USB 接口、并口、串口、集成声卡接口等。可以根据用户的需要分别连接与接口相应的外部设备。I/O 接口的类型如图 1.31 所示。

I/O 接口方面提供了 6 个 USB 3.0 接口和 4 个 USB 2.0 接口、双千兆 LAN 接口、7.1 声道音频输出接口、802.11 AC 无线模块、HDMI 和 DP 的核芯显卡输出接口，另外还有一个 Thunderbolt 雷电接口，如图 1.31 所示。

图 1.31　I/O 接口

（六）主板上各种跳线

24PIN 主板电源接口，其拥有防呆设计，并且边缘还有卡扣设计，连接方便，不存在接错问题。在关机状态下，当 PS-ON 接脚和任意一个 Ground 接脚短接时，可使电源强行为主板供电，如图 1.32 所示。

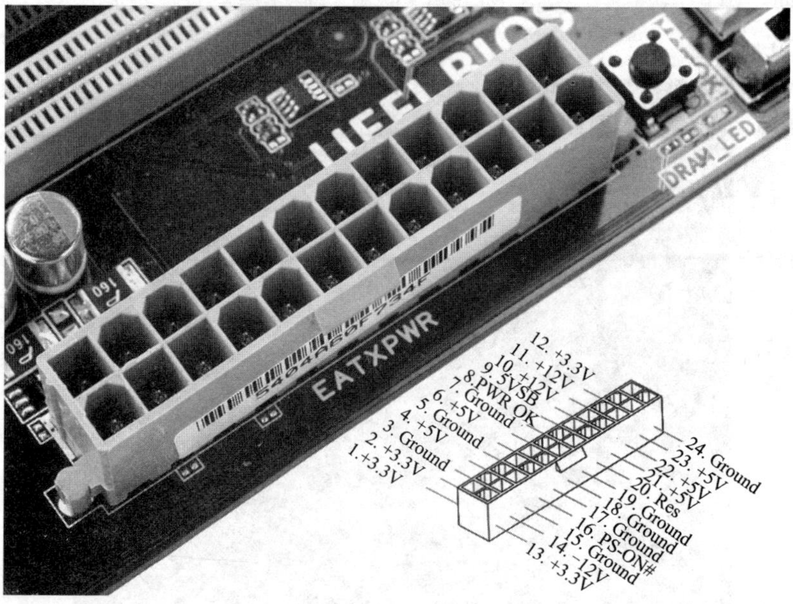

图 1.32　24PIN 电源接口

8PIN 主板电源接口和 24PIN 一样拥有防呆和卡扣设计。使用 4PIN 电源插头插入部分主板的 8PIN 接口中也可以点亮开机，如图 1.33 所示。

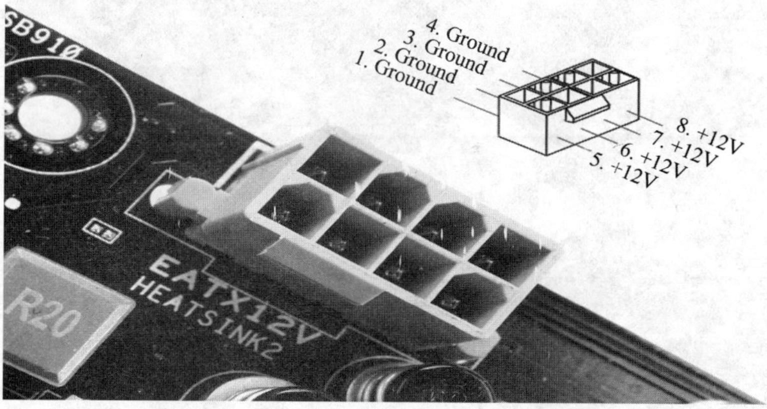

图 1.33　8PIN 电源接口

3 针风扇接口，3 个针的作用分别为接地、12 V 供电、转速检测，一般接线颜色分别为黑、红、黄，其中 12 V 供电可以通过改变电压或电流的方式实现风扇变速。该接口同时兼容 4 针和 3 针风扇插头，此外也可以强行连接 2 针风扇接头，但此时主板无法检测出风扇转速，如图 1.34 所示。

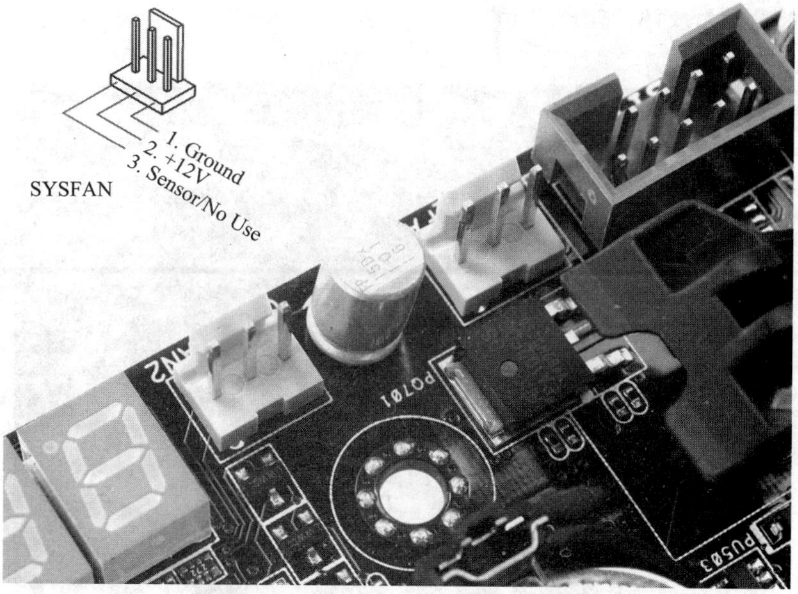

图 1.34　3 针风扇接口

4 针风扇接口，和 3 针风扇接口的区别在于使原有 12 V 供电的电压电流恒定，增加 1 个速度控制接脚，通过改变输入电信号的脉冲带宽（实际上等于改变输入电机的“有效”电压/电流），实现更为精确的变速。该接口同时兼容 4 针和 3 针风扇插头，此外也可以强行连接 2

针风扇接头，但此时主板无法检测出风扇转速，如图 1.35 所示。

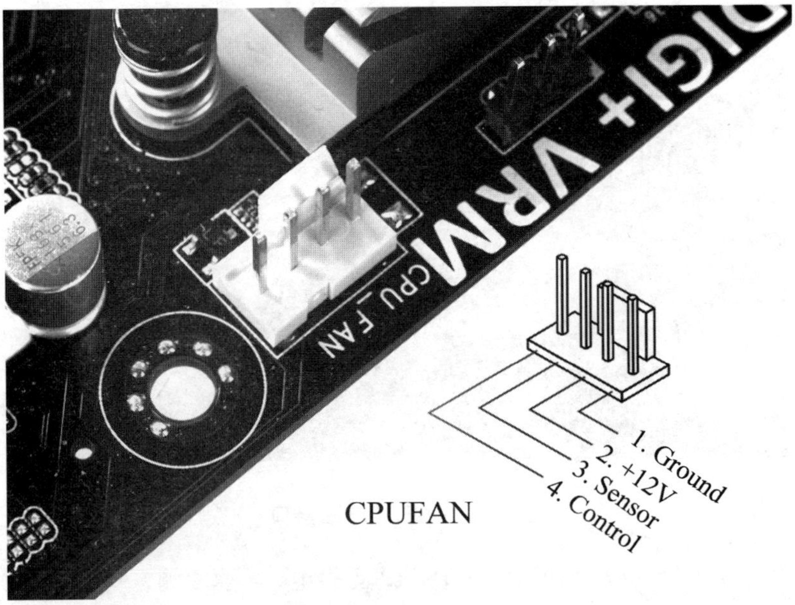

图 1.35　4 针电源接口

USB 2.0 接口，每一个接口由 5 V 电源针、2 个数据针、1 个接地针组成，一般接线颜色依次为红、白、绿、黑，在主板上通常为两个 USB 2.0 接口为 1 组放在一起，并且其中 1 个接地针后会加入 1 个无效针，如图 1.36 所示。

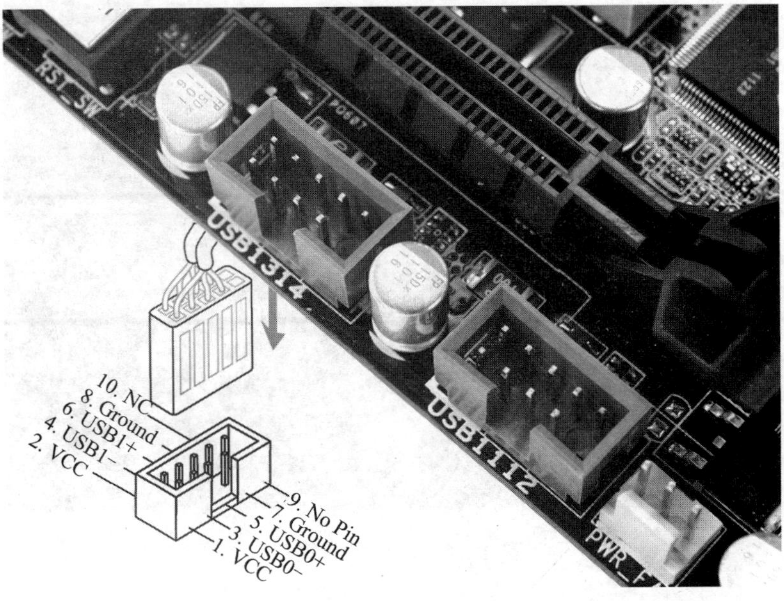

图 1.36　USB2.0 接口

USB 3.0 接口，相比上一个版本每一个接口增加了 4 个数据针和 1 个接地针，因此数据带宽大为增强。在主板上通常是两个 USB 3.0 接口为 1 组放在一起。目前 USB 3.0 插头均为一体式设计，尽管接脚有所增加，但安装非常方便，如图 1.37 所示。

图 1.37 USB3.0 接口

1394 接口，由 2 个 12 V 电源针、4 个数据针、2 个接地针组成。目前 1394 插头大多为一体式设计，因此安装非常方便，如图 1.38 所示。

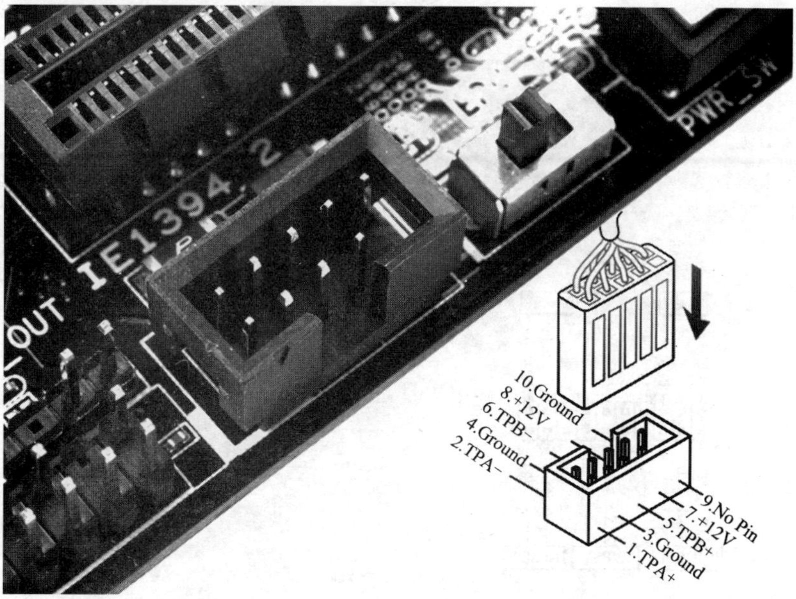

图 1.38 1394 接口

音频接口，目前有两种连接方法，分别为 AC97 或 HD 方式。现在的机箱大多都提供两种方式的一体式插头，推荐大家使用 HD 方式连接，如图 1.39 所示。

图 1.39　音频接口

开机、重启等接口，主要由 PLED（电源灯）、IDE LED（硬盘灯）、PWRSW（开关）、RESET（重启）组成，每块主板的位置组合不同，因此安装时需要查看主板的跳线说明，如图 1.40 所示。

图 1.40　机箱连接线接口

SATA 接口，由 3 个接地针和 4 个数据针组成，插头为一体式设计，安装非常方便，如图 1.41 所示。

图 1.41　SATA 接口

（七）主板芯片

主板芯片包括北桥芯片、南桥芯片、声卡芯片、网卡芯片等。

1. 北桥芯片

提供对 CPU 类型和主频的支持、系统高速缓存的支持、主板的系统总线频率、内存管理（内存类型、容量和性能）、显卡插槽规格，ISA/PCI/AGP 插槽、ECC 纠错等支持。

2. 南桥芯片

提供了对 I/O 的支持，提供对 KBC（键盘控制器）、RTC（实时时钟控制器）、USB（通用串行总线）、Ultra DMA/33（66）EIDE 数据传输方式和 ACPI（高级能源管理）等的支持，以及决定扩展槽的种类与数量、扩展接口的类型和数量（如 USB2.0/1.1，IEEE1394，串口，并口，笔记本的 VGA 输出接口）等。

3. 其他重要芯片

① NUVOTON NCT6791D 芯片，监控主板电压、温度、风扇等信息，如图 1.42 所示。

② TPU 智能芯片，为主板提供智能超频支持，如图 1.43 所示。

③ ASMedia ASM1074 芯片，提供 4 个 USB 3.0 扩展接口，如图 1.44 所示。

④ PLX PEX8608-BA50BC 芯片，提供 Z87 芯片组的 PCI-E 通道切换功能，如图 1.45 所示。

⑤ Realtek ALC1150 音频芯片，支持 7.1 声道蓝光音效输出，如图 1.46 所示。

⑥ VIA VT8315N 8 声道音频处理芯片，如图 1.47 所示。

图 1.42　NUVOTON NCT6791D 芯片

图 1.43　TPU 智能芯片

图 1.44　ASMedia ASM1074 芯片

图 1.45　PLX PEX8608-BA50BC 芯片

图 1.46　Realtek ALC1150 音频芯片

图 1.47　VIA VT8315N 8 声道音频处理芯片

三、认识内存

内存条是连接 CPU 和其他设备的通道，起缓冲和数据交换的作用。当 CPU 工作时，需要从硬盘等外部存储器上读取数据。但由于硬盘这个“仓库”太大，加上离 CPU 也很“远”，运输“原料”数据的速度就比较慢，导致 CPU 的生产效率大打折扣。为了解决这个问题，人们便在 CPU 与外部存储器之间建了一个“小仓库”——内存。

内存是由内存芯片、电路板、金手指等组成的，如图 1.48 所示。

图 1.48　内存条

内存条的分类如图 1.49 所示。

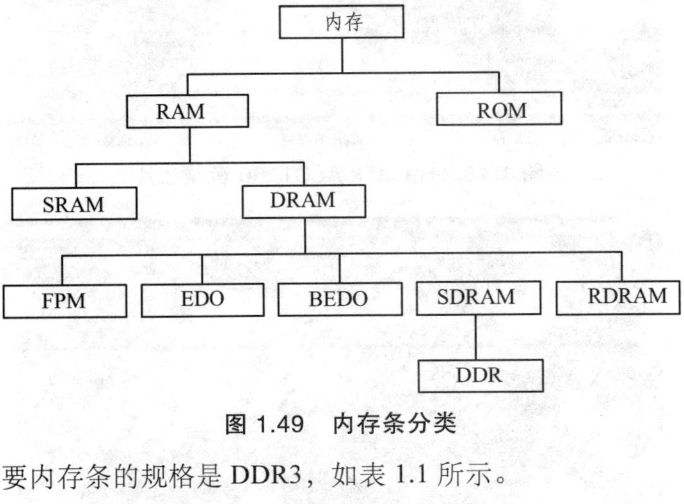

图 1.49　内存条分类

现在市面上主要内存条的规格是 DDR3，如表 1.1 所示。

表 1.1　DDR3 规格及型号

类别	工作电压	PIN	规格	核心频率	传输带宽（MB/S）
DDR3	1.5v	204	DDR3 800	100	6400
			DDR3 1066	133	8500
			DDR3 1333	166	10700

内存又称主存，是 CPU 能直接寻址的存储空间，由半导体器件制成，如图 1.50 所示。其特点是存取速率快。内存是电脑中的主要部件，它是相对于外存而言的。我们平常使用的程序，如 Windows 操作系统、打字软件、游戏软件等，一般都是安装在硬盘等外存上的，必须把它们调入内存中运行，才能真正使用其功能，我们平时输入一段文字或玩一个游戏，其实都是在内存中进行的。就好比在一个书房里，存放书籍的书架和书柜相当于电脑的外存，而我们工作的办公桌就是内存。通常我们把要永久保存的、大量的数据存储在外存上，而把一些临时的或少量的数据和程序放在内存上。当然内存的好坏会直接影响电脑的运行速度。

图 1.50　内存条

内存的性能参数如下：

内存速度和内存总线带宽影响着内存性能。内存速度通常以 ns（纳秒）或 MHz 来表示，而处理器速度是用 MHz（兆赫兹）或 GHz（吉赫兹）表示，这就增加了迷惑性。

兆赫兹（MHz）表示每秒百万个周期。例如，2 000 MHz 的处理器就意味着每秒 20 亿个周期。

在 PC 的发展史上，内存速度一直难于跟上处理器的速度，需要多级高速缓存来缓和处理器对较慢主存的请求。另外，处理器也出现了主频、倍频和外频的概念。

影响内存性能除了内存速度和内存总线带宽以外，还有一个重要的因素，那就是内存延迟。打个形象的比喻，就像在餐馆里用餐的过程一样，首先要点菜，然后还需要等待服务员上菜。同样的道理，内存延迟就是系统在进入数据存取操作就绪状态前需要等待内存响应的时间。内存延迟时间越小，电脑从内存中读取数据的速度也就越快，内存的性能也就越高。

通常情况下，我们用 4 个连着的阿拉伯数字来表示一个内存延迟，例如 2-2-2-5。其中，第一个数字最为重要，它表示的是 CAS Latency，也就是内存存取数据所需的延迟时间 CL。第二个数字表示的是 tRCD，接下来的两个数字分别表示的是 tRP 和 tRAS。第四个数字一般而言是它们中间最大的一个。

四、认识硬盘

硬盘全称为，硬盘驱动器（Hard Disk Drive，HDD），其作为电脑主机的核心存储设备，肩负着为硬件操作系统、用户资料等数据的存储提供物理空间，如图 1.51 所示。

笔记本电脑、桌面电脑硬盘和移动硬盘（见图 1.52），从产品结构和工作原理上来看，并没有本质上的区别，笔记本电脑硬盘通过相应的硬盘转接口转接后，亦可使用在桌面电脑平台上。考虑到笔记本电脑便携性和移动性的需要，其硬盘必须在体积、稳定性和功耗上达到很高的要求，而且防震性能要好，部分电脑硬件厂商还专为主机硬盘设计了震动保护系统，在主机遇到震动时硬盘能够暂时停止运转，不进行数据读写，以保护硬盘不受损坏。

图 1.51　台式硬盘

图 1.52　移动硬盘

硬盘有固态硬盘（SSD）（见图 1.53）、机械硬盘（HDD）、混合硬盘（HHD）。SSD 采用闪存颗粒来存储，HDD 采用磁性碟片来存储，混合硬盘（Hybrid Hard Disk，HHD）是把磁性硬盘和闪存集成到一起的一种硬盘。绝大多数硬盘都是固定硬盘，被永久性地密封固定在硬盘驱动器中。

图 1.53　固态硬盘

硬盘的主要性能参数：

1. 容　量

作为计算机系统的数据存储器，容量是硬盘最主要的参数。

硬盘的容量以兆字节（MB）、千兆字节（GB）或百万兆字节（TB）为单位，而常见的换算式为：1 TB=1 024 GB，1 GB=1 024 MB，1 MB=1 024 KB。但硬盘厂商通常使用的是 GB，也就是 1 G=1 000 MB，而 Windows 系统，依旧以“GB”字样来表示“GiB”单位（1024 换算的)，因此，我们在 BIOS 中或在格式化硬盘时看到的容量会比厂家的标称值要小，如图 1.54 所示。

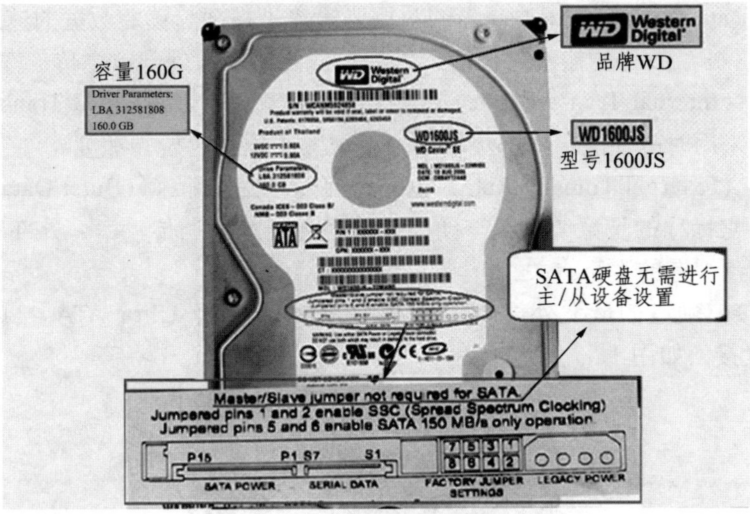

图 1.54　硬盘标签看容量

2. 转　速

转速（Rotational Speed 或 Spindle Speed），是硬盘内电机主轴的旋转速度，也就是硬盘盘片在一分钟内所能完成的最大转数。转速的快慢是标示硬盘档次的重要参数之一，它是决定硬盘内部传输率的关键因素之一，在很大程度上直接影响到硬盘的速度。硬盘转速以每分钟多少转来表示，单位为 RPM，RPM 是 Revolutions Per Minute 的缩写，即 r/min。RPM 值越大，内部传输率就越快，访问时间就越短，硬盘的整体性能也就越好。

家用的普通硬盘的转速一般有 5 400 RPM、7 200 RPM 几种，高转速硬盘也是台式机用户的首选；而对于笔记本用户则是以 4 200 RPM、5 400 RPM 为主，虽然已经有公司发布了 10 000 RPM 的笔记本硬盘，但在市场中还较为少见；服务器用户对硬盘性能要求最高，服务器中使用的 SCSI 硬盘转速基本都采用 10 000 RPM，甚至还有 15 000 RPM 的，性能要超出家用产品很多。较高的转速可缩短硬盘的平均寻道时间和实际读写时间，但随着硬盘转速的不断提高也带来了温度升高、电机主轴磨损加大、工作噪声增大等负面影响。

3. 平均访问时间

平均访问时间（Average Access Time）是指磁头从起始位置移动到目标磁道位置，并且从目标磁道上找到要读写的数据扇区所需的时间。

平均访问时间体现了硬盘的读写速度，它包括了硬盘的寻道时间和等待时间，即：平均访问时间=平均寻道时间+平均等待时间。

硬盘的平均寻道时间（Average Seek Time）是指硬盘的磁头移动到盘面指定磁道所需的时间。这个时间当然越小越好，硬盘的平均寻道时间通常在 8～12 ms，而 SCSI 硬盘则应≤8 ms。

硬盘的等待时间，又叫潜伏期（Latency），是指磁头已处于要访问的磁道，等待所要访问的扇区旋转至磁头下方的时间。平均等待时间为盘片旋转一周所需的时间的一半，一般应在 4 ms 以下。

4. 传输速率

传输速率（Data Transfer Rate）硬盘的数据传输率是指硬盘读写数据的速度，单位为兆字节每秒（MB/s）。硬盘数据传输率又包括了内部数据传输率和外部数据传输率。

内部传输率（Internal Transfer Rate）也称为持续传输率（Sustained Transfer Rate），它反映了硬盘缓冲区未用时的性能。内部传输率主要依赖于硬盘的旋转速度。

外部传输率（External Transfer Rate）也称为突发数据传输率（Burst Data Transfer Rate）或接口传输率，它标称的是系统总线与硬盘缓冲区之间的数据传输率，外部数据传输率与硬盘接口类型和硬盘缓存的大小有关。

Fast ATA 接口硬盘的最大外部传输率为 16.6 MB/s，而 Ultra ATA 接口的硬盘则达到 33.3 MB/s。硬盘接口如图 1.55 所示。

图 1.55　硬盘接口

5. 缓　存

缓存（Cache Memory）是硬盘控制器上的一块内存芯片，具有极快的存取速度，它是硬盘内部存储和外界接口之间的缓冲器。由于硬盘的内部数据传输速度和外界界面传输速度不同，缓存在其中起到一个缓冲的作用。缓存的大小与速度是直接关系到硬盘的传输速度的重要因素，能够大幅度地提高硬盘整体性能。当硬盘存取零碎数据时需要不断地在硬盘与内存之间交换数据，若有大缓存，则可以将那些零碎数据暂存在缓存中，减小外系统的负荷，也提高了数据的传输速度。

6. 连续无故障时间

连续无故障时间（MTBF）指硬盘从开始运行到出现故障的最长时间。硬盘的MTBF值通常从300 000到800 000小时或更高。需要再次强调的是，MTBF是针对一类硬盘，而不是单块硬盘。这意味着如果硬盘的MTBF是500 000小时，可以认为这类硬盘在500 000小时的总运行时间里会出现一次故障。如果这种型号硬盘有 1 000 000 块在工作之中，而且所有的1 000 000块硬盘都同时运行，则用户可认为每隔半小时所有的这些硬盘中就发生一次故障。MTBF参数对于预测任何单块硬盘或少数硬盘的故障是没有用的。

7. 硬盘表面温度

硬盘表面温度指硬盘工作时产生的温度使硬盘密封壳温度上升情况。硬盘工作时产生的温度过高将影响磁头的数据读取灵敏度，因此，硬盘工作表面温度较低的硬盘有更好的数据读写稳定性。

硬盘与主板相连的是数据线，数据线有两种：IDE和SATA线，如图1.56所示。

图 1.56　硬盘数据线

五、认识光驱

光驱，是电脑用来读写光碟内容的机器，也是在台式机和笔记本便携式电脑里比较常见的一个部件。随着多媒体的应用越来越广泛，使得光驱在计算机诸多配件中已经成为标准配置。光驱可分为 CD-ROM 驱动器、DVD 光驱（DVD-ROM）、康宝（COMBO）、蓝光光驱（BD-ROM）和刻录机等，如图1.57所示。

图 1.57　台式机光驱

1. 光驱的主要性能参数

衡量光驱好坏的指标主要有转速、防震能力和纠错能力等。

笔记本电脑由于受体积和散热能力限制，转速一般要略微落后于台式机光驱，现在的笔记本 CD-ROM 转速一般都在 24×左右，DVD-ROM 则在 8×左右，Combo 笔记本光驱通常的读写速度为 24×16×24×8（24×CD-R/RW、16×CD-RW、8×DVD）。光驱传输速度如表 1.2 所示。

表 1.2 光驱传输速度

CD 1×	150 KB/s
DVD 1×	1350 KB/s
BD 1×	4500 KB/s

笔记本光驱有 3 种规格：0.7 厘米厚度、0.9 厘米厚度、1.25 厘米厚度（见图 1.58）。

图 1.58 便携式移动光驱

2. 光驱读刻速度

笔记本光驱：读 CD 最快是 48×，读 DVD 最快是 16×。
刻 CD 最快是 24×，刻 DVD 最快是 8×。

光盘的容量：VCD 大小约 700 MB，DVD 大小约 2.7 GB，蓝光光盘大小如表 1.3 所示。

表 1.3 蓝光光盘尺寸和容量标准

类　型	物理尺寸	单层容量	双层容量
标准光盘	直径 12 cm，单面	25 GB	50 GB
迷你光盘	直径 8 cm，单面	7.8 GB	15 GB

六、认识显卡

显示卡又称显示适配器（Video Card、Graphics Card、Video Adapter），是个人电脑最基本的组成部分之一。显卡的用途是将计算机系统所需要的显示信息进行转换，驱动显示器并向其提供行扫描信号，控制显示器的正确显示，是连接显示器和个人电脑主板的重要组件，是“人机对话”的重要设备之一，如图 1.59 所示。

图 1.59　显卡

显卡是插在主板上的扩展槽里的（现在一般是 PCI-E 插槽，此前还有 AGP、PCI、ISA 等插槽）。它主要负责把主机向显示器发出的显示信号转化为一般电器信号，使得显示器能明白个人计算机在让它做什么。显卡的主要芯片叫“显示芯片”（Video Chipset，也叫 GPU 或 VPU，图形处理器或视觉处理器），是显卡的主要处理单元。显卡上也有和计算机存储器相似的存储器，称为“显示存储器”，简称显存。

显卡通常由总线接口、PCB 板、显示芯片、显存、RAMDAC、VGA BIOS、VGA 功能插针、VGA 插座及其他外围组件构成，现在的大多数显卡通过 VGA、DVI、HDMI、DisplayPort 等端口连接至显示器，如图 1.60 所示。

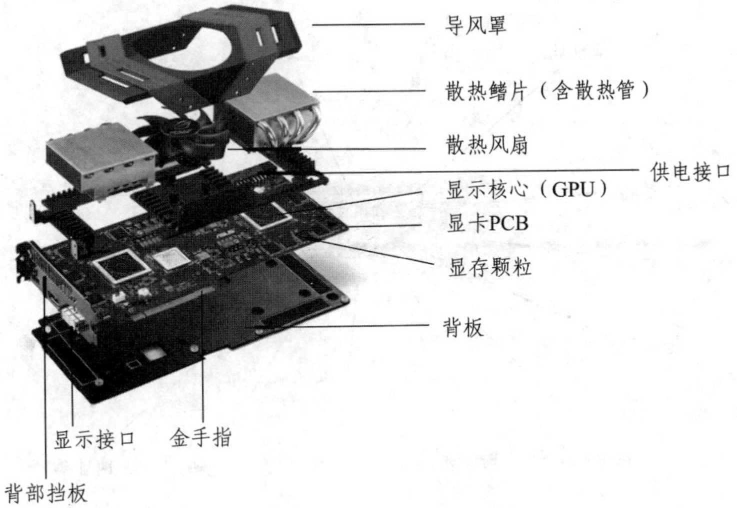

图 1.60　显卡结构

（一）显卡的组成

1. VGA（Video Graphics Array）输出接口

显卡所处理的信息最终都要输出到显示器上，显卡的输出接口就是电脑与显示器之间的桥梁，它负责向显示器输出相应的图像信号。CRT 显示器因为设计制造上的原因，只能接受模拟信号输入，这就需要显卡能输入模拟信号。VGA 接口就是显卡上输出模拟信号的输出接口，也叫 D-Sub 接口，如图 1.61 和 1.62 所示。

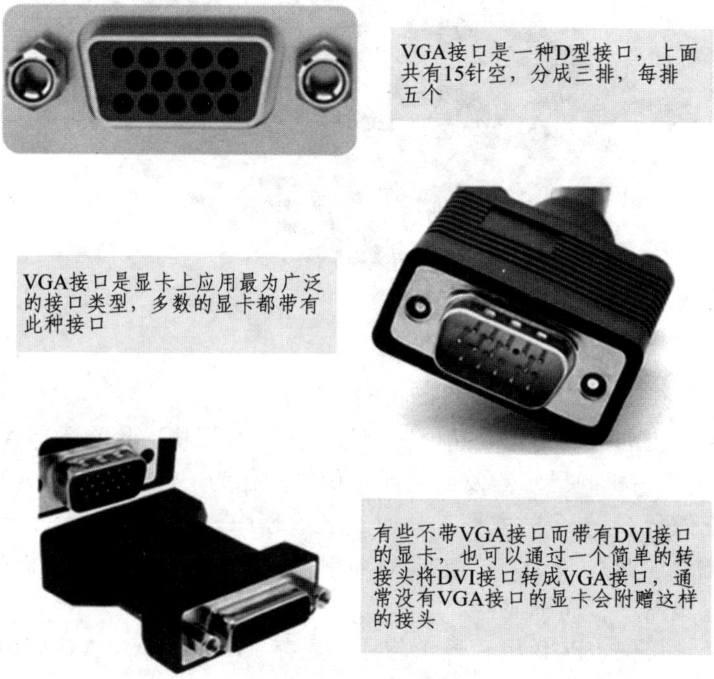

图 1.61　VGA 接口

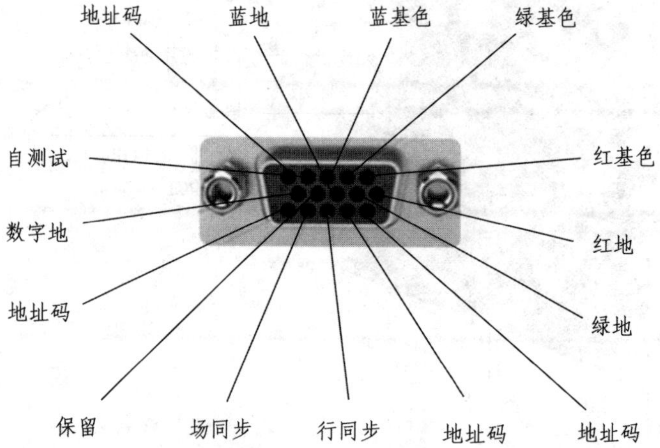

图 1.62　VGA 接口管脚含义

2. DVI（Digital Visual Interface）接口

DVI 中文称为“数字视频接口”，是一种视频接口标准，设计的目标是通过数字化的传送来强化个人电脑显示器的画面品质，目前广泛应用于 LCD、数字投影机等显示设备上。此标准由显示器行业数家领导厂商所组成的论坛——数字显示工作小组（Digital Display Working

Group，DDWG）制定。DVI 接口可以传送未压缩的数字视频数据到显示设备，如图 1.63 和 1.64 所示。

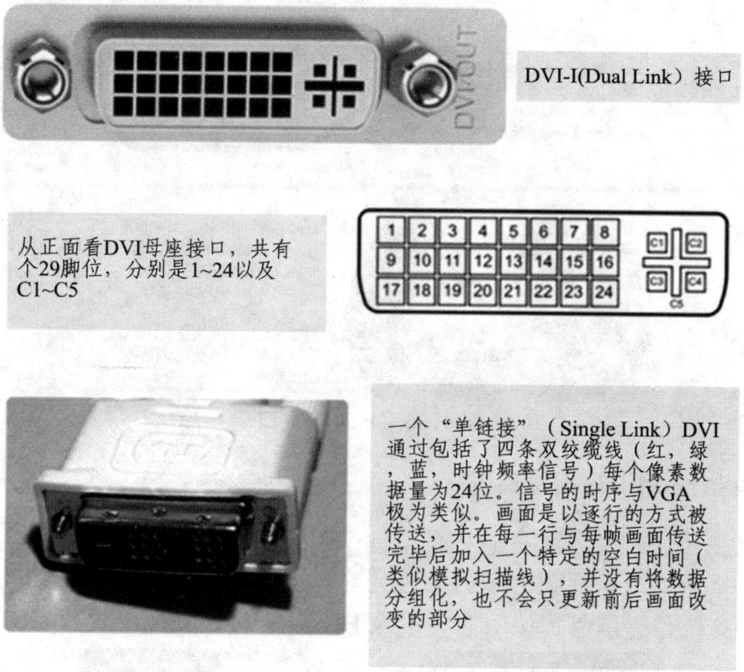

图 1.63　DVI 接口

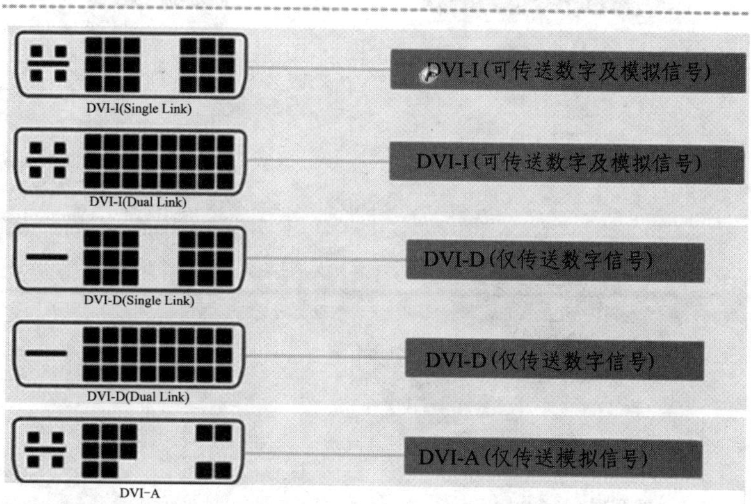

图 1.64　三类 DVI 五种输出接口

3. HDMI（High Definition Multimedia Interface）接口

HDMI 高清晰度多媒体接口是一种数字化视频/音频接口技术，是适合影像传输的专用型数字化接口，其可同时传送音频和影音信号，最高数据传输速度为 5 Gbps。同时无需在信号传送前进行数/模或者模/数转换。HDMI 可搭配宽带数字内容保护（HDCP），以防止具有著作权的影音内容遭到未经授权的复制，如图 1.65 所示。

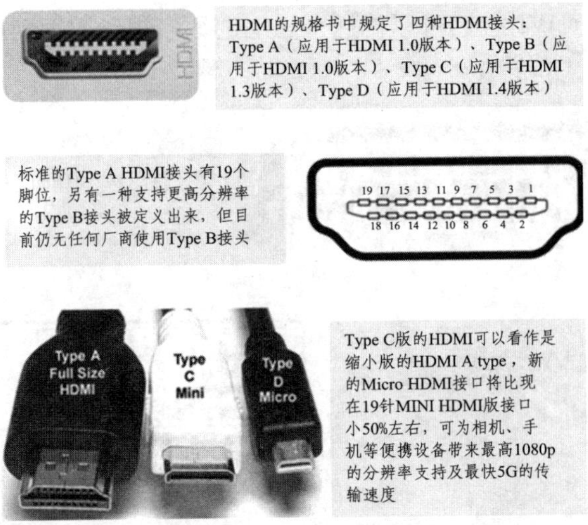

图 1.65　HDMI 接口

4. DP（DisplayPort）输出接口

DisplayPort 也是一种高清数字显示接口标准，可以连接电脑和显示器，也可以连接电脑和家庭影院。2006 年 5 月，视频电子标准协会确定了 1.0 版标准，并在半年后升级到 1.1 版，提供对 HDCP 的支持，它是免费使用的，不像 HDMI 那样需要高额授权费，如图 1.66 所示。

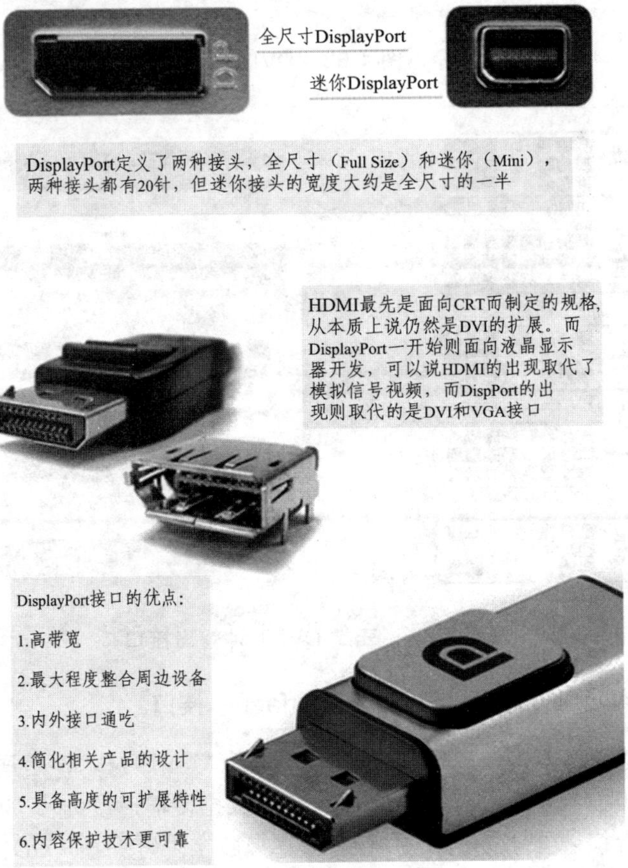

图 1.66　DP 接口

（二）显卡的主要性能参数

1. 位 宽

显卡位宽指的是显存位宽，即显存在一个时钟周期内所能传送数据的位数，位数越大，则瞬间所能传输的数据量越大，这是显存的重要参数之一。

当前市场上的显存位宽有 64 位、128 位、256 位、448 位、256 位×2 等 5 种，人们习惯上叫的 64 位显卡、128 位显卡和 256 位显卡就是指其相应的显存位宽。显存位宽越高，性能越好，价格也就越高。因此，256 位宽的显存更多应用于高端显卡，而主流显卡基本都采用 128 位显存。

2. 容 量

显卡容量也叫显示内存容量，是指显示卡上的显示内存的大小。显存容量的大小决定着显存临时存储数据的能力，在一定程度上也会影响显卡的性能。显存容量也是随着显卡的发展而逐步增大的，并且有越来越大的趋势，某些专业显卡甚至已经具有 1 TB 的显存了。

3. 频 率

显卡的核心频率是指显示核心的工作频率，其工作频率在一定程度上可以反映出显示核心的性能。

4. GPU

GPU 全称是 Graphic Processing Unit，中文翻译为“图形处理器”。GPU 是相对于 CPU 的一个概念，由于在现代的计算机中（特别是家用系统、游戏发烧友）图形的处理变得越来越重要，需要一个专门的图形核心处理器。GPU 使显卡减少了对 CPU 的依赖，并进行部分原本 CPU 的工作，尤其是在 3D 图形处理时。GPU 所采用的核心技术有硬件 T&L（几何转换和光照处理）、立方环境材质贴图和顶点混合、纹理压缩和凹凸映射贴图、双重纹理四像素 256 位渲染引擎等，而硬件 T&L 技术可以说是 GPU 的标志。

GPU 主要由 NVIDIA 与 AMD 两家厂商生产。

七、认识电源

电源是 PC 机的最重要部件之一，但却是最容易忽略的。人们可以花几个小时讨论处理器速度、内存容量、硬盘大小与速度、视频适配器的性能、显示器的型号等，却几乎没有提及或考虑过他们的电源。对于大多数人来说，电源都是装在系统中的金属盒子，外形都差不多，他们根本没有注意过它。就算有极少数人注意到电源，也只是关心电源上标明的输出功率（就算如此，他们也无实际的方法去验证这些标出的值），也无法判定电源产生的是稳定的直流电，而不是充满噪声、干扰、脉冲尖峰和波动的不稳定信号，如图 1.67 所示。

图 1.67 电源

（一）电源主要接口

为主板供电的 24 针主板电源插头、为 CPU 供电的 CPU 电源插头、为硬盘和光驱供电的 4 针 IDE 设备电源插头、为 SATA 硬盘和光驱供电的 15 针 SATA 硬盘电源插头，如图 1.68～1.71 所示。

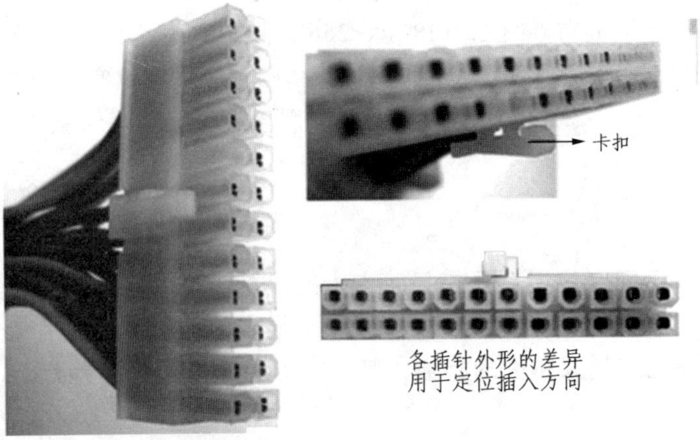

图 1.68　24 针主板电源插头

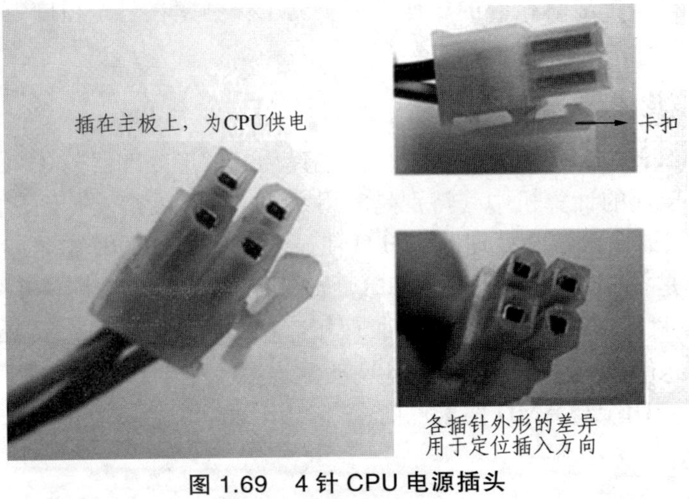

图 1.69　4 针 CPU 电源插头

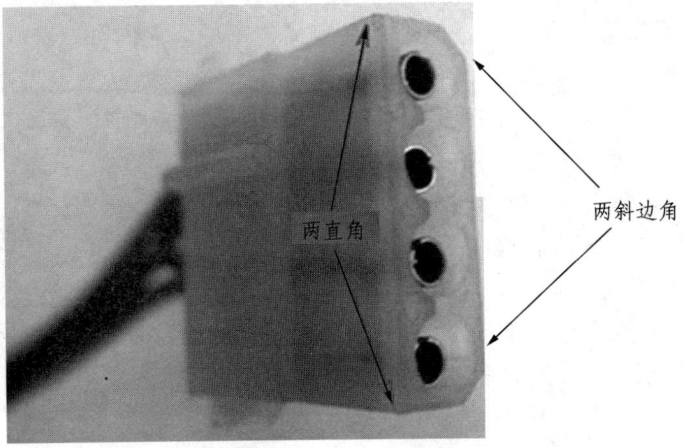

图 1.70　4 针 IDE 设备电源插头

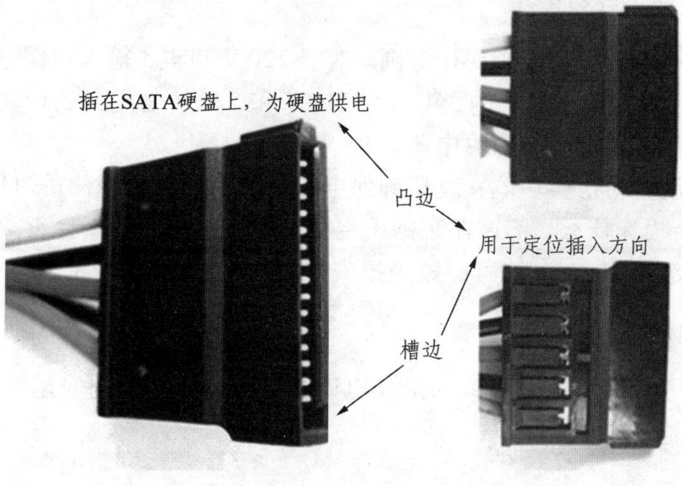

图 1.71 15 针 SATA 硬盘电源插头

（二）电源的相关参数

1. 功 率

一般来说电源的功率有四种，即额定功率、最大功率、峰值功率和输入功率。

额定功率：指环境温度为-5～50 °C，电压范围 180～264 V 时，电源长时间稳定输出的功率。

最大功率：指环境温度为常温（25 °C 左右），电压范围 200～264 V 时，电源稳定工作时能够输出的最大功率。这个值一般比额定功率高 15%左右。

峰值功率：指电源短时间内能达到的最大功率，通常仅能维持 30 s 左右的时间。一般情况下电源峰值功率可以超过最大输出功率 50% 左右。峰值功率其实没有什么实际意义，因为电源一般不能在峰值输出时稳定工作。

输入功率：电源的实际耗电量。例如，一台额定功率是 300 W 的电源，所有的电脑配置都开启实际功率大概是 150 W，但是这时候有部分电能转换成热量损耗掉了，所以实际输入给电源的功率可能有 200 W。

在配置电源时，应该注意让电源功率有一定的冗余。多数电源的额定功率在 150～300 W，功率不足会引发一些部件工作异常，危害系统的稳定运行。

2. 转换效率

由于电源在工作中有部分电能转换成热量损耗掉了。因此，电源必须尽量减少热量的损耗。转换效率就是输出功率除以输入功率的百分比。ATX12V 1.3 版电源要求满载下最小转换效率为 70%。ATX12V 2.0 版更是将推荐转换效率提高到了 80%。

3. 平均故障间隔时间（MTBF）或平均无故障工作时间（MTTF）

预期在电源发生故障之前，电源平均能工作的时间，以小时计。电源标称的 MTBF 参数（如 100 000 小时以上）显然不是实测结果，实际上，制造商采用一套公认的标准，由电源中各个元件的失效率计算 MTBF 参数。MTBF 参数往往注明了电源的负载率（以百分数表示）以及测试时的环境温度。

4. 输入范围（或工作范围）

电源能够接受的输入交流电压变化范围。对于 220 V 市电，输入范围通常是 180～250 V。另外，多数电源被设计成全球通用的，可以在 110 V 和 220 V 之间自动切换，但有一些电源需要设定一个开关来指定现在所使用的电压。

切记如果电源没自动切换功能，就要确保电压设定正确。如果使用 110 V 市电而设定为使用 220 V，这不会损坏什么，不过在正确设定开关之前电源显然不会正常工作；但如果在使用 220 V 市电而设定成 110 V，就可能蒙受损失。

5. 峰值浪涌电流

电源在开机后的瞬间从电网汲取的最大电流，以特定电压下的安培数表示。该值越低，系统所受的热冲击越小。

6. 保持时间

输入电压下降后电源电压能维持在指定的电压范围的时间（以毫秒计）。它可以使 PC 系统在交流电短暂中断的情况下继续运行。目前主流电源的此项参数通常是 15～30 ms，一般越高越好。ATX12V 规范要求保持时间至少需 17 ms。

7. 瞬态响应

输出电流阶跃变化后，电源输出电压恢复到标称水平所需的时间（以 ms 计）。换句话说，就是系统中某一设备开始或停止汲取电流后，电源输出电压恢复稳定所需的时间。电源周期性对计算机汲取的电流进行采样，当某一设备在某一周期内停止汲取电流，如软驱停转，电源可能在一短时间内输出电压稍高，这种过电压称为超调，而瞬态响应时间就是电压回到设定值所需的时间。系统将其看作是一种电压异常，可能引发故障或死锁。超调曾经是开关电源的一个大问题，近年来已经得到很好的抑制。瞬态响应有时用时间表示，有时用某个输出变化的概念来表示，比如“电源输入变化在 20%之内，输出保持稳定”。

8. 过压保护

对每一路输出，电源关闭或者截止输出的断路点可以用百分数表示，如对+3.3 V 和+5 V 输出过压保护折点为 120%；也可以直接用数值表示，如对+3.3 V 输出过压保护折点为+4.6 V，对+5 V 输出过压保护折点是+7.0 V。

9. 最大负载电流

每一路输出所能安全提供的最大电流值（以 A 为单位）。参数表示为每一路输出一个安培数。根据这些数据，不仅能够计算出电源的总的输出功率，还能算出它所能承载的设备数。

10. 最小负载电流

每一路输出必须从中汲取的最小电流值。

11. 负载系数（或称电压负载系数）

当从电源某一路输出汲取的电流增大或减小时，该路输出电压也要略微地变化，通常电流升高电压降低，负载系数是指某一路输出电压当从最小负载变到最大负载时的变化值（反之亦然）。其值以正负百分数表示，典型值是：对+3.3 V、+5 V 和+12 V 输出为±1%～±5%。

12. 线性调整

电网交流输入电压从最小值变到最大值时输出电压的变化值。电源应能在电网电压在规定范围内变化时保持输出变化低于 1%。

13. 串 扰

串扰又称串扰和噪声、交流串扰、PARD（Periodic and Random Deviation，周期性和随机性偏差）。以每路输出电压的峰-峰电压的毫伏值计，该参数越小越好；高质量的系统串扰一般为 1%（或更低），如果用电压来表示，则是输出电压的 1%。因此，对于 5 V 输出电压来说，串扰将会是 0.05 V 或 50 mV。这种影响可能来自于内部开关瞬态过程，或者由受控的频率引入，或者是其他随机噪声。

八、认识机箱

机箱一般包括外壳、支架、面板上的各种开关、指示灯等，如图 1.72 所示。外壳用钢板和塑料结合制成，硬度高，主要起保护机箱内部元件的作用。支架主要用于固定主板、电源和各种驱动器。

图 1.72 机箱

机箱作为电脑配件中的一部分，它用于放置和固定各电脑配件，起到一个承托和保护的作用。此外，电脑机箱具有屏蔽电磁辐射的重要作用。

虽然在 DIY 中机箱不是很重要的配置，但是使用质量不良的机箱容易使主板和机箱短路，使电脑系统变得很不稳定。

机箱有很多种类型，现在市场比较普遍的是 AT、ATX、Micro ATX 以及最新的 BTX-AT。机箱的全称应该是 BaBy AT，主要应用到只能支持安装 AT 主板的早期机器中。ATX 机箱是目前最常见的机箱，支持现在绝大部分类型的主板。Micro ATX 机箱是在 AT 机箱的基础之上建立的，为了进一步的节省桌面空间，因而比 ATX 机箱体积要小一些。各个类型的机箱只能安装其支持的类型的主板，一般是不能混用的，而且电源也有所差别，所以大家在选购时一定要注意。

最新推出的 BTX，就是 Balanced Technology Extended 的简称，是 Intel 定义并引导的桌面计算平台新规范 BTX 架构，可支持下一代电脑系统设计的新外形，使行业能够在散热管理、系统尺寸和形状，以及噪声方面实现最佳平衡。

BTX 新架构特点：支持 Low-profile，即窄板设计，系统结构将更加紧凑；针对散热和气流的运动，对主板的线路布局进行了优化设计；主板的安装将更加简便，机械性能也将经过最优化设计。基本上 BTX 架构分为三种，分别是标准 BTX、Micro BTX 和 Pico BTX。

九、认识显示器

（一）显示器种类

显示器（display）通常也称为监视器。显示器是属于电脑的 I/O 设备，即输入/输出设备，可以分为 CRT、LCD 等多种。它是一种将一定的电子文件通过特定的传输设备显示到屏幕上再反射到人眼的显示工具。

CRT 显示器学名为“阴极射线显像管”，是一种使用阴极射线管（Cathode Ray Tube）的显示器。它主要由五部分组成：电子枪（Electron Gun），偏转线圈（Deflection Coils），荫罩（Shadow Mask），高压石墨电极和荧光粉涂层（Phosphor）及玻璃外壳。CRT 是应用最广泛的显示器之一。CRT 纯平显示器具有可视角度大、无坏点、色彩还原度高、色度均匀、可调节的多分辨率模式、响应时间极短等 LCD 显示器难以超越的优点，而且价格更便宜，如图 1.73 所示。

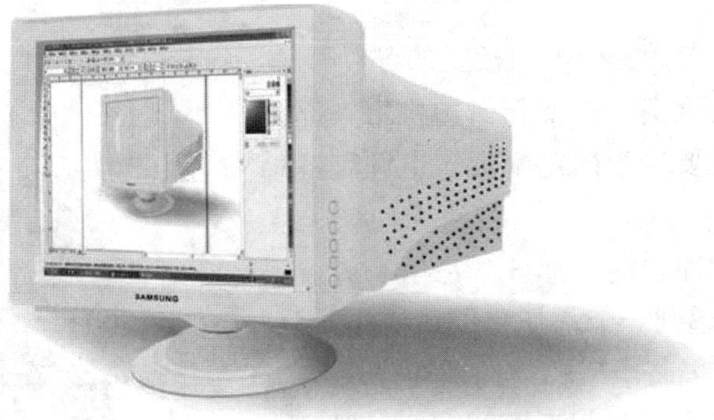

图 1.73　CRT 显示器

LCD 是液晶显示屏的全称，它包括了 TFT、UFB、TFD、STN 等类型的液晶显示屏。笔记本液晶屏常用的是 TFT，如图 1.74 和 1.75 所示。

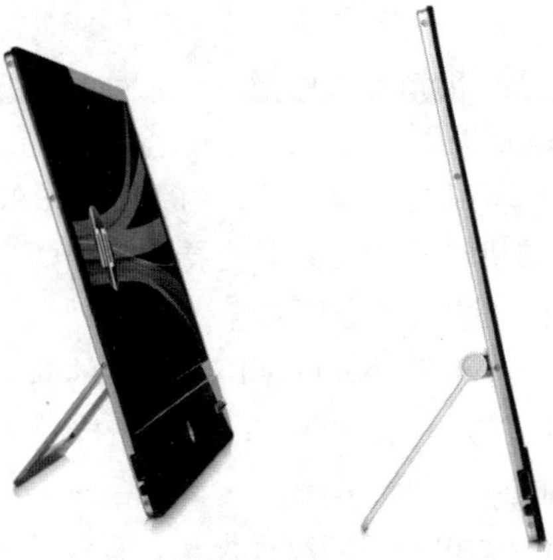

图 1.74　LCD 显示器

图 1.75 LCD 显示器结构

（二）显示器主要性能参数

1. 尺 寸

尺寸是指屏幕对角线的长度，同尺寸的 LCD 与 CRT 显示器实际显示面积不同。

2. 最佳分辨率（真实分辨率、最大分辨率）

最佳分辨率是指显示器所能提供的细节程度，CRT 显示器可以处理一定范围内的分辨率，LCD 显示器只有一个固定的分辨率。

3. 点 距

点距是 CRT 显示器的重要参数，指三元组之间的距离，点距大于 0.28 mm 的 CRT 显示器很难清晰地显示文本和图形，栅格显像管的显示器使用条纹间距代替点距。

LCD 显示器的像素间距的意义类似于 CRT 的点距，但重要性不高。

4. 亮度、对比度

亮度、对比度是 LCD 显示器的重要指标，亮度单位为坎德拉/平方米（cd/m^2），也就是流明，最大亮度越大，所能适应的环境范围越大，对比度的定义是屏幕显示图像中最亮像素和最暗像素亮度的比值，对比度越大，表示输出白色与黑色时越分明，也可以让影像看起来有更生动的立体感。

5. 响应时间

响应时间是指个别像素由亮转暗并由暗转亮所需的时间，LCD 显示器的重要指标，灰阶响应时间比黑白响应时间慢，但更有实际意义，LCD 显示器无法在全动视频领域与 CRT 相提并论。

6. 可视角度

可视角度指站在始于屏幕法线的某个角度时仍可清晰看见屏幕图像所构成的最大角度。LCD 显示器的可视角度不及 CRT 显示器。

7. 输入接口

输入接口类型有 VGA、DVI、HDMI，目前最新的是 HDMI。

十、认识鼠标键盘

鼠标是计算机输入设备的简称，分有线和无线两种，如图 1.76 所示。鼠标也是计算机显示系统纵横坐标定位的指示器，因形似老鼠而得名。“鼠标”的标准称呼应该是“鼠标器”，英文名“Mouse”。鼠标的使用是为了使计算机的操作更加简便，来代替键盘那烦琐的指令。

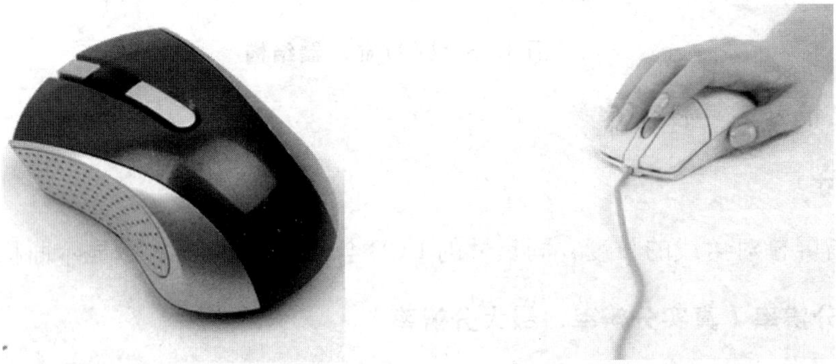

（a）无线　　（b）有线

图 1.76　无线鼠标和有线鼠标

鼠标按接口类型可分为串行鼠标、PS/2 鼠标、总线鼠标、USB 鼠标（多为光电鼠标）4 种。鼠标按其工作原理及其内部结构的不同可以分为机械式、光电式，如图 1.77 所示。

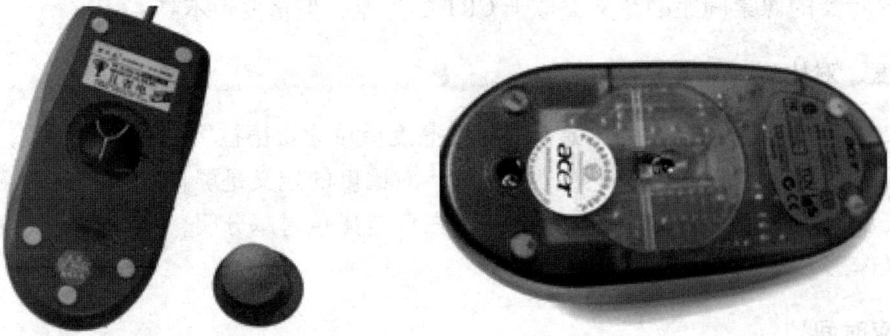

（a）机械式　　（b）光电式

图 1.77　机械鼠标和光电鼠标

键盘是用于操作设备运行的一种指令和数据输入装置，也指经过系统安排操作一台机器或设备的一组功能键（如打字机、电脑键盘），其外形如图 1.78 所示。

图 1.78　键盘

键盘的布局可以分为 4 个部分：打字区、数字键区、光标和屏幕控制区、功能键区。

1. 打字区

打字区包括字母键、数字键、标点符号及一些控制键，如：Shift、Caps Lock、Tab、Enter、空格键、Backspace、Esc、Ctrl 和 Alt 等，如表 1.4 所示。

表 1.4　打字区释义

键　名	释　义
Shift	同时按 Shift 与某个字母将输入该字母的大写字母
	同时按 Shift 与另一个键将键入在该键的上部分显示的特殊字符
Caps Lock	按一次 Caps Lock，所有字母都将以大写键入，再按一次 Caps Lock 将关闭此功能。键盘上有一个指示 Caps Lock 处于打开还是关闭状态的指示灯
Tab	按 Tab 键会使光标向前移动几个空格，还可以按 Tab 键移动到表单上的下一个文本框
Enter	按 Enter 将光标移动到下一行开始的位置；在对话框中按 Enter 将选择突出显示的按钮
空格键	按空格键会使光标向前移动一个空格
Backspace	按 Backspace 将删除光标前面的字符或选择的文本
Esc	取消当前任务
Ctrl	通常与其他键在一起组合使用
Alt	通常与其他键在一起组合使用

2. 数字键区

数字键区即键盘右侧的小键盘区。若要使用数字键盘来输入数字，请按 NumLock 键。键盘上通常有一个指示 NumLock 处于打开还是关闭状态的指示灯。

3. 光标和屏幕控制区

光标和屏幕控制区包括箭头键、Insert、Delete、Page Up、Page Down、Home、End 等，如表 1.5 所示。

表 1.5 光标和屏幕控制区释义

键 名	释 义
向左键、向右键、向上键或向下键	将光标或选择内容沿箭头方向移动一个空格或一行，或者沿箭头方向滚动网页
Home	将光标移动到行首，或者移动到网页顶端
End	将光标移动到行末，或者移动到网页底端
Page Up（PgUp）	将光标或页面向上移动一个屏幕
Page Down（PgDn）	将光标或页面向下移动一个屏幕
Delete	删除光标后面的字符或选择的文本；在 Windows 中，删除选择的项目，并将其移动到“回收站”
Insert	关闭或打开“插入”模式。当“插入”模式处于打开状态时，在光标处插入键入的文本；当“插入”模式处于关闭状态时，键入的文本将替换现有字符

4. 功能键区

功能键区包括 F1～F12 键等。功能键用于执行特定任务。这些键的功能因程序而有所不同，键盘上一般还有三个特殊的键，如表 1.6 所示。

表 1.6 功能键区释义

键 名	释 义
Print Screen（PrtScrn）	该键原先是用于将当前屏幕的文本发送到打印机。现在，按 Print Screen 将捕获整个屏幕的图像（“屏幕快照”），并将其复制到计算机内存中的剪贴板
Scroll Lock（ScrLk）	在大多数程序中按 Scroll Lock 都不起作用，在少数程序中，按 Scroll Lock 将更改箭头键、Page Up 和 Page Down 键的行为。按这些键将滚动文档，而不会更改光标或选择的位置。键盘上有一个指示 Caps Lock 是否处于打开状态的指示灯
Pause/Break	一般不使用该键，在一些旧程序中，按该键将暂停程序，或者同时按 Ctrl 停止程序运行

【课堂实践】

通过计算机部件识别学习，完成以下操作：

1. 认识 CPU 型号及参数

2. 了解主板接口

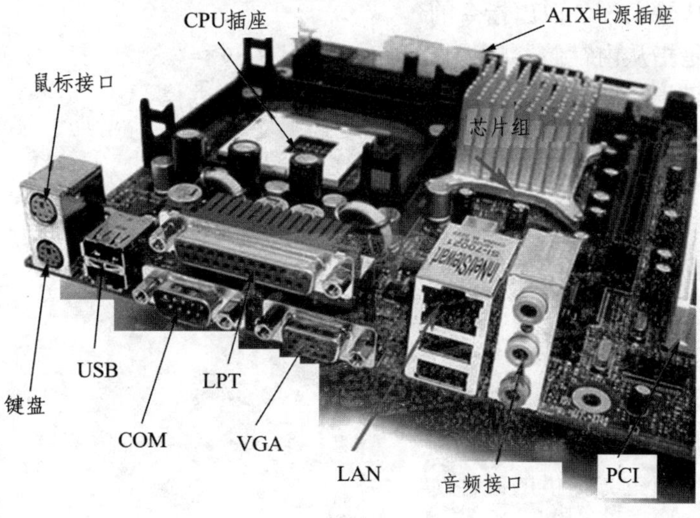

【课外拓展】

（1）在中关村在线查询最新主板。
（2）DDR4 的最新技术参数。
（3）显卡 N 卡与 A 卡的区别。

【项目习题】

一、单项选择题

1. Microsoft 公司是通过（　　）而发展起来的。
   A. 为 APPLE 公司编写应用程序
   B. 为 IBM 开发操作系统
   C. 创建了 BASIC 语言
   D. 开发出了应用最为广泛的 Windows 产品

2.下列中说法正确的是（　　）。
   A. CPU 是从输入设备取出指令的
   B. 取指令是指从内存储器中将指令读入 CPU 的过程
   C. 取指令是指从硬盘或软盘中将指令读入 CPU 的过程
   D. 指令是计算机中的一条程序语句

3.（　　）部件或设备属于计算机的外设。
   A. 软盘驱动器
   B. 活动硬盘
   C. 显示器
   D. 内存

4. “PC 兼容机”中的兼容指的是（　　）。
   A. 可以使用第三方提供的软件
   B. 可以使用第三方提供的硬件

C. 遵循公开的标准

D. PC 机中的软、硬件通用

5. 中央处理器是由（　　）构成的。

A. 运算器、控制器

B. 存储器、控制器

C. 控制器、寄存器

D. 输入/输出设备

6.（　　）是用来衡量处理器的速度的。

A. 周期长度

B. 每秒周期数（即频率）

C. 每秒指令数

D. 晶体振荡器每秒振动的次数

7. 计算机工作的本质是（　　）。

A. 取指令、运行指令

B. 执行程序的过程

C. 进行数的运算

D. 存、取数据

8. 不能单从（　　）来衡量处理器的速度。

A. 处理器总线的速度

B. 系统的时钟频率

C. 用多长时间执行一条指令

D. 处理器中集成有多少晶体管

9. 世界上第一片微处理器是在（　　）年由 Intel 推出的。

A. 1971

B. 1972

C. 1973

D. 1974

10. 处理器的内部数据宽度与外部数据宽度可以（　　）。

A. 相同

B. 不同

C. 相同或不同

D. 没有要求

二、多项选择题

1. 关于 SCSI，下列说法正确的是（　　）。

A. SCSI 包括 SCSI 控制器和 SCSI 设备

B. SCSI 控制器也称作主机适配器

C. SCIS 控制器位于 SCSI 设备中

D. SCIS 控制器作为插卡或一个电路单元而位于主板处

2. 分区过程一般由（　　）来操作。
A. 硬盘生产商
B. 计算机生产商
C. 使用者
D. 任意
3. 硬盘驱动器和软盘驱动器都是（　　）。
A. 可移动的存储设备
B. 有很大容量的存储设备
C. 计算机系统的一种外存储器
D. 安装在计算机内部的设备
4. 在 CD-ROM 中能够最大存储（　　）的数据量。
A. 74 分钟
B. 80 分钟
C. 682 MB
D. 737 MB
5. 显示器包括（　　）。
A. 打印机
B. CRT 显示器
C. LCD 显示器
D. 视频盒
6. LCD 与 CRT 相比，有（　　）等优点。
A. 在同尺寸的屏幕下，可视区域大
B. 低功耗、低辐射
C. 视角大
D. 占用空间小
7. 显示卡具有（　　）的作用。
A. 显示计算机处理的图像
B. 向显示器传送计算机输出的图像信号
C. 是计算机对显示器的控制电路
D. 实现显示器与计算机的接口
8. PC 机中的 PC 喇叭，主要用来（　　）。
A. 提示在自检中的错误
B. 某些操作错误的提示
C. 播放音乐
D. 报告计算机自检完成
9. 在 PC 机上的串口接口一般有（　　）。
A. 9 针
B. 15 针
C. 25 针

D. 36 针

10. 键盘与计算机的连接有（　　）等类型。

A. 5 针大 DIN 口

B. PS/2 口

C. 串口

D. USB 口

项目二 计算机选购

【项目目标】

通过本项目的学习，了解笔记本电脑的选购，掌握台式机配置方法及选购的目标。

任务1　笔记本电脑选购

【任务描述】

通过本任务的学习，可以选择称心如意的笔记本电脑。

【任务分析】

本任务的关键点：

（1）笔记本电脑选购原则；
（2）笔记本电脑选购方法；
（3）笔记本电脑选购技巧。

【预备知识】

一、平板电脑和笔记本的区别

平板电脑彻底摆脱了键盘与鼠标的双重烦琐，相比于笔记本，平板电脑功能更完善，体积更小巧，外观更美观。平板电脑囊括了笔记本与智能手机的所有功能，便于携带，通信功能一应俱全，被定义为：移动商务终端产品。

二、超极本是什么？（超极本与笔记本的区别）

启用 22 nm 低功耗 CPU，电池续航将达 12 小时；休眠后快速启动，启动时间小于 10 秒，客户大会上有厂商展示样机启动时间仅为 4 秒；具有手机的 AOAC 功能(Always Online Always Connected)，这一功能目前 PC 无法达到，休眠时是与 Wifi/3G 断开的，而手机休眠时则会一直在线进行下载工作，超极本将会引入 AOAC 功能；触摸屏和全新界面；超薄，加上各种 ID 设计，展示会上有厂商展示厚度仅 13 mm 的超极本，如图 2.1 所示。

	超极本（13 英寸）	笔记本（13 英寸）
厚度	小于 18 毫米	33 毫米左右
质量	小于 1.5 千克	2.1 千克左右
续航时间	5 小时以上	3 小时左右
休眠唤醒	10 秒左右	35 秒左右
休眠待机	30 天左右	30 天左右
睡眠唤醒	2 秒左右	2 秒左右
睡眠待机	7 天左右	7 天左右
性能对比	★★★★	★★★★★

图 2.1 超极本与笔记本比较

三、上网本和笔记本的区别

1. 外 形

虽然上网本和普通的笔记本看起来外观相似，但它们的屏幕尺寸会有一定的区别。上网本大多都是 7～10.2 英寸屏幕(1 英寸=2.54 厘米)，而普通笔记本基本上都是在 10.2 英寸之上。这是因为上网本的主要性能是小巧便携，所以外观比较轻便，便于移动办公一族的携带。

2. 配置和功能

上网本大多都采用英特尔 Atom 处理器，强调低能耗和长时间的电池续航能力，性能以满足基本上网需求为主，而普通笔记本电脑则拥有更强劲的多媒体性能。另外上网本比较强调无线上网能力，硬盘和内存大小也不如普通笔记本。

3. 用 途

上网本主要以上网为主，可以支持网络交友、网上冲浪、听音乐、看照片、观看流媒体、即时聊天、收发电子邮件、基本的网络游戏等。而普通笔记本电脑则可以安装高级复杂的软件、下载、存储、播放 CD/DVD，进行视频会议，打开、编辑大型文件、多任务处理以及体验更为丰富的需要安装的游戏等。

4. 其他区别

比如价格上，上网本大多数价位偏低，而普通笔记本的价位则相对略高一点。另外，上网本由于是最近才流行起来的，所以很受 80、90 后时尚青年的喜爱，在外观上体现出比较时尚的元素，颜色也有较多的选择；而普通的笔记本由于主要用于办公，所以在外观上颜色稍微单一，色泽沉稳。

【任务实施】

其实很多购买笔记本电脑的朋友都是在一时冲动之下便匆匆忙忙地去购买了，在购买之前并没有对自己的需求进行分析，也没有去充分了解笔记本电脑的各种特性就急于下手，导致日后感觉自己购买的产品并不如想象中的好，后悔当初做的决定。

你是否有必要购买笔记本电脑？当然，如果笔记本电脑对你的工作、学习和生活带来便利和愉快的话，那你就可以毫不犹豫地选择它，笔记本电脑产品的更新淘汰速度太快，说不定上万元买的笔记本半年后就已经沦为淘汰的对象，所以不是必需的，不要购买。

你到底要一台什么样的笔记本？笔记本主要用来做什么？如果你是商务人士，可能关注轻薄和电池续航能力；如果你是学生，可能比较关注价格和性能；如果只在办公室或者家里面使用，可能比较关注性价比和电脑尺寸等。

你准备花多少钱买笔记本电脑？预算最好有两个价位，一个是你的理想价位，一个是你所愿意（能够）负担的最高价位。在实际选购的时候，先使用理想价格，只有发现了确实很合适自己的机型但是价格较贵时，才考虑最高价位，但是无论如何不要超过自己的最高价位，而且不要轻信销售人员的推荐和诱导而放开尺度，否则最终你可能会为不需要的功能付出昂贵的代价。

当清楚以上问题后，我们开始选购电脑。

1. 品牌选择

笔记本电脑集成度非常高，目前电脑市场五花八门，品牌众多，产品进货渠道复杂，单从外表比较难以辨别其优劣，因此，选购时尽量买品牌机，即购买一些国内外名牌产品，这些产品的质量和售后均有保证，但价格会贵一些，如图 2.2 所示。

图 2.2　笔记本图标

2. 机型选择

要选择主流机型，不能花高价钱一步到位。由于电脑属高科技产品，更新速度非常快，几乎每年都要推出一个新档次，因此一定要选择流行的先进机型，而且尽量不要去购买过时产品。例如用 12 000 元买一台高端笔记本电脑，远不如先用 5 000 元买一台主流笔记本电脑，使用五年，再用 5 000 元买一台笔记本电脑划算。

3. 尺寸选择

不能考虑到便携性，笔记本尺寸越小越好。笔记本小，虽然便于携带，但是散热性要打个折扣，夏天容易死机，电池的续航能力也不高，一些硬件的通用性也要打个折扣。笔者认为，14 寸的笔记本大小适宜，建议不要考虑 12 寸及以下的笔记本，如图 2.3 所示。

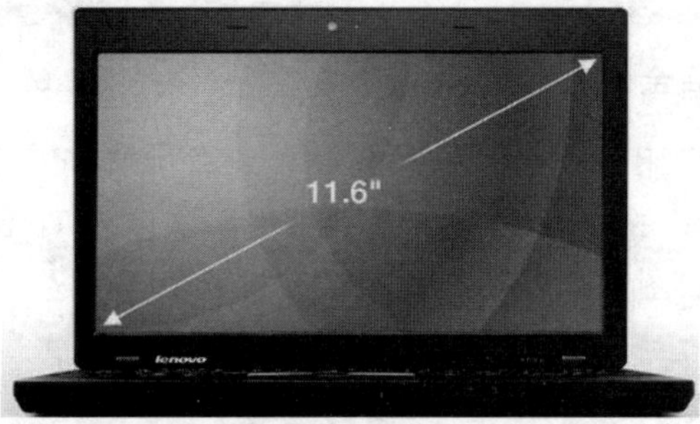

图 2.3　屏幕尺寸

4. 外壳选择

笔记本外壳一般有：工程塑料、镁铝合金、碳纤维复合材料、钛合金等。工程塑料：又叫塑料合金，例如常见的钢琴烤漆就是工程塑料加工而来。优点：外观靓丽、性价比突出；缺点：质量重、导热性能欠佳、成本低。工程塑料被大多数笔记本电脑厂商采用，目前多数的塑料外壳笔记本电脑都是采用 ABS 工程塑料做原料的，如图 2.4 所示。

图 2.4　工程塑料外壳

镁铝合金：银白色的镁铝合金外壳可使产品更豪华、美观，而且易于上色，可以通过表面处理工艺变成个性化的粉蓝色和粉红色，为笔记本电脑增色不少。优点：散热性较好、抗压性较强，易于上色；缺点：不是很坚固耐磨，成本较高。镁铝合金外壳如图 2.5 所示。

碳纤维复合材料：碳纤维强韧性是铝镁合金的两倍，而且散热效果最好。使用相同时间，碳纤维材质的外壳摸起来最不烫手。碳纤维的缺点是成本较高，成型没有工程塑料外壳容易，因此碳纤维机壳的形状一般都比较简单，缺乏变化，着色也比较难，如图 2.6 所示。

图 2.5　镁铝合金外壳

图 2.6　碳纤维复合材料外壳

钛合金：航天工业经常用的材料，这种材料集所有优势于一身，唯一的缺点就是成本太高。这种外壳仅在 ThinkPad 的 X 系列和 T 系列上用。这也是 ThinkPad 的 X 系列和 T 系列的价格这么高的原因之一，如图 2.7 所示。

图 2.7　钛合金外壳

5. CPU 和芯片组选择

CPU 从市场占有率来看，最好尽可能地选择 Intel 的 CPU。CPU 的确定决定了芯片组，主板芯片组也是笔记本电脑很重要的部件，无论是性能的表现，还是整体功耗的控制，都和芯片组是息息相关的。在笔记本电脑上综合性能最好的非 Intel 移动芯片组莫属，无论是内存、磁盘性能，还是电源管理方面都是最出色的，其他竞争对手在这领域还无法与其抗衡，这也是 Intel 在笔记本领域遥遥领先的原因之一。

6. 散热模块选择

笔记本电脑有七大散热系统：风扇、散热孔、散热板、外壳、键盘、热管、智能温控。重点说明散热孔和键盘，键盘最好选择巧克力键盘。笔记本巧克力键盘荣获了国际权威工业设计大奖——2009 德国红点设计大奖的最高奖项——红点奖。在保证了键盘区尺寸的情况下，增大了手指与键帽接触的面积，击键更加准确，手感更加舒适，也有良好的散热表现，如图 2.8 所示。散热孔建议选择在电脑左边，在右边热风容易吹到操作鼠标的手，如图 2.9 所示。而且选择尽量多的散热孔，底部进风、侧面出风是通用设计，如图 2.10 所示。

图 2.8 巧克力键盘

图 2.9 笔记本电脑散热孔

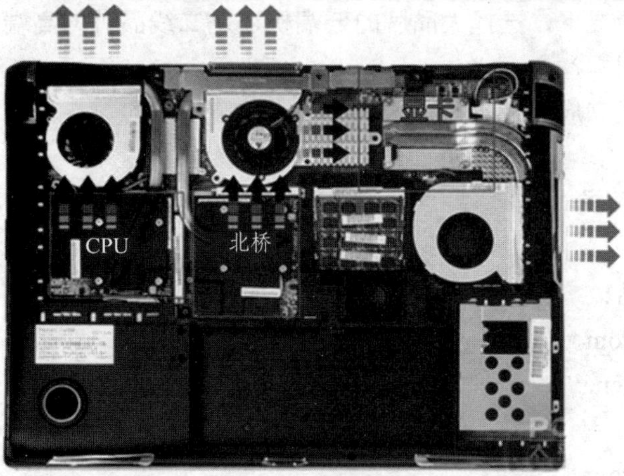

图 2.10 笔记本电脑出风口

7. 笔记本光驱的选择

笔记本的光驱本来就很挑碟，使用寿命短，如果用来当刻录机，不但容易刻坏碟，还将大大缩短光驱的使用寿命。笔记本光驱的刻录功能就是鸡肋，不到万不得已，尽量不要使用该刻录功能。

8. 硬盘和内存的选择

选择主流，硬盘和内存容量越大越好，预算充足的话可以选择固态硬盘。

9. 笔记本接口的选择

有个重要的原则就是选择合理分布的接口，而且 USB 接口不能少于 3 个。

10. 整体优先的原则，不能追求某一个部件的高性能

认为 CPU 的主频最重要，或者只看硬盘大小，或者只看有没有独立显卡。笔记本是个整体，升级不方便，更要看整体性能。要把所有硬件作为一个整体来看待，只追求某个硬件的高性能而忽视整体的意义不大。

笔记本电脑选好以后，在实地考察电子市场前，先在各大网络购物网站，比如京东、新蛋、苏宁、淘宝等了解一下价格。

11. 三　包

国家三包的规定，购买笔记本产品，如出现使用方面的故障，7 天内包退，15 天内包换，一年内整机保修，重要部件保修 2～3 年。如何升级？如何保修？这些都是需要你了解的。

【课堂实践】

通过笔记本电脑选购的学习，完成以下讨论：

（1）价格相同的情况下，选择大品牌的低端机还是二线品牌的高端机？

（2）如何选购上网本？

（3）在中关村在线完成超极本的选购。

【课外拓展】

了解各大购物网站：

（1）www.suning.com

（2）www.newegg.cn

（3）www.jd.com

（4）www.taobao.com

（5）www.tmall.com

任务 2 台式机配置及选购

【任务描述】

通过本任务的学习，可以配置一台台式电脑，完成部件的选购。

【任务分析】

本任务的关键点：

（1）CPU 的选购。
（2）主板的选购。
（3）显卡的选购。

【预备知识】

组装台式机是将电脑配件（包括 CPU、主板、内存、硬盘、显卡、光驱、机箱、电源、键盘、鼠标、显示器）组装到一起的电脑。

与品牌机不同的是，组装机可以自己买硬件组装，也可以到配件市场组装，可根据用户自己要求，随意搭配，性价比高。

电脑市场呈现出品牌机和组装机两者争雄的局面，组装机与品牌机相比之下有很大优势：

（1）组装机搭配随意，可根据用户要求随意搭配。

（2）DIY 配件市场淘汰速度比较快，品牌机很难跟上其更新的速度，比如有些在散件市场已经淘汰了的配件，还出现在品牌机上，再比如 ATI 系列推出 5550、5770 系列显卡，在 DIY 配件市场早已卖得如火如荼了，但在品牌机上还没有配置。

（3）价格优势。电脑散件市场的环节少，利润也低，价格和品牌机有一定差距，品牌机流通环节多，利润相比之下要高，所以没有价格优势。值得注意的是，品牌机往往会降低主板和显卡的成本，由于大部分电脑初学者，主要看硬盘大小和 CPU 高低，而忽略了主板和显卡的重要性。

（4）从售后上来说，组装机与品牌机一样，主要件提供了三年质保，甚至部分配件的质保期超过了品牌机，对于品牌机来说这是致命的。

（5）从政策上来说，品牌机拥有无可比拟的政策优势，而对组装机限制较多。

（6）从竞争上来说，在一些竞争比较激烈的大中城市，组装机配件的价格已经接近透明，利润空间很小，这也是以后业内面临的一个问题。

总之，如果在资金充足的情况下，买一台高配置的品牌机是最好不过的了；若你资金不足又十分在意机器性能的情况下，买一台组装机也是明智的选择。

【任务实施】

一、台式机配置流程

（1）想清楚配置电脑干什么。
（2）清楚自己的预算，理想价格和能承受的价格。
（3）根据需求拟定配置单。
（4）找一家信誉好的电脑店，选购配件。
（5）坚定信念拒绝“推荐”。
（6）取货验货。
（7）贴保修、安装测试。

二、配置单的拟定和价格预算

可以参考中关村在线模拟攒机，比如网友方案、热门配置排行、网友首选配件排行榜，也可以将自己的配置单发布到网上让网友点评，以便改进，如图 2.11 所示。

图 2.11　中关村网模拟攒机

台式电脑攒机的原则就是：够用和主流、整体优先、升级的原则。

三、CPU 选购

市面上台式机的 CPU 芯片制造商很多，比如英特尔 Intel、超微 AMD、高通 Qualcomm、英伟达 Nvidia、美光 Micron 等。在市场上遥遥领先的是 Intel 和 AMD。在笔记本电脑市场，

AMD 只从 Intel 手中取得了 1.9%的市场占有率，Intel 仍然以 84.4%稳坐首位。在桌面电脑 CPU 方面，AMD 增加了 1.5%～28.9%，而 Intel 则是以 70.9%维持着超过两倍的领先；而在服务器 CPU 上 AMD 就完全不是 Intel 的对手，不仅只有 5.5%的市场占有率，这还是输了 0.6%给 Intel 之后的结果。总体来说，Intel 的市场占有率缩减了 1.5%，来到 79.3%，而 AMD 则是增加了 1.5%，来到 20.4%，剩下来的是 VIA 的 0.3%。根据自己的需求选择 CPU，CPU 性能图（2013 年 12 月数据）如图 2.12 所示。

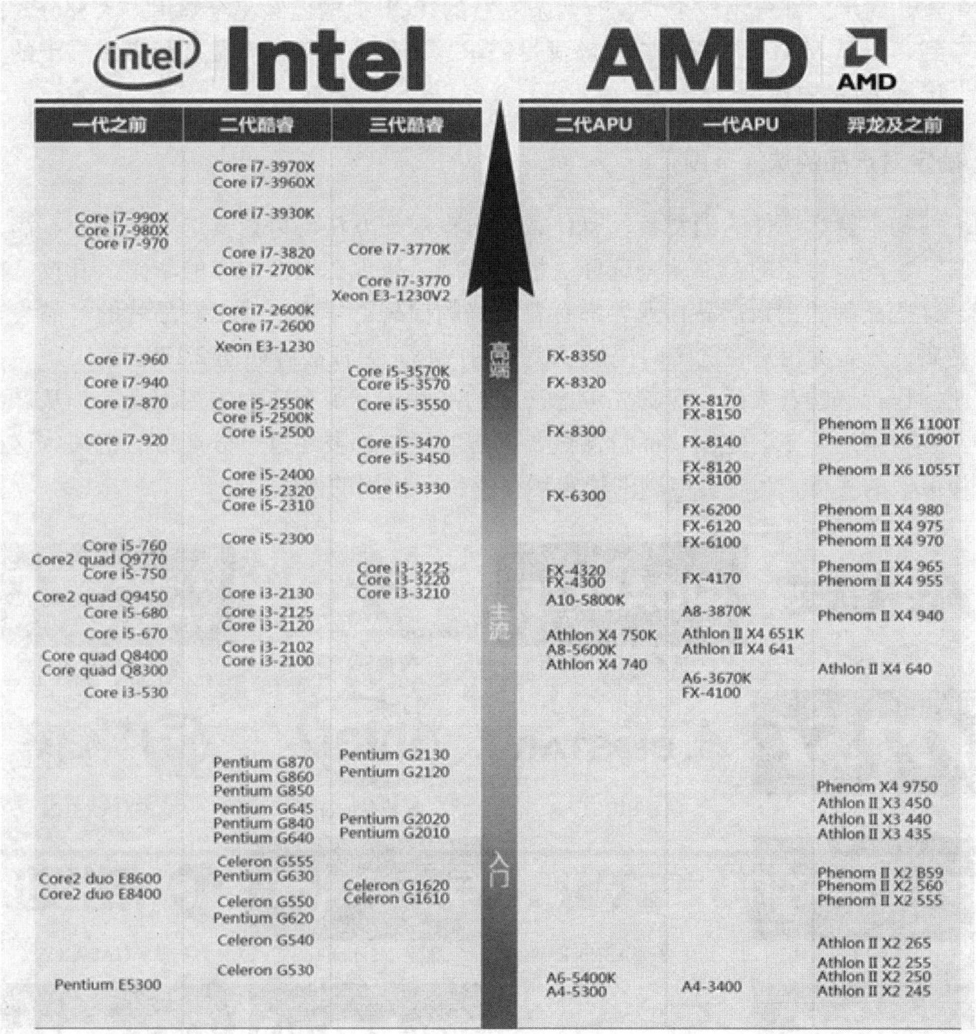

图 2.12　CPU 性能图

四、主板的选购

1. 要确定你想搭配什么平台

一般情况下，我们在装机时要先确定是选择 Intel 平台或者 AMD 平台，再确定主板的类型。英特尔方面，目前主流的芯片组为 X79/Z87/H87/B85/H81，其中 X79 与 Z87 面向高端用户，功能相当丰富，H87 面向主流用户，B85/H81 面向入门级用户。AMD 的主要芯片组为

A88X/A85X，其中 A88X 定位中高端，A85X 定位中低端。

2. 做工与用料

目前在售的主板一般有 ATX、MATX 和 ITX 三种板型的产品。ITX 主板一般用在娱乐电脑上，因此购买的用户并不是特别多。一般情况下，ATX 与 MATX 是大部分用户的选择。相比 ATX 主板，MATX 在板型上有所缩小，因此在扩展性上不如 ATX，主要体现在 PCI 插槽的数量。不过，对于大部分用户来说，有两条左右的 PCI 插槽已经完全够用，大部分时间我们根本用不到，所以 MATX 主板完全能够满足需求。当然，对于一些需要很多扩展卡的专业用户来说，选择 ATX 主板更佳。

3. 确定对产品的选择范围

对于那些不熟悉硬件的消费者，有什么更为直观的方法可以让其选购到放心、满意的主板产品吗？答案是肯定的，那就是选择主板的品牌。像现在比较知名的华硕、升技、微星、技嘉等，这些品牌的主板产品在业界都有着良好的口碑。毕竟，一个有品牌的产品会非常注重它的品质，无疑为用户在选购时提供了极大的放心。主板品牌如图 2.13 所示。

因此，作为选购者来说，应首先考虑产品的品牌。一个有实力的主板品牌，从产品的设计开始、选料筛选、工艺控制、品管测试，到包装运送都要经过十分严格的把关。这样一个有品牌作保证的主板，为整套电脑的稳定运行提供了牢固的保障。

华硕ASUS	技嘉GIGABYTE	梅捷SOYO	富士康Foxconn
微星msi	映泰BIOSTAR	英特尔Inter	铭瑄MAXSUN
精英ECS	华擎ASRock	蓝宝石Sapphire	影驰GALAXY
七彩虹Colorful	昂达ONDA	盈通yeston	索泰Zotac

图 2.13　主板品牌

五、显卡选购

购买显卡首先要了解自己对显卡的性能需求，了解显卡的性能定位，知道显卡的参数规格含义，显卡的做工用料，最后关注自己所选择显卡的售后。

1. 不要迷信独立显卡，看自己的需要而定

要不要独立显卡是个老话题了，显卡的一种分类是独立显卡和集成显卡。如果你平常只是上网或者进行文字处理，集成显卡就足够了，没必要再破费。

2. 显卡的品牌不影响性能

显卡的品牌并不影响性能，主要体现在产品的用料做工、配套设备、售后服务等。

3. 认识显卡型号和参数

比如单纯从型号上看，GT620 似乎要比 GT440、GTS450 高，但实际情况却恰恰相反，GT620 的性能，只是与 Intel 最新一代 CPU 内部集成的“核心显卡”性能相当，如图 2.14 所示。

图 2.14　桌面显卡性能比较

显卡体积虽然大，但其性能仅取决于架构核心、流处理器数量、显存位宽、频率、光栅处理单元等。为了形象了解显卡流处理器、核心频率、显存位宽、显存容量之间的关系，我们用日常的例子作为比喻：

流处理器=吃饭的人数；核心频率=吃饭的速度；显存容量＝饭碗；显存位宽＝人的嘴巴。

人数越多，饭就吃得越快，吃饭的速度增加，同样饭就吃得越快，而饭碗越大，你能吃的饭就越多（但并不影响你吃饭的速度），但如果你饭碗很大，但你嘴巴很小时，就会发现，再怎么吃也只能一下子吃进 128 粒米饭，所以说把嘴巴加大点就能一下子吃进 256 粒米饭，

那就快多了。

市面上显卡主要分为 N 卡和 A 卡，即 NVIDIA 和 ATI/AMD，主要分类如表 2.1 和表 2.2 所示。

表 2.1　NVIDIA 显卡前缀/后缀代号

ZT：经济节能版（XT 的低价低频版）	GTX/GS：高清版（GT 的高频缩水版）
XT：节能版（LE 的低频版，但在 ATI 中表示对高端）	GE：影音高清游戏版（GS 的高频版）
LE：低端版（Lower Edition）	G：普通版（GeForce）
MX：平价版	GT：加强版（GeForce Technology）
Go：常用于移动平台	GTX：极致加强版（GT eXtreme）
TC：Turbo Cache 可以占用内存的显卡	SE：Simplify Edition 精简型代号
Ultra：至尊版	TI：钛 高速加强型

表 2.2　ATI/AMD 显卡前缀/后缀代号

LE：低端版（Lower Edition）	PRO：专业版（Professional Edition）
XL：限频超级版（eXtreme Limited）	XT：超级版（eXTreme）
XTX：终结版（XT eXtreme）	CE：双芯交火版（Crossfire Edition）
HM：可以占用内存的显卡（Hyper Memory）	HD：高清解码显卡

（4）显卡用料。

散热器最好采用散热管的，供电最好是 8 相供电，电容最好采用固态电容，由于篇幅有限，将不再细分。

（5）了解显卡的售后。

选购电子产品一定要了解售后服务，对于显卡也不例外，虽然显卡发展迅猛，但一般用户还是会用两三年甚至更长久，如何让显卡在服役期间无后顾之忧，就要看显卡品牌的售后服务了。显卡品牌如图 2.15 所示。

图 2.15　显卡品牌

六、内存选购

（1）清楚需求和价格预算。

（2）读懂内存参数，影响内存性能的参数在项目一中已经介绍过了。

（3）选购的渠道，在正规的购物网店、实体店对比价格购买。

（4）了解售后。

对于选择内存来说，最重要的是稳定性和性能，而内存的做工水平会直接影响性能、稳定以及超频。

内存颗粒的好坏直接影响内存的性能，是内存最重要的核心元件。所以大家在购买时，尽量选择大厂生产出来的内存颗粒，一般常见的内存颗粒厂商有三星、现代、镁光、南亚、茂矽等，它们都是经过完整的生产工序，因此在品质上都更有保障。而采用这些顶级大厂内存颗粒的内存条品质性能，必然会比其他杂牌内存颗粒的产品要高出许多。内存品牌如图 2.16 所示。

内存 PCB 电路板的作用是连接内存芯片引脚与主板信号线，因此，其做工好坏直接关系着系统稳定性。目前主流内存 PCB 电路板层数一般是 6 层，这类电路板具有良好的电气性能，可以有效屏蔽信号干扰。而更优秀的高规格内存往往配备了 8 层 PCB 电路板，以起到更好的效能。

金士顿Kingston	威刚ADATA	SK Hynix	创见Transcend
宇瞻Apacer	海盗船Corsair	南亚易胜Elixir	金泰克
三星SAMSUNG	金邦GEIL	闪迪SanDisk	索尼SONY
芝奇G.skill	胜创Kingmax	雷克沙Lexar	东芝Toshiba

图 2.16 内存品牌

七、硬盘选购

（1）清楚需求和价格预算。

（2）读懂硬盘参数，影响硬盘性能的参数我们在项目一中有介绍。

（3）选购的渠道，在正规的购物网店、实体店对比价格购买。

（4）了解售后。

在市面上占有率最高的就是西部数据和希捷。硬盘品牌如图 2.17 所示。

图 2.17　硬盘品牌

八、电源的选购

台式机电源在装机过程中往往容易被消费者忽视，在如今 CPU、内存、显卡价格越来越透明的形势下，商家也越来越热衷于在机箱电源上欺瞒消费者。然而电源作为整机的心脏，如果质量不佳，则会对整机的稳定性、品质造成很大的影响，甚至容易烧坏硬件。下面介绍电源选购应该注意的一些事项。

1. 认准官方认证标识，杜绝山寨假标

在电脑电源上往往会有很多认证图标标示，如果我们熟知官方认证标识，那么就可以在选购电源的时候多一种辨别方法。

美国出台的 80PLUS 电源转换效率认证标准，是公认的最严格的电源节能规范之一。也是购买电脑电源产品最值得参考的重要指标。官方 80PLUS 认证电源比普通电源具有更高的转换率并且更加节能，在产品质量以及寿命上也更加出色。

2. 电源转化率需要根据实际配置选择

DIY 装机用户应该根据自已电脑配置的实际功耗情况来选择电源。同时尽量选择通过了 80PLUS 认证的大牌产品。价格便宜但瓦数较高的电源可能会存在额定功率虚标或者无 80PLUS 认证的弊端，消费者购买电脑电源时最好不要选择很便宜的大功率电源，因为这种多半会是销售陷阱。

3. 电源越重不代表品质越好

以前在选择电源的时候经常会说，在选择两款差不多价格的电源时，一般选择越重的越好。不过随着如今主动式 PFC 电源结构的普及，现在已经不能单单用重量来衡量电源的好坏了。因为主动式 PFC 电源相比老旧的 PFC 电源来说，内部并没有“充分量”的电感模块，因此，虽然主动式 PFC 虽然分量没有被动式 PFC 沉重，但在功率校正因数以及在转换率方面都

要超出被动式 PFC 很多。

4. 高瓦数电源不一定更费电

按照很多用户的惯性思量，通常会认为选择的电源功率越大。即电源瓦数越高就越耗电，其实这个结论是不正确的，因为电源的额定功率跟电脑的实际电联无关。这是由系统的实际负载来决定的。换句话说，电源的耗电量与电脑配置有关，也就是跟电脑的 CPU、主板、显卡、内存、硬盘等才有直接关系。

另外在选择电源功率的时候，我们最重要的是看额定功率，在额定功率下，电源的转换效率通常是最高的，如果低配置电脑把电源额定功率选择得太高，那么电源是长期处于低转换率状态，耗电量也将比更好满足额定功率条件的电源电量增加，因此选择合适的电脑电源功率也很重要，并且最好是转化效率高的额定功率电源，因为电能的转换还是要考虑到效率的问题，效率越高，损失的电能就越少，产生的热量也就越低，越有利电源的散热，这也是通常我们更加推荐大家选择转化效率更大的电源原因。

九、显示器的选购

（1）清楚需求和价格预算。

（2）读懂显示器性能参数、了解接口。

（3）选购的渠道，在正规的购物网店、实体店对比价格购买。

（4）了解售后。

【课堂实践】

通过台式机配置及选购的学习，完成以下操作：

（1）在中关村在线模拟攒机。

（2）在新蛋、京东、苏宁网，选购配件及查询价格。

【课外拓展】

固态硬盘与普通硬盘比较，拥有以下优点：

（1）启动快，没有电机加速旋转的过程。

（2）不用磁头，快速随机读取，读延迟极小。根据相关测试：两台电脑在同样配置的情况下，搭载固态硬盘的笔记本从开机到出现桌面一共只用了 18 秒，而搭载传统硬盘的笔记本总共用了 31 秒，两者几乎有将近一半的差距。

（3）相对固定的读取时间。由于寻址时间与数据存储位置无关，因此磁盘碎片不会影响读取时间。

（4）基于 DRAM 的固态硬盘写入速度极快。

（5）无噪声。因为没有机械马达和风扇，工作时噪声值为 0 分贝。某些高端或大容量产品装有风扇，因此仍会产生噪声。

(6) 低容量的基于闪存的固态硬盘在工作状态下能耗和发热量较低，但高端或大容量产品能耗会较高。

(7) 内部不存在任何机械活动部件，不会发生机械故障，也不怕碰撞、冲击、振动。这样即使在高速移动甚至伴随翻转倾斜的情况下也不会影响到正常使用，而且在笔记本电脑发生意外掉落或与硬物碰撞时能够将数据丢失的可能性降到最小。

(8) 工作温度范围更大。典型的硬盘驱动器只能在 5～55 °C 范围内工作。而大多数固态硬盘可在-10～70 °C 工作，一些工业级的固态硬盘还可在-40～85 °C，甚至更大的温度范围下工作。

(9) 低容量的固态硬盘比同容量硬盘体积小、重量轻。但这一优势随容量增大而逐渐减弱，直至 256 GB，固态硬盘仍比相同容量的普通硬盘轻。

【项目习题】

一、选择题

1. 构成计算机物理实体的部件被称为（　　）。

A. 计算机系统　B. 计算机硬件　C. 计算机软件　D. 计算机程序

2. 计算机外设的工作是靠一组驱动程序来完成的，这组程序代码保存在主板的一个特殊内存芯片中，这个芯片称为（　　）。

A. Cache　B. ROM　C. I/O　D. BIOS

3. 第一代计算机主要使用（　　）。

A. 机器语言　B. 高级语言　C. 数据库管理系统　D. BASIC 和 FORTRAN

4. 在计算机系统上，一个字节等于（　　）个二进制位。

A. 1　B. 4　C. 8　D. 16

5. 与二进制数 1011011 对应的十进制数是（　　）。

A. 123　B. 91　C. 107　D. 87

6. 在计算机应用中，“OA”表示（　　）。

A. 决策支持系统　B. 管理信息系统　C. 办公自动化　D. 人工智能

7. 指挥、协调计算机工作的设备是（　　）。

A. 键盘、显示器　B. 存储器　C. 系统软件　D. 控制器

8. 目前使用的“奔腾”型微机采用的逻辑器件属于（　　）。

A. 电子管　B. 晶体管

C. 集成电路　D. 超大规模集成电路

9. 在微机中，访问速度最快的存储器是（　　）。

A. 硬盘　B. 软盘　C. 光盘　D. 内存

10. 磁盘是直接存储设备，它（　　）。

A. 只能直接存取　B. 只能顺序存取

C. 既能顺序存取，又能直接存取　D. 将高级语言转换成汇编语言程序的程序

11. 激光打印机属于（　　）。

A. 非击打式打印机　　B. 热敏式打印机

C. 击打式打印机　　D. 点阵式打印机

12. 根据打印机的原理及印字技术，打印机可分为（　　）。

A. 击打式打印机和非击打式打印机　　B. 针式打印机和喷墨打印机

C. 静电打印机和喷墨打印机　　D. 点阵式打印机和行式打印机

13. 下列属于输入设备的是（　　）。

A. 触摸屏、打印机　　B. 鼠标、打印机

C. 硬盘、软盘驱动器　　D. 鼠标、条码阅读器

14. 具有多媒体功能的微型计算机系统中，常用的 CD-ROM 是（　　）。

A. 只读型大容量软盘　　B. 只读型光盘

C. 只读型硬盘　　D. 半导体只读存储器

15. 指令的解释是由电子计算机的（　　）来执行。

A. 控制部分　　B. 存储部分　　C. 输入输出部分　　D. 算术和逻辑部分

项目三 计算机组装

【项目目标】

（1）了解计算机硬件之间如何协同工作。
（2）掌握计算机硬件组装的过程和各部件正确的拆装方法。
（3）掌握计算机拆装技术规范。
（4）掌握计算机维护工具的使用。

任务1 维护工具介绍

【任务描述】

（1）了解防静电工具、拆装工具、维护工具、清洁工具功能。
（2）掌握防静电工具、拆装工具、维护工具、清洁工具的正确使用方法。

【任务分析】

本任务的关键点：

（1）防静电工具；
（2）拆装工具；
（3）维护工具；
（4）清洁工具。

【预备知识】

工欲善其事，必先利其器。选择合适的工具可以让你事半功倍。标准的计算机维护工具，如图 3.1 和 3.2 所示。

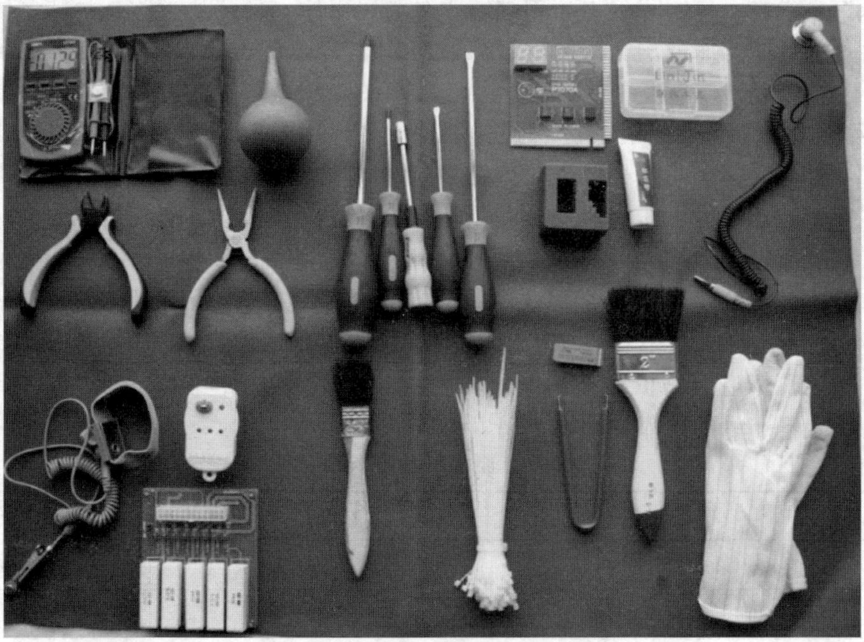

图 3.1　台式机维护工具

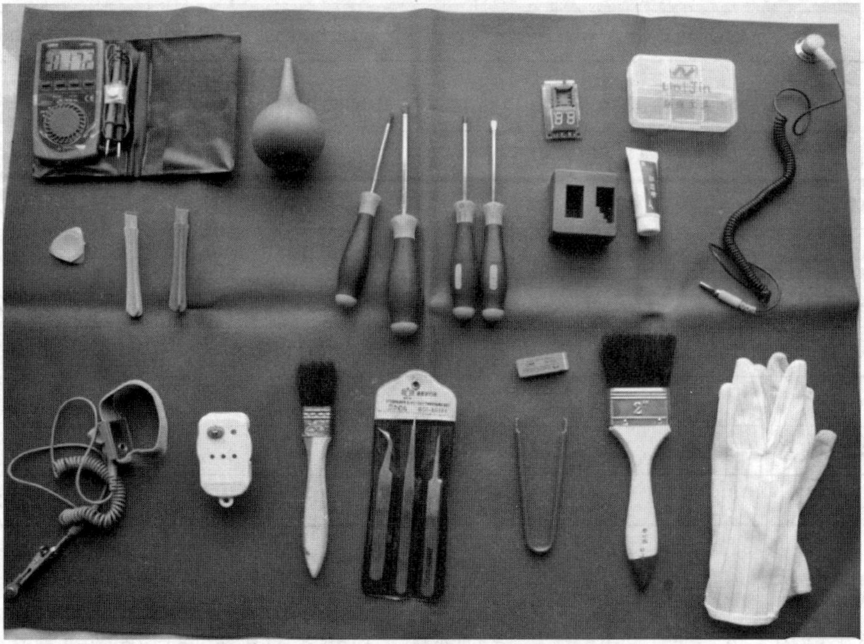

图 3.2　笔记本电脑维护工具

【任务实施】

一、静电防护

静电在我们的日常生活中可以说是无处不在，比如挥动纸张、运动中的人、行驶的汽车、冬天梳理头发，等等。我们的身上和周围就带有静电电压，高达几千伏甚至几万伏 ，特别是在干燥的季节当你脱衣服或用手去触摸金属体时会产生电击感。典型的静电产生场景如表 3.1 所示。

1969 年底在不到一个月的时间内荷兰、挪威、英国三艘 20 万吨超级油轮洗舱时产生的静电引起连环爆炸。近年来我国石化企业曾发生 30 多起因静电造成的严重火灾爆炸事故。许多工业发达国家都建立了静电研究机构，我国从 20 世纪 60 年代末开始开展了一些静电研究工作，80 年代初以来，我国的静电研究发展极为迅速。

人体对静电放电的感知电压约为 3 kV，而许多电子元器件在几百伏甚至几十伏时就会损坏，如表 3.2 所示。通常电子器件被 ESD 损坏后没有明显的痕迹，分析也相当困难。特别是潜在损坏，即使用精密仪器也很难测量出其性能有明显的变化，但是这种潜在损坏在一定时间以后，会使电子产品的可靠性明显下降。

表 3.1　典型的静电产生场景

来　源	湿度 10%～20%RH	湿度 65%～90%RH
地毯上行走	35 000 V	1 500 V
聚乙烯上行走	12 000 V	250 V
工作上穿普通工作服的人员	6 000 V	100 V
工作台上拿起塑料袋	20 000 V	1 200 V
有泡沫垫的工作座椅	18 000 V	15 000 V

表 3.2　常见电子元器件抗静电性能表

器件类型	静电破坏电压/V	器件类型	静电破坏电压/V
VMOS	30～1 800	OP-AMP	190～2 500
MOSFET	100～200	JEFT	140～1 000
GaAsFET	100～300	STTL	300～2 500
CMOS	250～2 000	DTL	380～7 000
HMOS	50～500	肖特基二极管	300～3 000
E/DMOS	200～1 000	双极型晶体管	380～7 000
ECL	300～2 500	石英压电晶体	.<10 000

（一）雷电防护

雷电属于静电，是一种严重干扰，会损坏电子设备。雷电是通过传导的方式来干扰电子设备的。雷电的预防（从日常角度的使用）如图 3.3 所示。

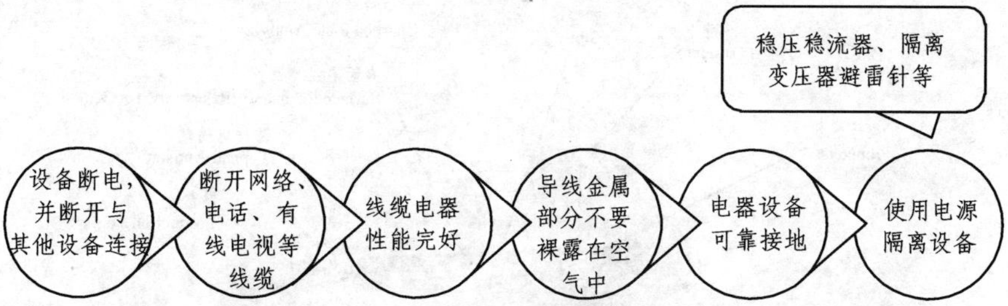

图 3.3　雷电预防

从产品设计角度，在电子器件的输入端增加抗电涌干扰的电路或隔离电路。

断开主机与其他设备的连接

断开网络、电话、有线电视等线缆的连接（要从主机端断开），不要使电缆连接端的铜线裸露在空气中，且接触点要牢靠，电器设备一定要有接地装置（见图 3.4），使用完好的电气或信号电缆（如：无破损，线缆有绞合等），使用电源隔离设备（如稳压稳流器、隔离变压器、避雷针等）。

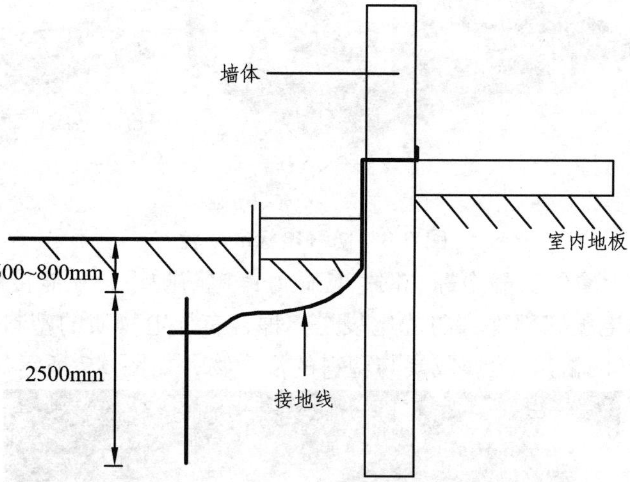

图 3.4　设置独立的防静电接地

（二）防静电环境

标准防静电环境包括：防静电安全工作台及防静电桌垫、防静电地板/地垫、防静电区域警示标志（见图 3.5）、防静电元件盒、防静电转运盒、接地工具和设备、离子风机，等等，如图 3.6 所示。

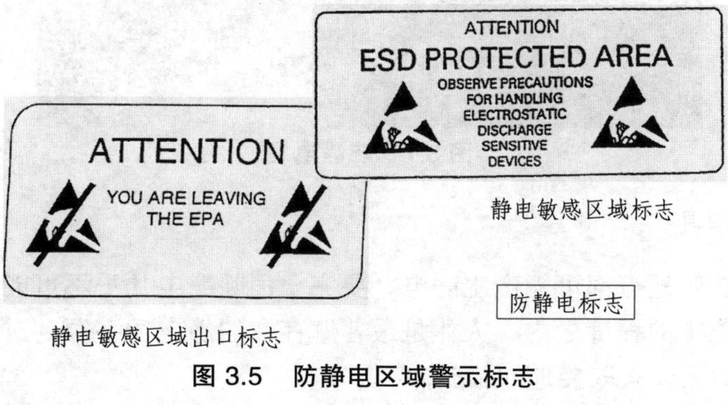

图 3.5　防静电区域警示标志

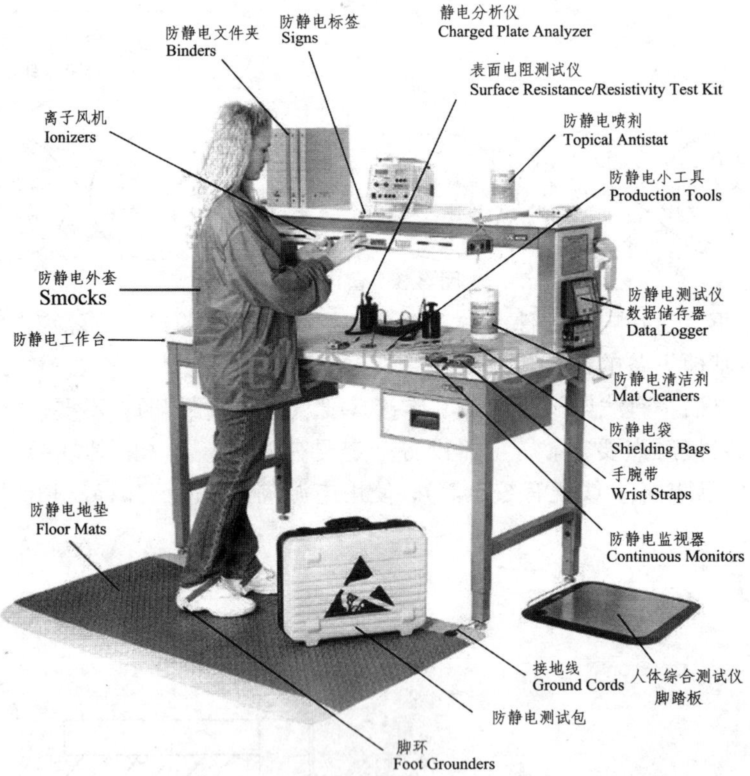

图 3.6　防静电标准环境

当你在部件包装上看到防静电标志时，应做好静电防护后，才能接触这类部件。

电脑部件均是静电敏感部件，防静电袋是一种含有导电物质的塑料袋，常见的有：金属丝（网格）、碳物质（网格）、金属或炭与塑料的混合物，如图 3.7 所示。

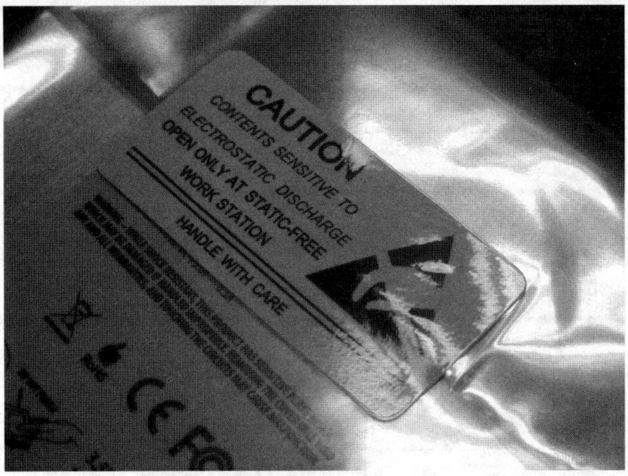

图 3.7　防静电袋

（三）防静电工具

在任何时间、任何地点都可能产生静电，要完全消除静电几乎不可能，但可以采取一些措施控制静电在不危害的程度之内。人体是最普遍存在的静电危害源。对于静电来说，人体是导体，所以可以对人体采取接地的措施。

防静电主要的工作是防止静电放电。控制静电放电要从控制静电的产生和控制静电的消除两方面入手。控制静电的产生主要是控制工艺过程和工艺过程中材料的选择；控制静电的消除主要是加速静电的泄露和中和。这两点共同作用才能使静电电压不超过安全阈值，以达到静电防护的目的。

可以使用的防静电工具：防静电腕带、防静电鞋（见图 3.8）、防静电服（见图 3.9）、袜、手套、防静电桌垫。使用防静电工具的原则：保证接地（或与防静电布连接），保证与人体皮肤接触。

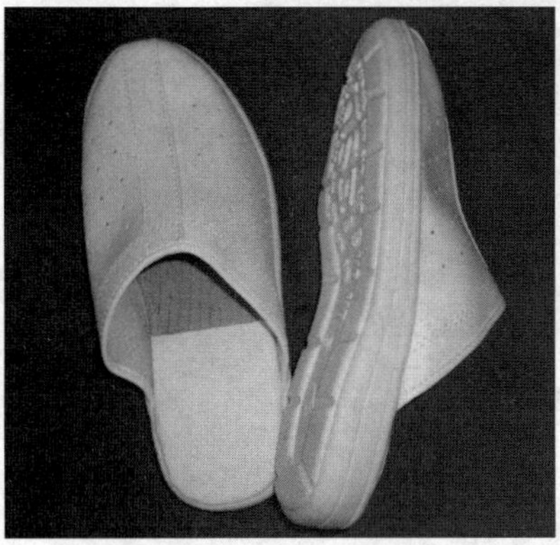

图 3.8　防静电鞋

图 3.9　防静电服

1. 防静电手套

防静电手套通常采用防滑、抗 ESD 材料制成。具有减少静电电荷产生、积累的特性，其外形如图 3.10 所示。

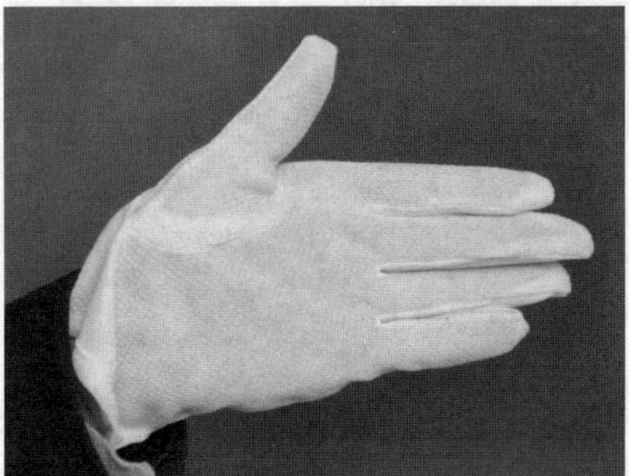

图 3.10　防静电手套

主要用途：

① 在拆装作业过程中，防止人体产生的静电对电子器件可能造成的损害；在没有佩戴静电手环的情况下，取放电子器件时，都需要佩戴防静电手套。

② 用于机器拆装过程中，工程师佩戴，防止金属部件可能对操作人员手造成的伤害。

2. 防静电手环

防静电手环符合 ESD 标准，其两端直流阻抗范围应满足 0.8～1.2 MΩ 的要求，直流阻抗过大、过小都属于不合格产品。防静电手环如图 3.11 所示。

主要用途：人体静电释放工具，与防静电地线连接，构成“静电释放”通路。

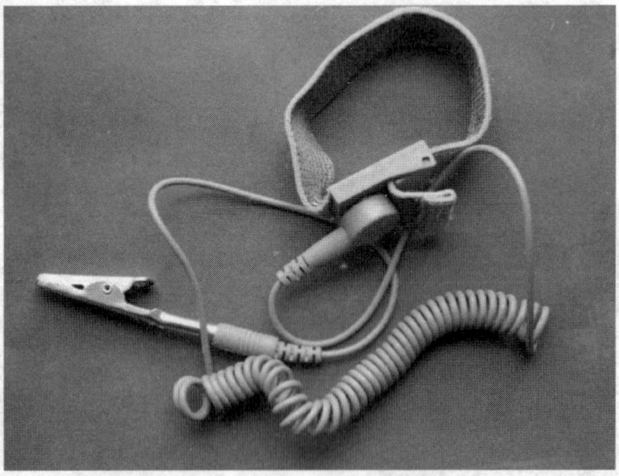

图 3.11　防静电手环

防静电手环的使用注意事项：

① 防静电手环上的金属片必须与人体皮肤接触，如图 3.12 所示。

② 防静电手环的另一端或者插在接地端子上，或者直接拖放在地板上，或与防静电布连接。

③ 防静电手环的接地要求为与防静电布直接连接。

④ 购买防静电手环时，必须购买带有防护电阻（约 1 MΩ）的防静电手环。

图 3.12　防静电手环佩戴方法

3. 防静电便携垫

防静电便携垫为黑绿双层，上下电阻均大于等于 10 Ω，带防静电地线，如图 3.13 所示。

主要用途：用于工程师上门，在客户现场搭建防静电环境，在无工作台的地方需要进行防静电操作时，它提供了有效的保护手段。

注意：在使用过程中，请务必保证良好的接地，并与静电手环搭配使用，以达到良好的静电释放效果。

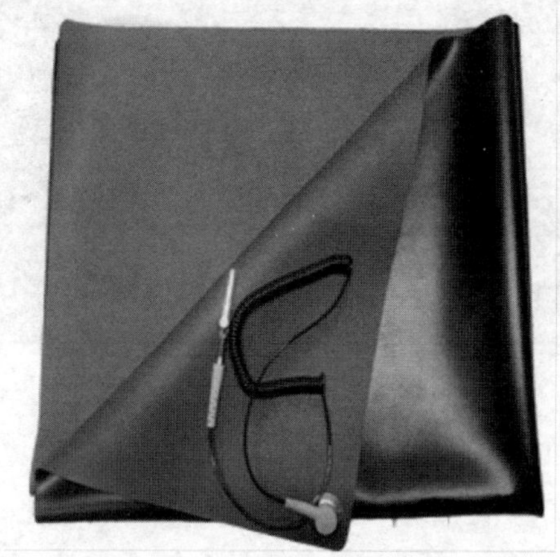

图 3.13　防静电便携垫

4. 鬃毛刷

鬃毛刷由木头柄和棕毛组成，如图 3.14 所示。

主要用途：清洁主板、插槽内的灰尘，可以防止静电产生。

图 3.14　鬃毛刷

二、拆装工具

1. 螺丝盒

螺丝盒为普通塑胶产品，包含多格设计，可分类，有卡口盖，如图 3.15 所示。

主要用途：用于电脑主机固定螺丝的分类放置，避免在机器安装时，固定螺丝用错。

注意：不同种类的螺丝要放置于不同的分格里，不要混淆。

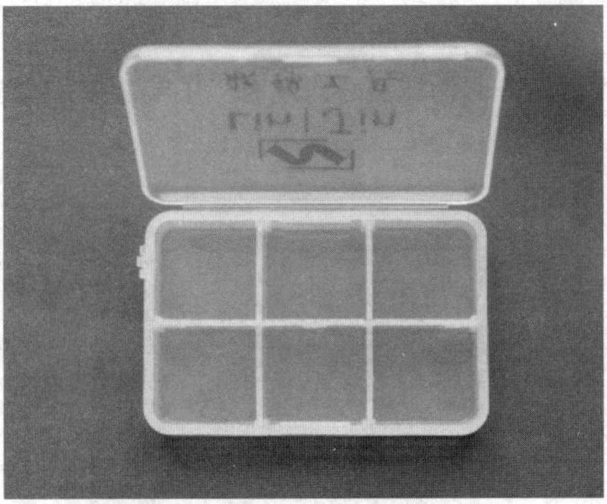

图 3.15　螺丝盒

2. 小十字

此规格螺丝刀螺杆直径通常为 3.5 mm，长度为 100 mm，能够满足电脑主机较小号十字螺丝的拆装，如图 3.16 所示。

主要用途：用于拆、装笔记本电脑部件固定螺丝，适用于较小十字口螺丝。

注意：一定要保证待拆卸或安装螺丝规格与之相匹配。

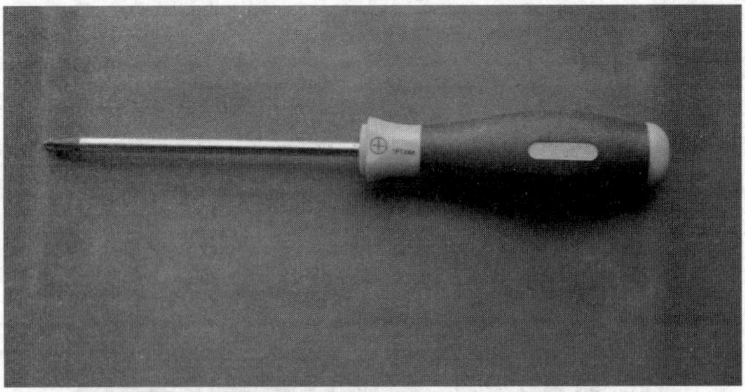

图 3.16　小十字

3. 大十字

此规格螺丝刀螺杆直径通常为 4.5 mm，长度为 100 mm，能够满足电脑主机较大号十字螺丝的拆装，如图 3.17 所示。

主要用途：用于拆、装笔记本电脑部件固定螺丝，适用于较大十字口螺丝。

注意：一定要保证待拆卸或安装螺丝规格与之相匹配。

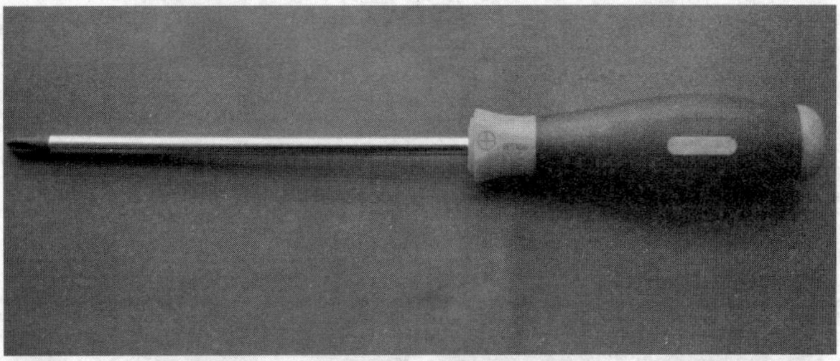

图 3.17　大十字

4. 一字螺丝刀

此规格螺丝刀螺杆直径通常为 3.5 mm，长度为 100 mm，能够满足电脑主机一字螺丝的拆装，如图 3.18 所示。

主要用途：

① 用于拆、装笔记本电脑部件一字口固定螺丝，如 CPU 底座固定螺丝等；

② 作辅助拆卸工具，如用于撬键盘盖板等。

注意：一定要保证待拆卸或安装螺丝规格与之相匹配；用于辅助拆卸工具时，刀头需要裹上柔性胶布，以防划伤盖板。

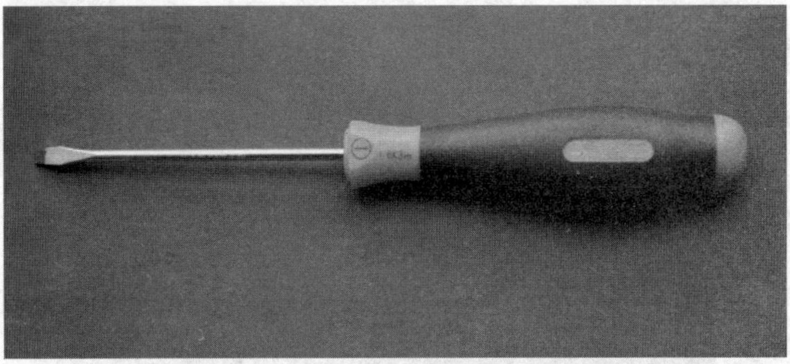

图 3.18　一字螺丝刀

5. 套　筒

其管套直径通常为 5.0 mm 或 4.8 mm，长度不限，内置面呈正六角形状，如图 3.19 所示。

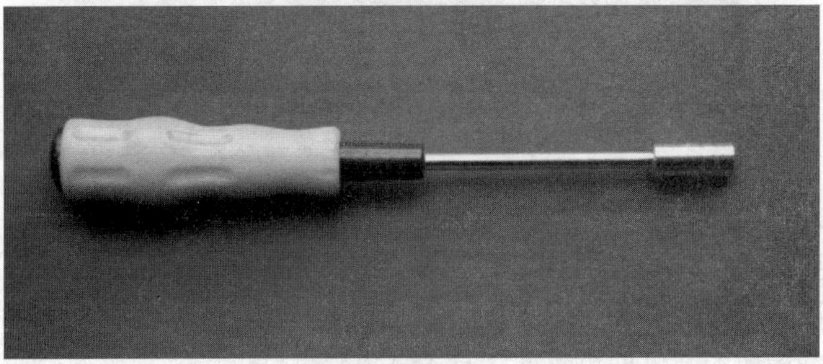

图 3.19　套筒

主要用途：用于拆装六角固定螺柱，如 VGA、串口等端口的固定六角螺丝。

6. 内六角螺丝刀

此规格螺丝刀螺杆直径通常为 3.5 mm，长度为 100 mm，如图 3.20 所示。它能够满足电脑主机内六棱螺丝的拆装。

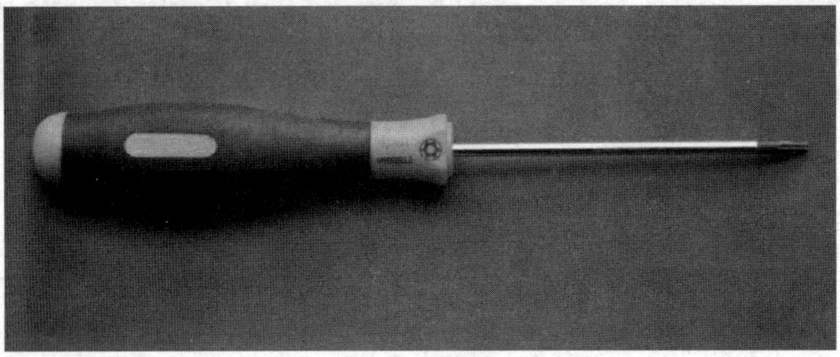

图 3.20　内六角

主要用途：用于拆、装笔记本电脑部件固定螺丝，适用于内六棱口螺丝，如 E360/Y300 等机型 C 壳面板内六棱口螺丝拆卸。

注意：一定要保证待拆卸或安装螺丝规格与之相匹配。

7. 加消磁器

加消磁器由磁性材料制成，利用顺、逆磁场的效应，对其他金属磁体进行加、消磁，如图 3.21 所示。

图 3.21　加消磁器

主要用途：对拆装工具，如螺丝刀等进行“加磁”操作，以便该拆装工具能够吸起主机固定螺丝；不需要此功能时，可进行“消磁”动作。

注意：标注“＋”号的孔位是加磁性孔，标注“－”号的孔位是减磁性孔；待操作工具沿同一方向，环绕相应的孔位即可，此工具不宜离硬盘过近。

8. 尖嘴钳

普通 6 英寸尖嘴钳，具有强度高、钳嘴较尖的特点，如图 3.22 所示。

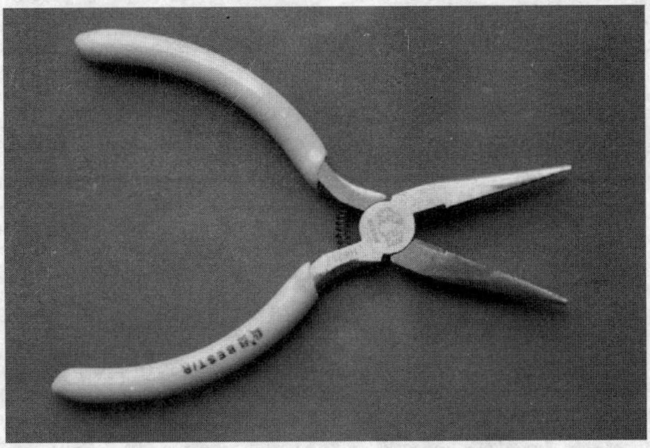

图 3.22　尖嘴钳

主要用途：

① 用于处理变形挡片，如光驱金属挡板等；

② 协助拆卸滑口螺丝，比如将其用于固定一端断裂的螺柱，以便螺丝刀能够拆卸掉相应的螺丝。

注意：此工具在正常的维修过程中，不需要使用，只用来处理一些较为特殊的案例。此外，在使用的过程中，不要造成新的非损。

9. 起拔器

硬盘、光驱电源线接口起拔器，如图 3.23 所示。

主要用途：用于拔出硬盘、光驱、电源、音频上的线。

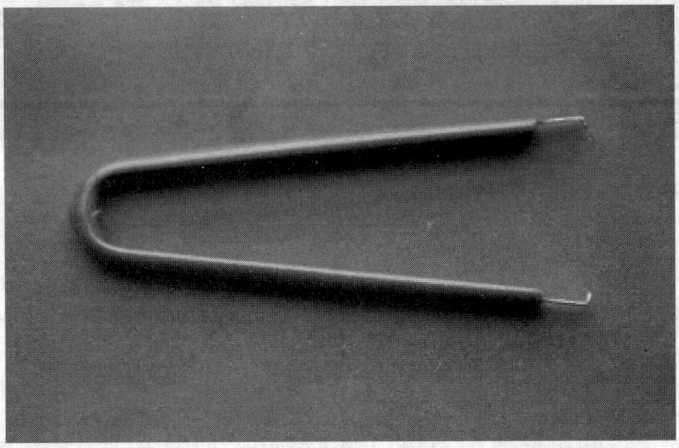

图 3.23　起拔器

10. 截断钳

主要用途：用于拆开捆绑线，其外形如图 3.24 所示。

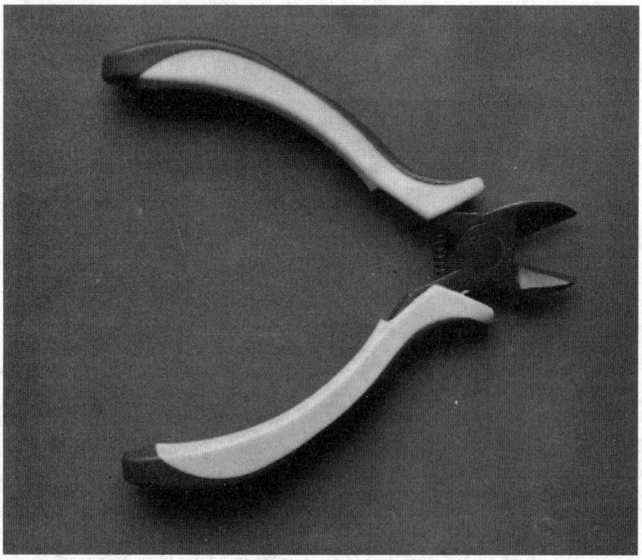

图 3.24 截断钳

11. 捆扎线

主要用途：用于固定机箱内的电缆或连接线，其外形如图 3.25 所示。

图 3.25 捆扎线

12. 镊　子

镊子通常由不锈钢材料制成，具有强度较高、不易腐蚀、导电性较好的特点，如图 3.26 所示。

主要用途：

① 用于辅助安装、拆卸笔记本内部接口的连接线，如键盘接口连线等；

② 利用其导电性，可以作为电信号短接工具使用，如用来将主板开机信号和主板“地”短接，实现主机加电、开机动作。

注意：镊子属于尖锐物，在使用过程中，要特别注意人身安全。在主机加电操作过程中，也应避免给人体、器件带来伤害。

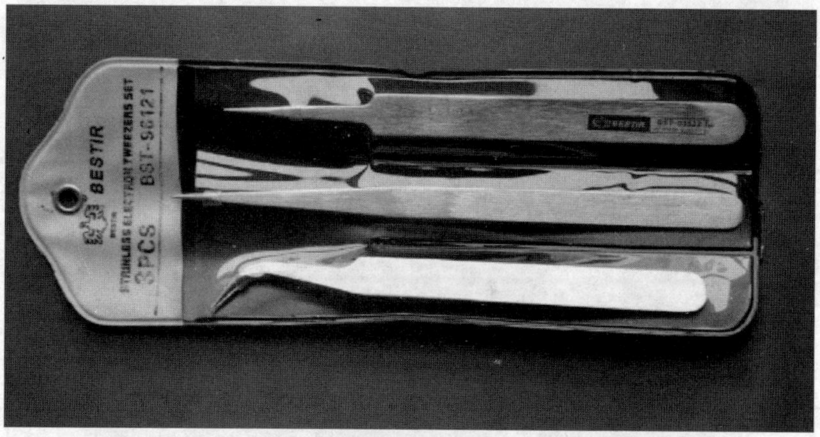

图 3.26　镊子

13. 挑　针

挑针通常由不锈钢材料制成，具有强度较高、尖细等特点，如图 3.27 所示。

主要用途：用于辅助安装、拆卸笔记本内部的连接线，如无线网卡天线等。

注意：挑针属于尖锐物，在使用过程中，要特别注意人身及相关器件的安全。

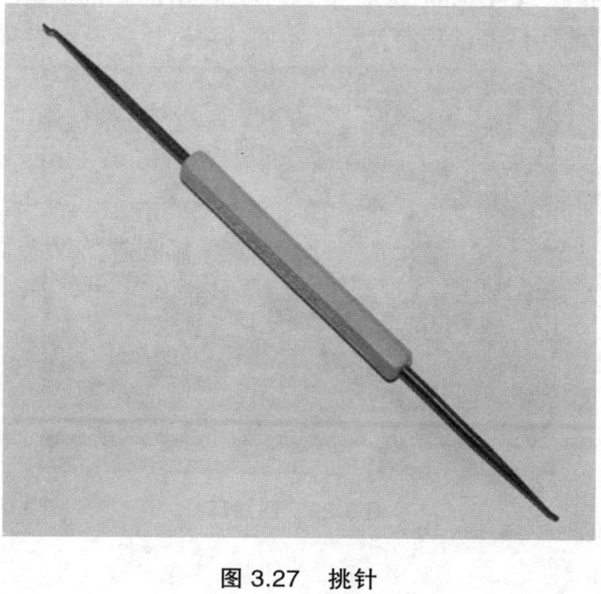

图 3.27　挑针

三、维护工具

1. 硅　脂

硅脂具有优异的导热性和低油离度，即使在高温 300°C 也不流淌；良好的绝缘性能，无毒、无味、不固化且对基材无腐蚀；耐高低温、耐水、臭氧、耐气候老化，可在-50～300°C 的温度下长期使用，如图 3.28 所示。

主要用途：用作电子元件的热传递介质，降低固体界面接触热阻、改善界面换热；拆卸 CPU 风扇，涂抹于 CPU 与风扇之间，显卡芯片与风扇之间，使 CPU、显卡芯片与风扇充分接触。

注意：不要涂抹过多，以防污染环境。

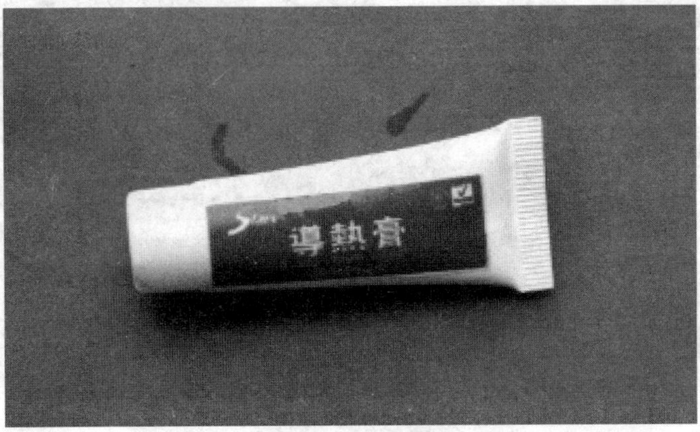

图 3.28　硅脂

2. 各种回路环

回路环通常由普通串口、并口、水晶体、音频线改制，将相应的接收和发送信号由导线进行连接而成，如图 3.29 所示。

主要用途：运行金钥匙 PC-Doctor DOS 和 PC-Doctor Windows 中端口测试时提供回路信号。

注意：需配合相应的并口测试程序使用，不同的测试程序操作界面可能不同。

图 3.29　回路环

3. 万用表

标准万用表测量工具，包含电阻、电压和电流等不同挡位测试功能；具体操作方法以相应说明书为准，如图 3.30 所示。

主要用途：

① 电子器件阻抗测量：测试电子器件之间阻抗值，导通性，对地阻值等。

注意：此时电子器件无需“加电”。

② 电子器件的电压测量：加电后电气信号的电压值。

③ 其他测量：如客户电源使用环境检测等。

注意：此项操作是在电脑主机“加电”的情况下操作，要特别注意人身及待测器件的安全。

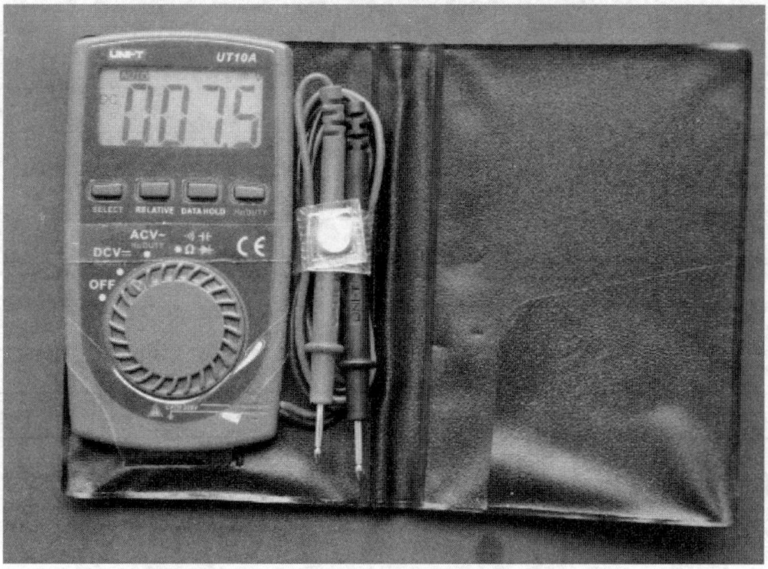

图 3.30 万用表

① 测量电流与电压不能旋错挡位。如果误将电阻挡或电流挡去测电压，就极易烧坏万用表。

② 如果不知道被测电压或电流的大小，应先用最高挡，而后再选用合适的挡位来测试，以免烧坏万用表。所选用的挡位越靠近被测值，测量的数值就越准确。

③ 测量电阻时，必须把电阻从电源中断开，不得带电测量，不要用手触及元件的裸体的两端（或两支表棒的金属部分），以免人体电阻与被测电阻并联，使测量结果不准确。

④ 万用表不使用时，请将挡位旋至交流电压最高挡，红表笔插在测量电压接口（如图 3.30 所示的位置），或拔出，避免因使用不当而损坏。

4. 地线检测仪

适用范围及作用：DTX-10-II 单相插头式电源检测仪用于检验电源插座的地极是否带电，各极是否按照规定要求连接，能及时提醒用户对有故障及安全隐患的插座做调整，为电脑提供合格安全的用电环境，如图 3.31 所示。

图 3.31 地线检测仪

地线检测仪使用说明如表 3.3 所示。

表 3.3　地线检测仪状态说明

左边灯	中间灯	右边灯	结论
灭	亮	亮	正常
灭	灭	灭	没有电源
灭	亮	灭	缺地线
灭	灭	亮	缺零线
亮	亮	灭	相零反
亮	亮	亮	相、零、地位置错，危险不能使用
亮	灭	亮	不通电或地线带电，危险不能使用

5. 主板故障诊断测试卡

主板故障诊断测试卡主要用于检测主板故障，如图 3.32 所示。主板故障测试卡状态说明如表 3.4 所示。

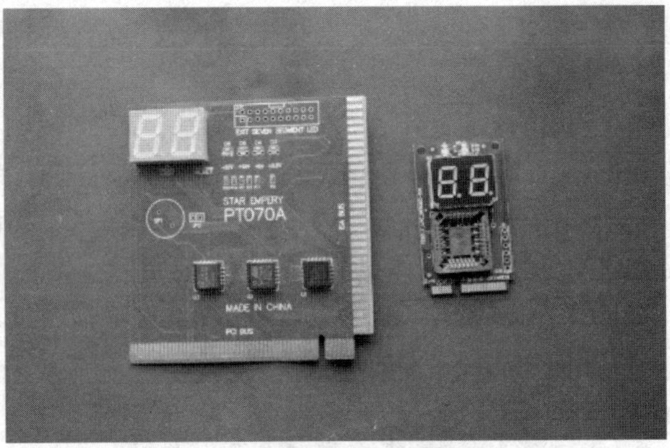

图 3.32　主板故障诊断测试卡

表 3.4　主板故障诊断代码含义

代　码	说　明	备　注
00 或 FF	运行一系列代码之后，出现 00 或 FF，则主板 OK	由于主板设计以及芯片组之间的差异，部分主板自检完成后可能显示 23、25、26 代码，属于正常情况
	一开机就显示一个固定的代码（如：00 或 FF），没有任何变化，通常为主板或 CPU 没有正常运行	
CO	初始化高速缓存	主板或 CPU 故障
C1 或 C6	内存自检	此代码死机，喇叭将报警，有些主板显示 A7
31	显示器存储读/写测试或扫描检测失败	主板显示部分或显卡故障，喇叭将报警
41	初始化软盘驱动控制器	主板 BIOS 问题

四、清洁工具

1. 吹气囊

吹气囊由柔性塑胶材料制成，它主要利用增强空气压强的原理清除灰尘等脏物，如图 3.33

所示。

主要用途：用于清洁待拆装机器内积压的灰尘及其他杂物，如 CPU 风扇、散热片等。

图 3.33　吹气囊

2. 小刷子

25～35 mm 宽棕毛刷，如图 3.34 所示。

主要用途：用于清扫部件上的灰尘。

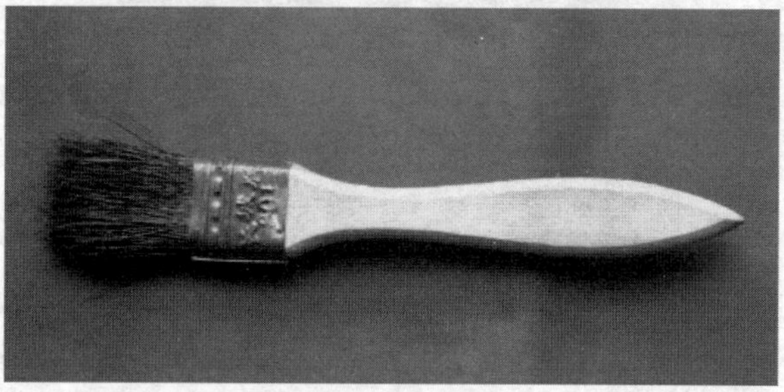

图 3.34　小刷子

3. 清洁剂

主要用途：用于屏幕、机器清洁，如图 3.35 所示。

图 3.35　清洁剂

4. 清洁小毛巾

主要用途：用于机箱外清洁，如图 3.36 所示。

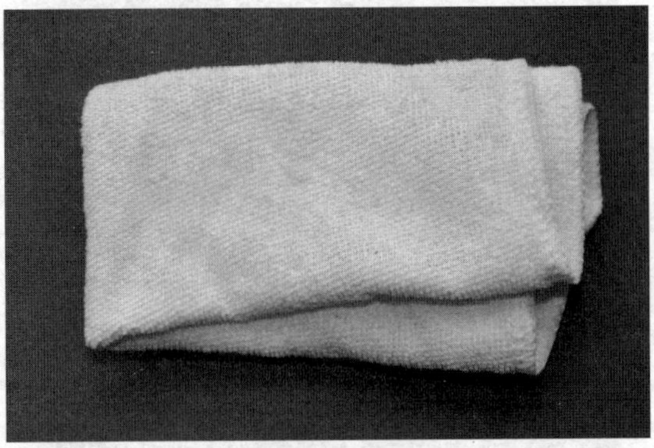

图 3.36　清洁小毛巾

5. 橡皮擦

主要用途：清洁内存、板卡金手指，如图 3.37 所示。

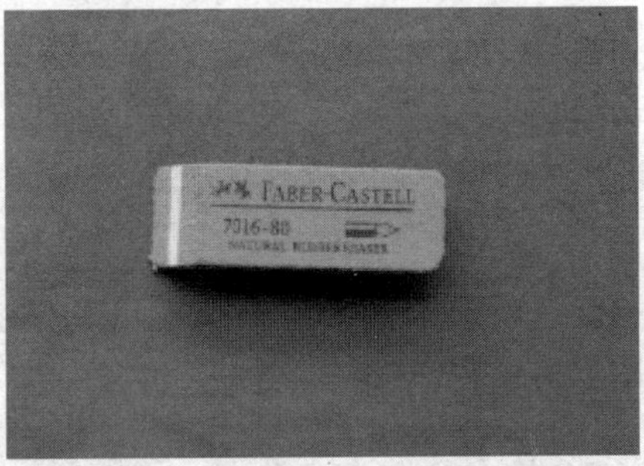

图 3.37　橡皮擦

【课堂实践】

通过维护工具介绍的学习，完成以下操作：

（1）搭建防静电环境。

（2）机箱、液晶屏清洁。

（3）检查电源各端口电压输出或供电线路是否正常。

【课外拓展】

（1）故障现象：检测不到硬盘、光驱等设备。

万用表检查步骤：

① 检查电源电压输出。

② 检查设备（如硬盘）电源输入接口的正极与地之间的阻值，为零或无穷大都不正常。

③ 采取对比测试，量取同类正常设备的阻值进行比较。

（2）故障现象：

① 由于数据线或电源线不通，导致设备检测不到。

② 由于数据线不通导致信号缺失、失真，如 LCD 花屏、显示器缺色、音箱无输出等。

万用表检查步骤：

测量电源线、数据线的两端，阻值如无穷大则线断路，需要更换。

任务 2　拆装技术规范

【任务描述】

（1）了解笔记本和台式电脑拆装技术规范。

（2）掌握规范的拆装电脑。

【任务分析】

本任务的关键点：

（1）禁止带电操作。

（2）保护用户数据、液晶屏幕。

（3）市电检测、外观检测、电源检测。

（4）电荷释放、静电防护、部件摆放、全面验机。

【预备知识】

正确使用拆装工具，采用正确的拆装顺序，遵守正确的拆装规范可以避免人为损坏。

【任务实施】

按照计算机拆装步骤，可以将计算机的拆装规范分为三个部分：拆装开始前规范要点、拆装中规范要点、拆装后规范要点。

一、硬件拆装开始前的规范要点

1. 资料、工具准备齐全

准备待拆装电脑的技术资料、拆装环境搭建以及拆机的工具包。

2. 禁止带电操作

规范要点：

① 断开目标主机包含电源线（适配器）在内所有的外部连接线缆。

② 移除目标主机上所有外接设备（如 U 盘、软盘、MP3 等）。

③ 笔记本或其他带有电池的设备，需要将电池卸下。如遇电池内置的设备，视具体情况尽量优先卸下电池。

3. 市电检测

市电检测包括两个方面的内容：一方面是测量市电输出的交流电压，要求在 220（1±10%）V 范围内，另一方面就是检测地线接地情况，两方面均正常，用户处的市电电压才是在正常范围内。

市电测量需要使用到的工具主要是万用表，我们使用万用表的交流电压挡，红表笔接火线、黑表笔接零线测量市电电压的输出。另外注意，由于部分插座有保护联动措施（避免小孩触电），测量市电的时候，需要红黑表笔同时插入火线和零线接头。

测量市电电压的时候需要注意，如果用户的计算机接在插排上，我们应优先测量插排。这样做的主要原因是，避免由于插排的质量不合格造成的市电电压不正常。如果插排测量的结果正常，我们可以不用再去测量插排连接的墙上插座。如果插排测量的结果不正常，我们就要再次测量墙上的插座，来确定原因究竟在于市电本身还是插排造成的。

测量市电的时候，我们应尽量地选取用户处比较有代表性的市电电压时刻。如夏天开空调时，我们应尽量选择测量空调启动的那一刻的市电电压。又如商业用户，我们应尽量选择用户刚刚上班时候电器开启的高峰期来测量市电电压。因为电压较容易受外界其他因素干扰，我们选择在这些典型的时间来进行测量，就能更准确地把握用户处市电对于计算机运行的干扰情况，更加便于我们判断故障原因。

规范要点：

① 测量市电使用万用表的交流挡位。

② 测量市电工程师严禁佩戴防静电手环。

③ 分别测量并记录 L-N 的电压、N-G 的电压。

④ 每组电压测量 3 次，每次间隔 5 秒钟，测量参考如表 3.5 所示。

表 3.5　电压参考表

<table>
<tr><th>测量内容</th><th>正常值</th><th>结　论</th><th>异常值</th><th>异常原因</th><th>结　论</th></tr>
<tr><td>零线与火线间</td><td>220（1±10%）V</td><td>//</td><td>低于或高于正常值</td><td>市电线路、插座连接</td><td>建议用户改善线路</td></tr>
<tr><td>火线与地线间</td><td>接近
220（1±10%）V</td><td rowspan="2">有地线，且地线安装正常</td><td>远低于 220 V 或完全为 0 V</td><td rowspan="2">① 火地远低于 220 V，布线异常
② 火地完全为零时，无地线
③ 零地间大于 5 V，地线不好
④ 零地间完全为 0，无地线</td><td rowspan="2">建议用户改善线路，或安装地线</td></tr>
<tr><td>零线与地线间</td><td>≤5 V</td><td>远大于 5 V 或完全 0 V</td></tr>
</table>

4. 外观检测

规范要点：

① 详细记录外观划伤等情况，与客户进行逐项确认。

② 如果发现用户送修的机器带有非原装部件，进行详细记录并与用户逐项确认。

③ 对于易产生“FS”的部件（如 I/O、液晶屏等），需严加检测。

5. 释放电荷

规范要点：

① 断开主机与 220 V 市电的连接，笔记本或其他带有电池的设备需将电池卸下。

② 在无任何电源供应的情况下连续按动主机开关 3 次或按住主机开关 3 秒。

③ 计算机主板以及其他板卡上有不少大容量的电解电容，该电容即使切断电源之后仍然会残留有充电电荷，如果这些电荷在维修之前未彻底释放的话，在维修过程中，一旦发生放电，就会造成板卡的损坏。所以在拆装计算机之前应先充分释放主机的残留电荷。

例如：一台计算机关机之后，马上拔下主机电源线，然后马上按主机开关，通常会发现 CPU 散热器风扇会旋转一下，然后就停止了，这个就是主机余电在作用。

6. 静电防护

规范要点：

① 平整地铺好防静电布，防静电布地线与地连接。

② 佩戴好防静电手环和防静电手套，并保证手环上的金属部分与人体皮肤直接接触；另一端连接到防静电布接口上。

③ 维修机器更换部件都应该将电脑放在防静电布上进行。

④ 拆下的部件放入防静电袋或备件盒内，也可以放到防静电布上。

注意事项：

① 铺开防静电布，防静电布的鳄鱼夹应与用户的地面或者墙面紧密接触。（注意：防静电布的鳄鱼夹接触的部位可以是水泥、瓷砖、木地板，但不能为地毯或者塑料和化纤的壁纸，因为这些材料容易产生静电）

② 佩戴防静电手环，确保手环金属触点直接紧贴人体皮肤，不影响操作。防静电手环的鳄鱼夹与防静电布的接口接触；维修完毕，主机连接市电之前可以不再佩戴防静电手环。

③ 在维修的时候，要求必须佩戴防静电手套。操作工具的手佩戴防静电手套不做强制要求，另外一只手用来拿取备件，必须佩戴防静电手套。

7. 保护用户数据

非硬盘故障或其他软件类型的故障，不对用户数据进行任何带有破坏性质的操作（如修改、删除、格式化等）。

任何操作如果涉及用户数据（如更换硬盘、重装系统、一键恢复等），必须请用户亲自签字确认操作可以执行。

二、硬件拆装中规范要点

1. 正确使用工具

正确使用工具避免人为损坏，根据操作使用合适的工具。

使用的工具要求摆放整齐，以便于取放为准；拆卸下来的螺钉等放入零件盒内；拆下的备件摆放整齐，在不用时要放入防静电包装中。

① 针对不同的螺丝需使用不同规格的螺丝刀。

② 使用起拔器时需要手辅助拔线，不能单独使用起拔器拔线。目的是尽量减少人为损坏的几率。安装线材时可以使用镊子辅助。

③ 使用镊子时需要手辅助拔线，不能单独使用镊子拔线、送线。目的是尽量减少人为损坏的几率。安装线材时可以使用镊子辅助。

④ 螺丝刀辅助撬盖板时一定要特别小心，不能造成划伤。刀口需贴好胶条。

2. 部件摆放

规范要点：

① 维修桌面尺寸维持在 1.5 m×0.8 m 以上。

② 合理摆放拆卸下的部件，严禁任何形式的堆叠。

③ 带有电路的部件如没有特殊防护措施，必须放置在防静电毯内。不带有电路的部件（如机壳、键盘、连接线等），允许放置在防静电毯外。

④ 液晶屏、机壳水平放置在保护套中。

⑤ 拆卸下的螺丝按规律放置在螺丝盒中，严禁将螺丝放置在维修桌面。

3. 拆装有序

拆卸顺序为：先外后内、先连接线后部件；如有其他部件遮挡，应先拆卸其他部件。安装顺序正好与拆卸顺序相反。

① 明确拆装顺序、安装部位，必要时用笔记下步骤和要点。对于不熟悉的机型需先参考资料。

② 严禁压迫堆叠部件，所有部件必须做到轻拿轻放。

③ 拆装塑料材质的部件时用力要柔，不可用力过大，防止造成该类部件出现断裂等损伤。

④ 出现漏装部件或者安装不到位的情况时必须完全拆解重新安装，严禁不负责任地强行安装。

⑤ 拆装中禁止出现带电操作。

4. 轻拿轻放

所有部件轻拿轻放，避免造成部件损坏、引脚松动。

5. 动作标准

拆机动作要规范，严禁暴力拆卸。

6. 保护液晶屏幕

规范要点：

① 笔记本拆装必须使用液晶屏保护套对液晶屏进行保护，避免液晶屏划伤和弄脏。

② 拆下的液晶屏幕水平放置在屏幕保护套内，表面严禁堆叠任何物品。

③ 液晶屏拆卸应使用正确的工具拆装轻拿轻放。

④ 不得用金属等硬物挤压或撬液晶边框。

7. 注意观察

拆装操作中，每拆卸一部件，要观察连接部件是否完好。

8. 螺丝归类

不同的螺丝放在螺丝盒不同的格子里面。

三、硬件拆装完毕后规范要点

1. 整理线缆

安装完成后，要对内部的连接线进行整理，要求连接线、电缆必须按拆装前的形式用捆绑线捆好，并遵守如下原则：

① 连接线电缆等应不遮挡机箱内部的风道。

② 连接线电缆等不能在 CPU 风扇的上方，必须避开 CPU 风扇的位置（可在四周绕行）。

③ 硬盘、软驱、光驱信号线须在主板的前侧端（面板一侧）。

2. 全面验机

规范要点：

① 外观检验：检查部件是否安装到位，有无错装漏装。

② 金钥匙检验：使用金钥匙提供的检测工具对机器进行全面检测。

③ 故障部件重点检验：使用检测软件对本次维修更换部件的性能与可靠性做进一步拷机测试。

在安装完成后，应确保：

① 连接线安装齐全，设置正确（按照各部件的设置说明和系统要求设置）。

② 不应有缺漏的固定螺钉，并且各部件所用螺钉的规格符合要求。

③ 在合上机箱后，应对机箱外部进行必要的清洁，并将各设备复原到原来的连接状态。

④ 用户的独立供电的外部设备，应在开机之前连接数据线，然后再打开电源开关。等外部设备供电之后，再按下计算机主机的开机按钮。

四、清洁机器

根据计算机拆装的这三个步骤结合行业标准总结一下技术规范，如图 3.38 所示。

图 3.38　电脑拆装技术规范

【课堂实践】

通过计算机拆装技术规范的学习，完成以下操作：

（1）使用万用表测试教室市电电压。

（2）使用万用表测试笔记本适配器输出电压。

（3）使用万用表确认数据线连通性。

（4）测量对地阻抗。

【课外拓展】

1. 电源检测规范

首先测试主电源输出是否正常，这里要注意的是（要点）：不要用传统的黑绿线短接方式来测试电源供电是否正常。建议工程师用电源负载测试仪测试是否供电，同时用万用表测试各引脚电压是否正常。

只要我们打开机箱，准备更换部件之前，都需要进行电源的输出检测。

2. 强调要点

（1）目前联想采用的大部分电源，在不加负载的情况下，短接 20PIN 插头的黑线和绿线启动后，测量输出电压，比标称输出电压偏高。在加负载后，输出电压回落到正常范围。因此，不能在无负载的情况下，来判定电源的输出是否正确和是否稳定。

（2）部分型号的电源，在不加负载或负载过小的情况下，会自动进入保护状态。即在不加任何负载的情况下，短接 20PIN 插头的黑线和绿线，电源启动后检测到无负载或负载过小，自动切断输出。

由于电源负载测试仪上的电阻阻值较小，所以，流经电阻的电流较大，产生的热量较高。因此，建议电源负载测试仪的通电时间不宜过长，最好不要超过 30 s，否则，有可能烧毁电源负载测试仪。

另外，电源负载测试仪上的灯点亮表明有电压输出，但是不表示输出的电压值在正常范围；正确测量的方法是将万用表的黑表笔压到测试仪接地（GND）的焊盘上，将万用表的红表笔依次点压到其他焊盘上测量电压。

3. 维修台式电脑涉及主机内部件的硬件必需操作的步骤

(1) 测量电源前必须断开电源与其他设备的连接（如硬盘、光驱、显卡等）。
(2) 测量电源工程师严禁佩戴防静电手环。
(3) 测量电源使用万用表直流挡。
(4) 测量电源使用的负载仪设备不能长时间通电使用，测量应该尽量在 30 秒内完成。

任务3 台式机拆装规范

【任务描述】

(1) 了解台式机结构，熟悉台式机拆装步骤，掌握台式部件拆装规范。
(2) 掌握台式机维护工具正确的使用方法。

【任务分析】

本任务的关键点：

(1) 台式机结构。
(2) CPU、内存、硬盘、显卡拆装规范。
(3) 维护工具的正确使用方法。
(4) 台式机拆装顺序。

【预备知识】

台式机（见图 3.39）主要优点如下：

1. 散热性

台式机的机箱具有空间大、通风条件好等优点，一直被人们广泛使用。

2. 扩展性

台式机的机箱方便用户硬件升级，如现在台式机箱的光驱驱动器插槽是 4～5 个，硬盘驱动器插槽是 4～5 个，非常方便用户日后的硬件升级。

3. 保护性

台式机全方面保护硬件不受灰尘的侵害，而且防水性能也不错。

4. 明确性

台式机机箱的开关键、重启键、USB、音频接口都在机箱前置面板中，方便用户使用。

图 3.39 台式机

【任务实施】

一、装机前的准备工作

1. 工具准备

在装机前要准备好十字螺丝刀（6.5 mm×150 mm）、一字螺丝刀（6.5 mm×150 mm）、截断钳（斜口钳）、加消磁器、尖嘴钳（6 英寸）、套筒、螺丝盒、防静电手套、防静电桌布、放静电手环等必需的装机工具，以及系统安装盘、常用软件安装光盘等，如图 3.40 所示。

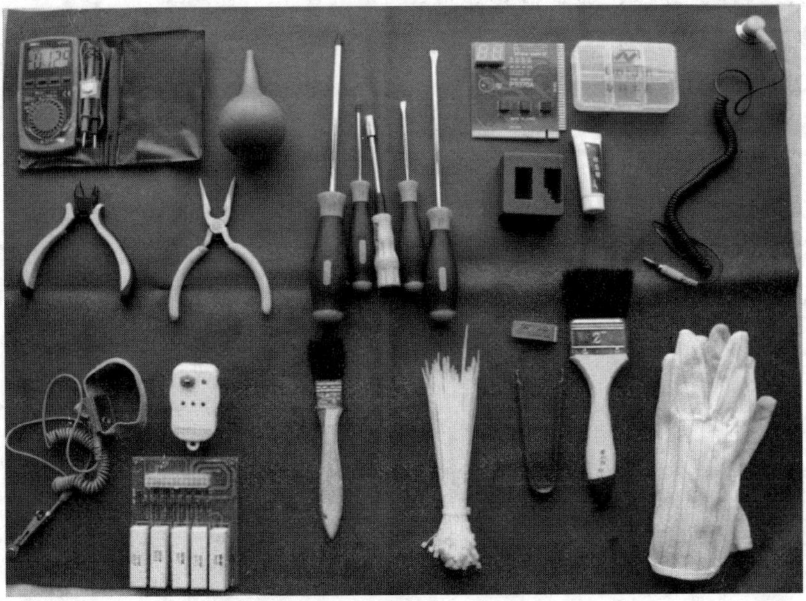

图 3.40 台式拆装工具

检查螺丝刀磁性，螺丝刀磁力吸引 2～3 颗螺丝，未达到标准用加消磁器调整。

2. 配件及材料准备

（1）准备装机配件。

准备好装机所用的配件：CPU、主板、内存、显卡、硬盘、软驱、光驱、机箱电源、键盘鼠标、显示器、各种数据线/电源线等，如图 3.41 所示。

图 3.41　部分装机配件

（2）其他工具。

电源插板、海绵垫等。

（3）材料。

硅脂、捆扎线、风扇油（见图 3.42）等。

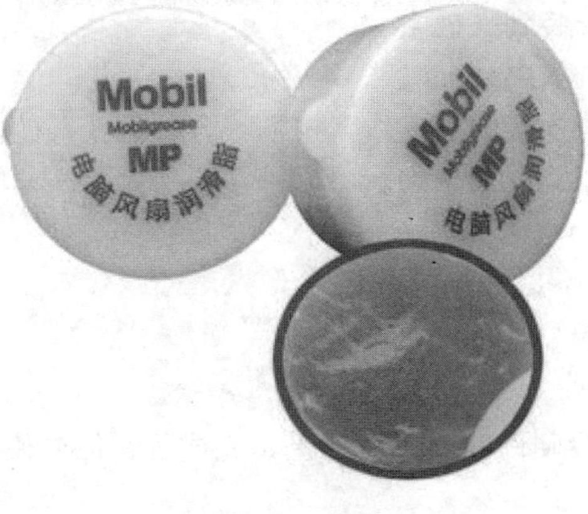

图 3.42　风扇油

3. 工作台布置

准备具有防静电措施且宽大整洁的工作台，如图 3.43 所示。

图 3.43　计算机组装工作台示意图

二、计算机硬件组装及规范

1. 计算机组装的步骤

组装电脑时，应按照下述步骤有条不紊地进行：

① 电源安装到机箱；

② CPU 及散热模块安装到主板；

③ 内存条安装到主板；

④ 主板安装到机箱内；

⑤ 显卡、网卡、声卡安装到主板上；

⑥ 硬盘、光驱安装到机箱内；

⑦ 完成连接线（机箱与主板间的连线、电源线、数据线）的安装；

⑧ 整理机箱；

⑨ 连接鼠标键盘；

⑩ 连接显示器；

⑪ 再重新检查各个接线，准备进行测试；

⑫ 通电测试；

（进行了上述步骤，一般硬件的安装就已基本完成了，但要使电脑运行起来，还需要进行下面的安装步骤）

⑬ 操作系统安装（见项目四）；

⑭进行 72 小时的电脑连续工作，测试硬件。

2. 装机过程中的注意事项

(1) 注意防止静电。

在安装前，用手触摸一下接地的导电体、消防水管或洗手以释放掉身上携带的静电荷；如果两个人协同完成装机，需在传递器件之前先握手中和电荷，消除电压差。

(2) 选择合适的工具。

不同的螺丝需要不同的螺丝刀完成拆装，禁止出现一把螺丝刀“通吃”的现象。

(3) 不可暴力安装。

用力不当就可能使引脚折断或变形。

(4) 螺丝安装规范。

上螺丝时先上对角线，紧固螺丝时适可而止，稳固部件即可。

(5) 注意安装顺序。

按由里到外的原则安装，安装主板到机箱之前，应完成 CPU、散热器、内存的安装。

(6) 机箱规范。

用捆扎线固定连接线，不影响散热风道，美观大方。

(7) 通电前注意检查。

在装完硬件后，要再一次检查 CPU 风扇电源线连接、内存安装方向是否正确，轻轻地晃动一下机箱，确认有无异响声，以免有螺钉散落到机箱中引起通电短路。

三、安装过程及规范

(1) 打开主机盖、固定支撑。

应将主机盖正面朝上放置，以免磨花机箱表面，螺丝放置在螺丝盒；用套筒固定支撑柱，如图 3.44 所示。

图 3.44　打开机箱

（2）安装电源。

将机箱横卧，调整电源方向，使电源螺丝孔跟机箱螺丝孔对应，先上对角线螺丝，稳固电源，如图 3.45 所示。

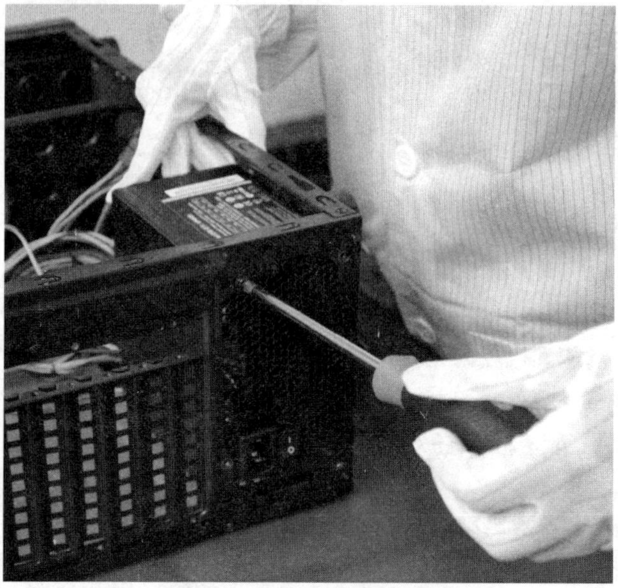

图 3.45　电源安装

（3）安装 CPU。

① 先将主板放置在泡沫或者书本上，以免在用力的时候损坏主板引脚。

② 掀开金属盖后才可以取下保护盖塑料的保护盖。

③ 拆装 CPU 时，手指捏住 CPU 上下侧中间部位垂直插入或者拔出。

④ 不要触碰插座的触针或 CPU 的触板。

⑤ 查看 CPU 黄色三角形和 CPU 三角形方向，安装时保证方向一致，如图 3.46～3.50 所示。

图 3.46　CPU 安装（一）

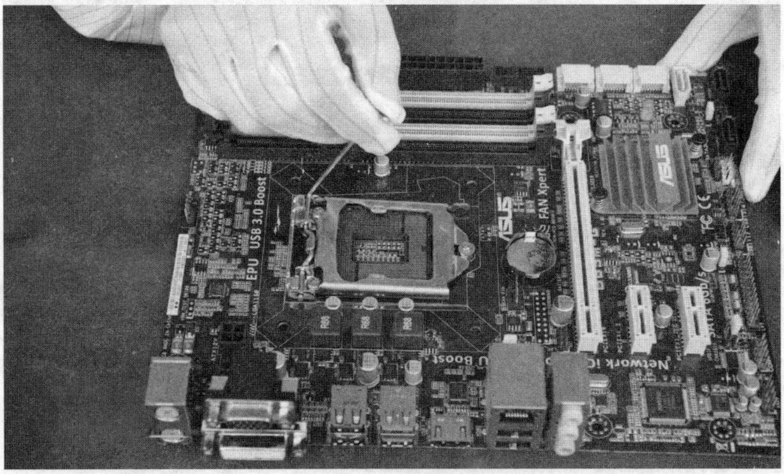

图 3.47　CPU 安装（二）

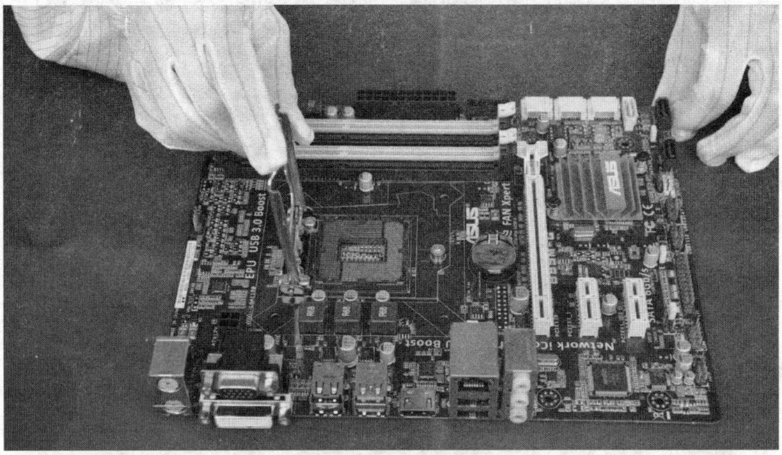

图 3.48　CPU 安装（三）

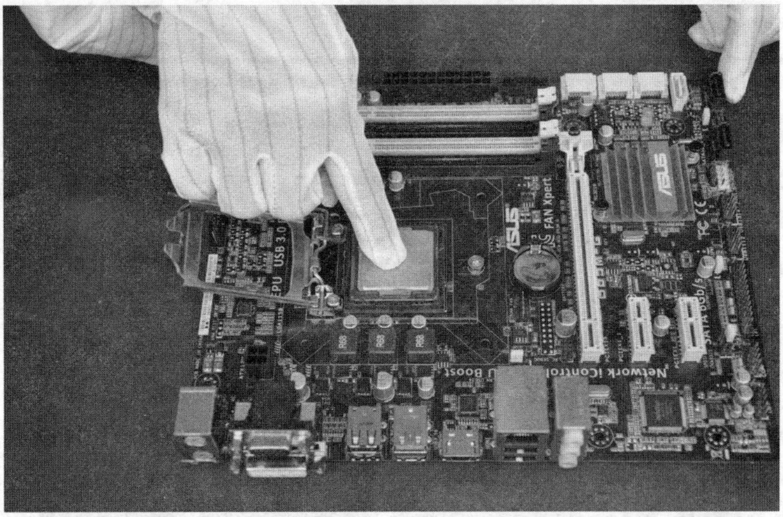

图 3.49　CPU 安装（四）

图 3.50　CPU 安装（五）

⑥ 涂抹硅脂。原则是涂抹薄薄的一层硅脂，使散热器能紧密地接触 CPU，如图 3.51 所示。

图 3.51　涂抹硅脂

⑦ 安装风扇原则是确认风道的方向，让机箱内的风扇朝一个方向吹，如图 3.52 和 3.53 所示。

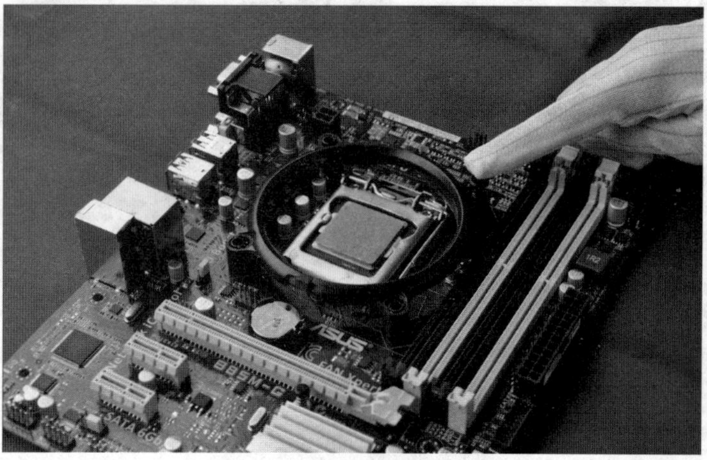

图 3.52　风扇底座安装

图 3.53 风扇安装

（4）安装内存条。

拿内存条的时候，手不能触摸内存颗粒和金手指，如图 3.54 所示。

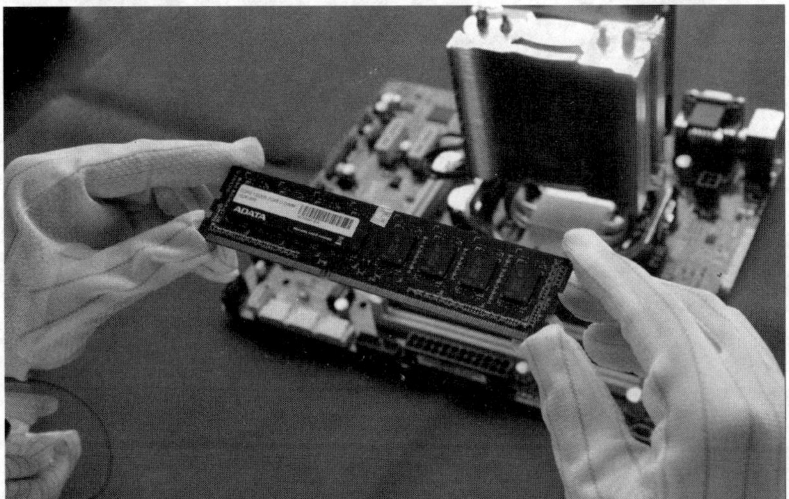

图 3.54 内存条拿法

安装时注意方向，内存条的缺口应对准内存插槽的凸点，将内存条垂直放入内存插槽内，如图 3.55 所示。

用两拇指按住内存两端轻微向下压，听到“啪”的一声响后，即说明内存安装到位。

（5）安装主板到机箱。

在机箱的侧面板上有不少孔，是用来固定主板的。确认主板孔对应到机箱内的孔，一般机箱是 6～8 颗螺丝，套筒固定支撑柱主板螺丝。安装主板时小心翼翼地将主板放置到机箱内，先对应主板接口与机箱接口，在调整主板位置对准机箱支撑柱螺丝，上螺丝先上对角线，稳固主板，操作过程如图 3.56 和 3.57 所示。

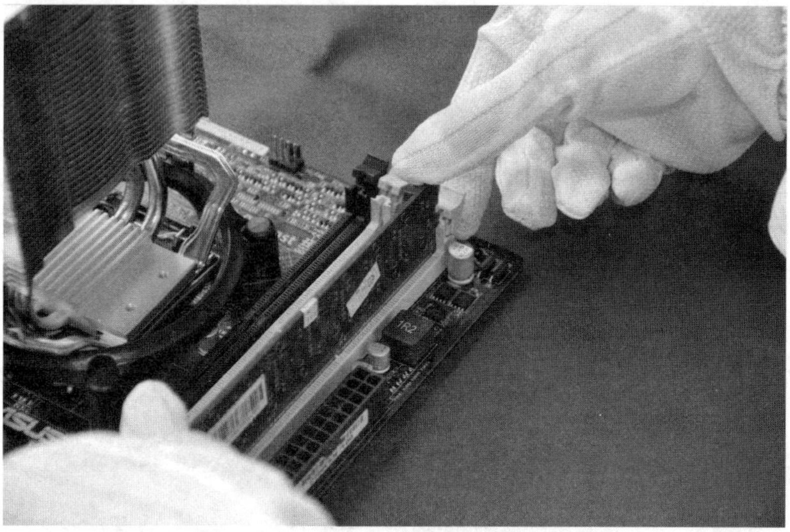

图 3.55　内存条安装

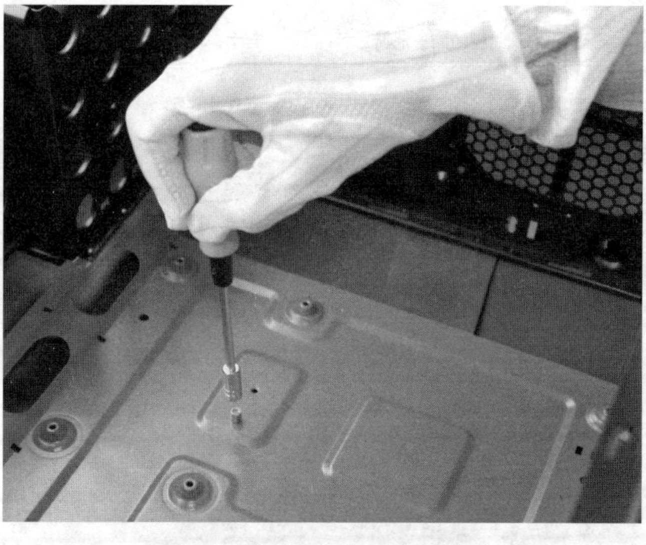

图 3.56　固定主板支撑柱

图 3.57　固定主板

图 3.58　安装光驱

（6）安装光驱。

光盘驱动器包括 CD-ROM、DVD-ROM 和刻录机，其外观与安装方法都基本一样。

首先从机箱的面板上取下一个 5 寸槽口的塑料挡板，用来装光驱。光驱的安装是从机箱的正面往里推进去，取的方向是从机箱里面往外推光驱，如图 3.58 所示。

（7）安装硬盘。

最新的硬盘已经取消主从盘设置，因此在这里不再对其进行讲述。

硬盘支架的类型比较多，有抽屉式的、安装式的等。下面以抽屉式为例进行讲解，其安装过程如图 3.59 所示。

图 3.59　硬盘安装

（8）安装显卡。

将显卡垂直安装到主板上，注意缺口方向，如图 3.60 所示。

图 3.60　显卡安装

（9）连接线。

连接线在项目一已经介绍过，此处不再介绍，如图 3.61 所示。

图 3.61　连接线

这些连接线的功能如下：

Power LED：连接电源指示灯。

RESET SW：连接 Reset 按钮。

SPEAKER：连接 PC 喇叭。

HDD LED：连接硬盘指示灯。

PWR SW：连接计算机开关。

(10) 整理机箱内部。

避免影响机箱散热，做到美观大方，如图 3.62 和 3.63 所示。

图 3.62 机箱整理

图 3.63 机箱整理效果图

(11) 安装鼠标键盘。

(12) 安装显示器。

(13) 连接电源线。

(14) 通电测试。

装机箱盖时，要仔细检查各部分的连接情况，确保无误后，把主机的机箱盖盖上，上好螺丝，就成功地安装好主机了。

提示：① 为了最后开机测试时，方便检查出问题的所在，此时可以盖上机箱盖，但可以不拧紧螺丝。

② 上螺丝时有个原则，就是先不要上紧，要等所有螺丝都到位后再逐一上紧。安装其他某些配件，如硬盘、光驱、软驱等也是一样。

【课堂实践】

通过台式机拆装技术规范的学习，完成以下操作：
完成品牌机联想 K43 的规范拆装。

【课外拓展】

分组完成学校老师办公室台式电脑的清洁工作。

任务 4　笔记本拆装规范

【任务描述】

（1）了解笔记本电脑的组成、安装、功能。
（2）掌握台式机各部件的安装方法及正确的安装顺序。

【任务分析】

本任务的关键点：

（1）液晶屏幕安装方法。
（2）内存安装方法。
（3）键盘安装方法。

【预备知识】

笔记本电脑的主要优点：体积小、重量轻、携带方便，超轻超薄是其主要发展方向，它的性能会越来越高，功能会更加丰富。其便携性和备用电源使移动办公成为可能，因此越来越受用户推崇，市场容量迅速扩展，如图 3.64 所示。

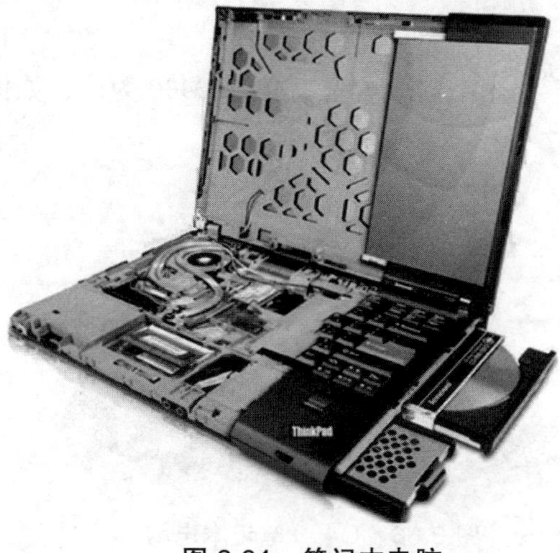

图 3.64　笔记本电脑

【任务实施】

我们在任务 3 中讲了台式机的组装过程，本任务主要讲述笔记本电脑的拆装过程。

一、拆机前的准备工作

1. 工具准备

在装机前要准备好两把十字螺丝刀（3.5 mm×100 mm，5 mm×100 mm）、一把一字螺丝刀（3.5 mm×100 mm）、防静电手套、防静电手环、起拔器、镊子、挑针、螺丝盒、便携式光驱等必需的装机工具，以及系统安装盘、常用软件安装光盘等，如图 3.65 所示。

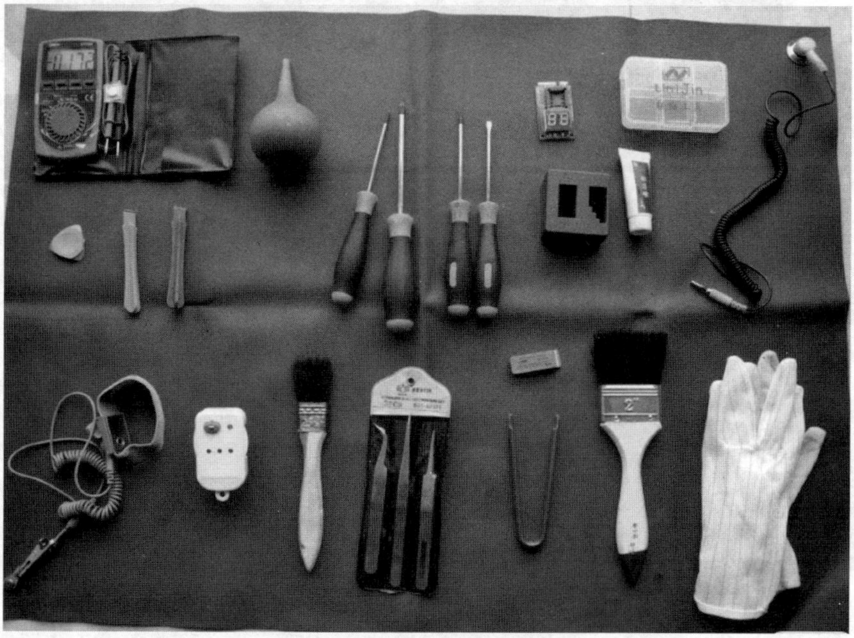

图 3.65　笔记本拆装工具

2. 准备拆机电脑

准备好一台部件完好的笔记本电脑，这里以联想 G400 为例，如图 3.66 所示。

图 3.66　G400 笔记本电脑

3. 其他工具

电源插板等。

4. 材　料

硅脂、风扇油等。

5. 工作台布置

准备宽大整洁的工作台，如图 3.67 所示。

图 3.67　笔记本电脑工作台

二、拆装过程及规范

1. 装机过程中的注意事项

（1）注意防止静电。

佩戴防静电手环、防静电手套，有电路板部件必须放置在防静电桌布内。

(2) 选择合适的工具。

螺丝刀的使用原则是选择比螺丝直径大 0.5～1 mm 的螺丝刀，防止滑丝。

(3) 不可暴力拆解。

用力不当就可能使部件折断或变形，特别是 B 壳、C 壳。

(4) 螺丝拆装规范。

螺丝必须分类放置在螺丝盒不同格子里面。

(5) 注意拆机顺序。

先外后内的原则，可参照拆机手册。

(6) 部件摆放。

部件依次摆放在防静电桌布内，不能叠放。

(7) 液晶屏规范。

拆下的液晶屏必须放置在液晶屏套内。

(8) 工具使用。

每次工具使用完后，需放回工具包。

2. 拆笔记本电脑的步骤

① 卸载电池；
② 卸载 D 壳硬盘、内存、蓝牙盖板；
③ 卸载硬盘、内存、蓝牙；
④ 卸载光驱；
⑤ 卸载 C 壳开关板；
⑥ 卸载键盘；
⑦ 卸载主板；
⑧ 卸载液晶屏；
⑨ 卸载 D 壳。

3. 拆装过程

① 断开电源，如图 3.68 所示。

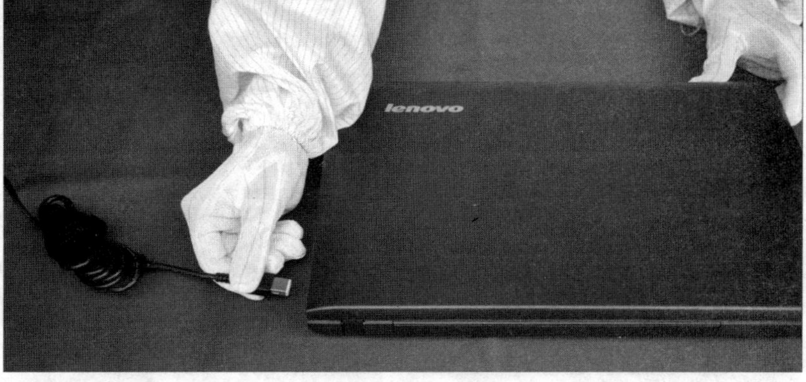

图 3.68　断开电源

② 卸载电池，如图 3.69 所示。

图 3.69　卸载电池

③ 按 3～5 次电源开关，释放电荷，如图 3.70 所示。

图 3.70　释放电荷

④ 卸载电池处两颗螺丝，卸载后盖（D 壳），如图 3.71 所示。

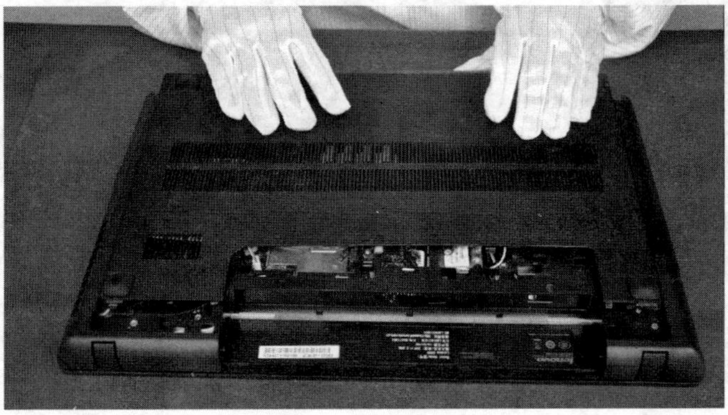

图 3.71　卸载 D 壳

⑤ 卸载内存条，如图 3.72 所示。

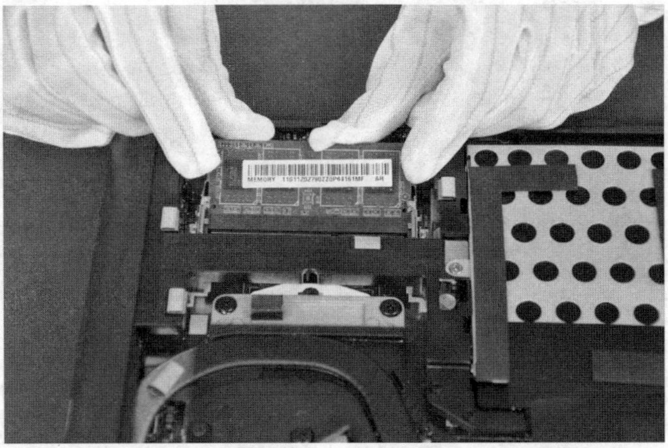

图 3.72　卸载内存条

⑥ 卸载硬盘，如图 3.73 所示。

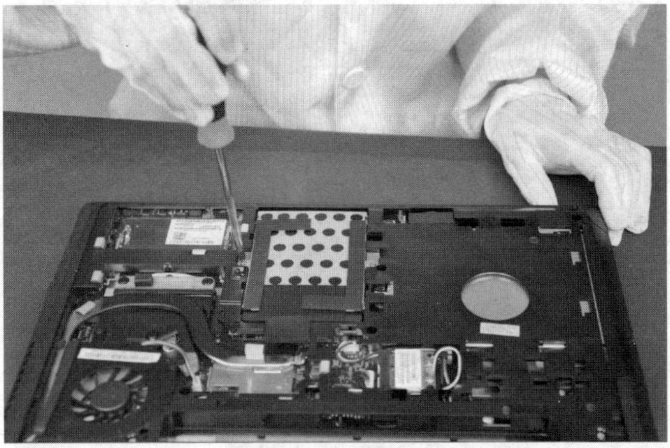

图 3.73　卸载硬盘

⑦ 卸载光驱，如图 3.74 所示。

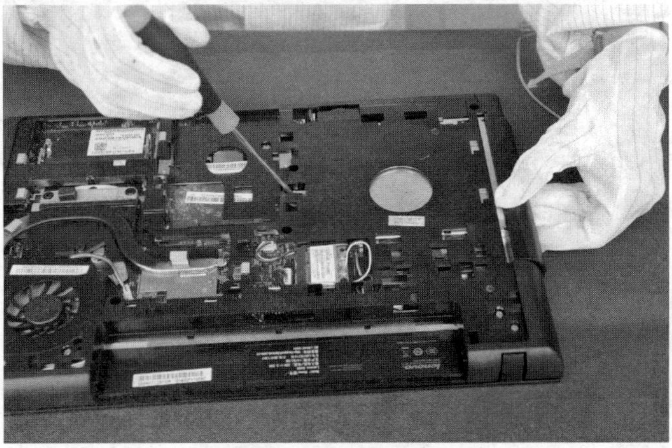

图 3.74　卸载光驱

⑧ 卸载蓝牙，如图 3.75 所示。

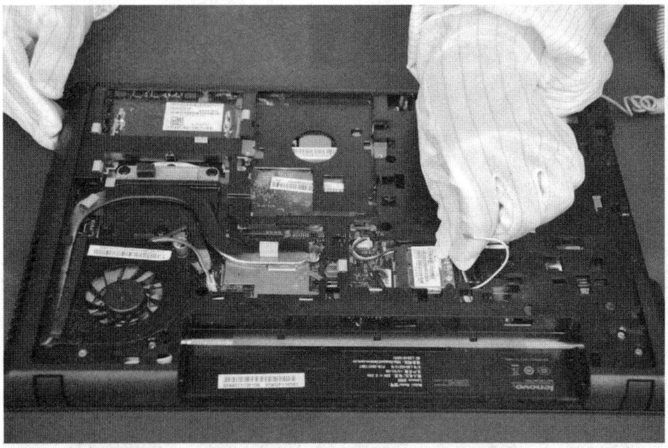

图 3.75　卸载蓝牙

⑨ 卸载背后锁键盘的螺丝，卸载键盘，如图 3.76 所示。

图 3.76　卸载键盘

⑩ 断开 C 壳所有连线，卸载 D 壳螺丝，取下 C 壳，如图 3.77 所示。

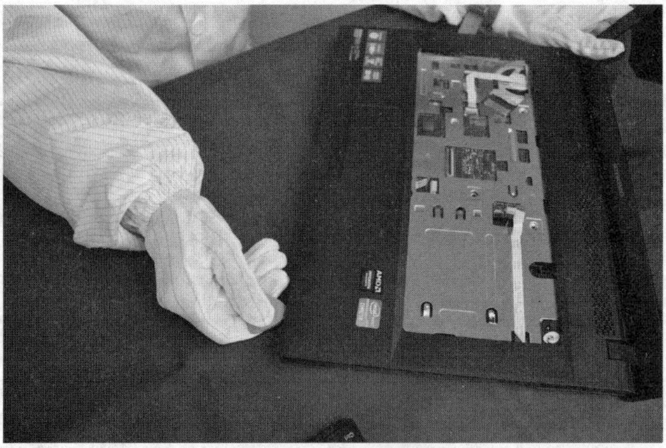

图 3.77　卸载 C 壳

⑪ 用起拔器断开音响风扇连线，如图 3.78 所示。

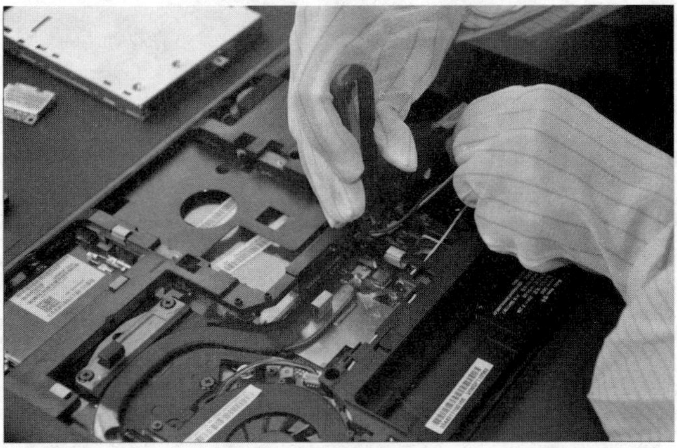

图 3.78 断开连接线

⑫ 卸载喇叭，用镊子协助完成，如图 3.79 所示。

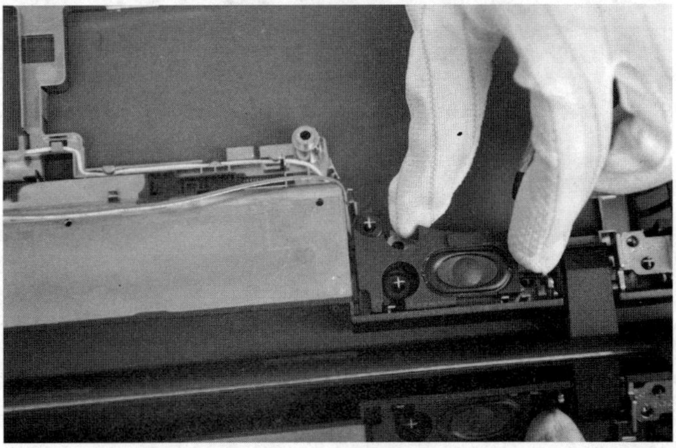

图 3.79 卸载喇叭

⑬ 卸载显示屏，如图 3.80 所示。

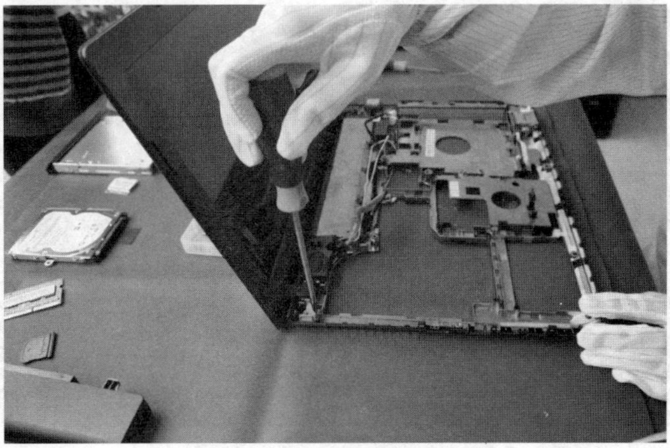

图 3.80 卸载显示屏

⑭ 卸载 CPU 散热器，如图 3.81 所示。

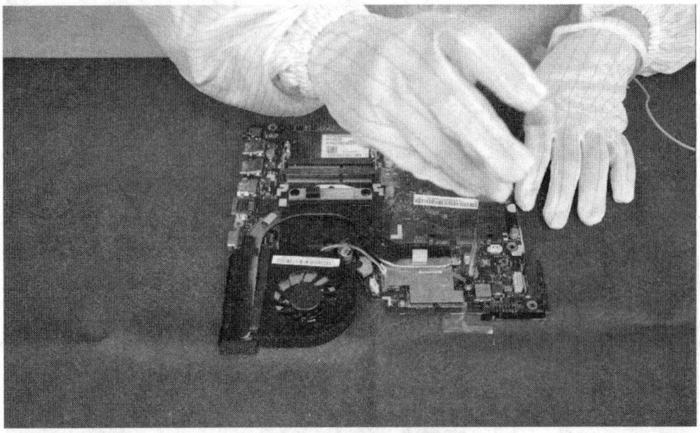

图 3.81　卸载散热器

⑮ 卸载 CPU，如图 3.82 所示。

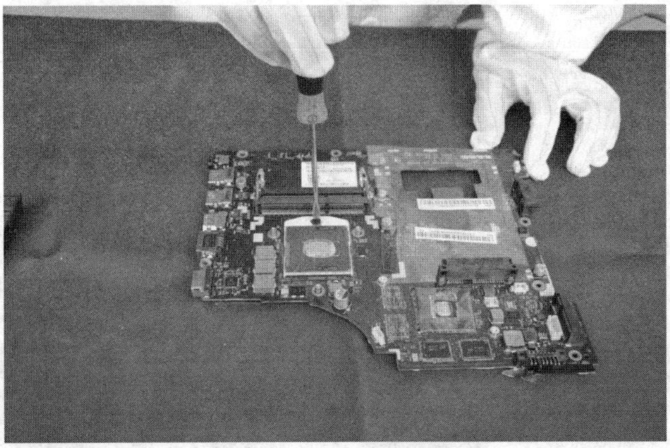

图 3.82　卸载 CPU

⑯ 拆装完成，如图 3.83 所示。

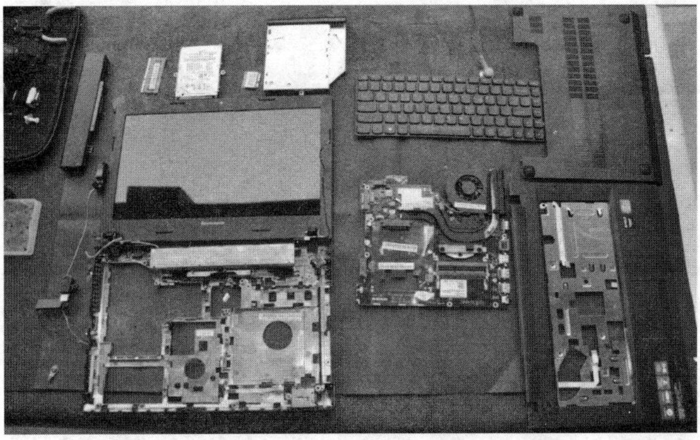

图 3.83　笔记本配件图

【课堂实践】

通过笔记本拆装技术规范的学习，完成以下操作：
完成自己笔记本电脑的拆装。

【课外拓展】

完成学校老师笔记本电脑的清洁。

【项目习题】

一、选择题

1. 世界上第一台计算机的名称是（　　）。
A. IBM　　B. APPLE Ⅱ　　C. MAC　　D. ENIAC

2. 计算机最主要的工作特点是（　　）。
A. 程序存储与程序控制　　B. 高速度与高精度
C. 可靠性　　D. 具有记忆能力

3. 世界上第一台电子计算机于（　　）年诞生。
A. 1946　　B. 1947　　C. 1945　　D. 1944

4. 计算机中，Byte 的中文意思是（　　）。
A. 位　　B. 字节　　C. 字　　D. 字长

5. 与十进制数 291 等值的十六进制数为（　　）。
A. 123　　B. 213　　C. 321　　D. 132

6. 计算机辅助教学 CAI 是（　　）。
A. 系统软件　　B. 应用软件　　C. 教育软件　　D. 工具软件

7. 微型计算机的性能主要取决于（　　）。
A. CPU　　B. 硬盘　　C. 显示器　　D. RAM

8. 运算器的主要功能是（　　）。
A. 负责读取并分析指令　　B. 算术运算和逻辑运算
C. 指挥和控制计算机的运行　　D. 存放运算结果

9. 在使用计算机时突然发生断电事故，计算机（　　）中的信息将全部丢失。
A. 随机存储器　　B. ROM　　C. 硬盘　　D. 软盘

10. 同一计算机系统中有多种不同的存储器，如主存、3.5 英寸软盘、硬盘、磁带和 CD-ROM 等，各自起到不同的作用。各种存储器容量不同，容量依次从小到大的是（　　）。
A. 3.5 英寸软盘、主存和硬盘　　B. 主存、硬盘、3.5 英寸软盘和磁带
C. 磁带、3.5 英寸软盘和 CD-ROM　　D. 3.5 英寸软盘、磁带和主存

11. 在下列设备中，属于输出设备的是（　　）。
A. 键盘　　B. 数字化仪　　C. 打印机　　D. 扫描仪

12. 下列设备中只能作为输出设备的是（　　）。

A. 显示器　　B. 鼠标器

C. 存储器　　D. 磁盘驱动器

13. 在计算机系统中，任何外部设备都必须通过（　　）才能和主机相连。

A. 存储器　　B. 接口适配器　　C. 电缆　　D. CPU

14. ASCII 码用 1 个字节的低 7 位表示（　　）个不同的英文字符。

A. 128　　B. 256　　C. 1024　　D. 无数

15. 下列可选项中，都是硬件的是（　　）。

A. CPU、RAM 和 DOS　　B. ROM、运算器和 BASIC

C. 键盘、打印机和 WPS　　D. 软盘、硬盘和光盘

项目四

操作系统安装

【项目目标】

通过本项目的学习，了解操作系统和硬件设备之间的关系，熟悉操作系统的安装，掌握安装操作系统和常用办公软件的技巧。

任务1　了解计算机启动过程

【任务描述】

通过本任务了解计算机启动的过程。

【任务分析】

本任务的关键点：

（1）掌握计算机的启动。
（2）了解计算机启动自检的顺序。
（3）能基本排查出在启动中出错的原因。

【预备知识】

1. 知道计算机的基本组成

通过对前面任务的学习，大家对计算机的硬件组成有了一定的了解。

2. 知道计算机组成硬件的基本参数

掌握硬件的基本参数，有助于我们在使用计算机时了解它的性能，从而更好地使用。

【任务实施】

1. 计算机加电自检

电脑在启动过程中有一个非常完善的硬件自检机制，也是一个非常复杂的过程。对于采用 Award BIOS 的电脑来说，它在加电自检那短暂的几秒钟，就可以完成 100 多个检测步骤，如图 4.1 所示。

当按下电源开关时，电源就开始向主板和其他设备供电，此时电压还不稳定，主板控制芯片组会向 CPU 发出一个 Reset（重置）信号，让 CPU 初始化。当电源开始稳定供电后，芯片组便撤去 Reset 信号，CPU 马上就从地址 FFFF0H 处开始执行指令，这个地址在系统 BIOS 的地址范围内，无论是 Award BIOS 还是 AMI BIOS，放在这里的只是一条跳转指令，跳到系统 BIOS 中真正的启动代码处。

系统 BIOS 的启动代码首先要做的事情就是进行 POST（Power on Self Test，加电自检），如图 4.2 所示。POST 的主要任务是检测系统中的一些关键设备是否存在和能否正常工作，如

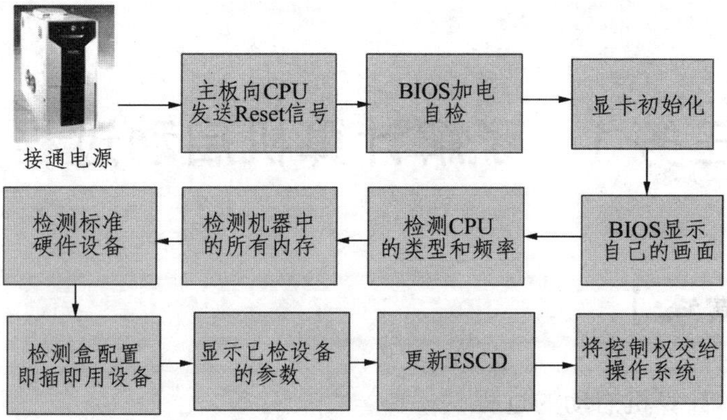

图 4.1　电脑自检过程

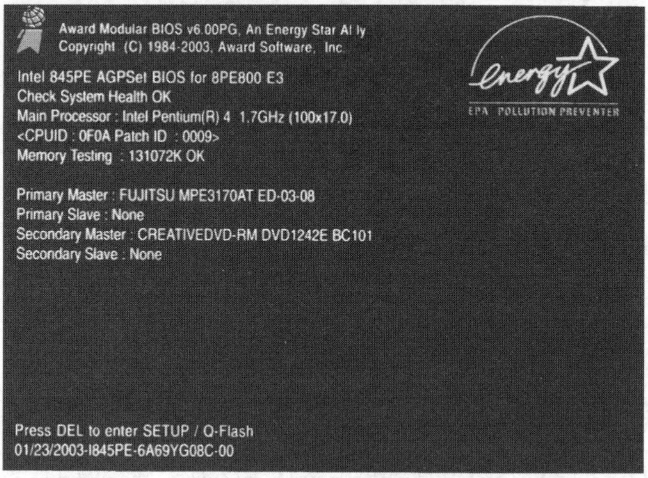

图 4.2　CPU、内存、硬盘等即插即用设备检测

内存和显卡等。由于 POST 的检测过程在显示卡初始化之前，因此，如果在 POST 自检的过程中发现了一些致命错误，如没有找到内存或者内存有问题时（POST 过程只检查 640K 常规内存），是无法在屏幕上显示出来的，这时系统 POST 可通过喇叭发声来报告错误情况，声音的长短和次数代表了错误的类型。

2. 自检故障判断

在 POST 开机自检时，如果发生故障，机器响铃不断，不同的响铃代表不同的错误信息，根据这些信息的含义，再做相应诊断就不难了。下面就以较常见的两种 BIOS（AMI BIOS 和 Award BIOS）为例，介绍开机自检响铃代码的具体含义，见表 4.1 和表 4.2。

表 4.1　Award BIOS 的报警

Award 的 BIOS 自检响铃及其意义	
1 短	系统正常启动，表明机器没有任何问题
2 短	常规错误，请进入 CMOS Setup，重新设置不正确的选项
1 长 1 短	RAM 或主板出错。换一条内存试试，若还是不行，只好更换主板
1 长 2 短	显示器或显示卡错误
1 长 3 短	键盘控制器错误。检查主板
1 长 9 短	主板 Flash RAM 或 EPROM 错误，BIOS 损坏。换块 Flash RAM 试试
不断地响（长声）	内存条未插紧或损坏。重插内存条，若还是不行，只有更换一条内存
不停地响	电源、显示器未和显示卡连接好。检查一下所有的插头
重复短响	电源问题
无声音无显示	电源问题

表 4.2　AMI BIOS 报警

AMI 的 BIOS 自检响铃及其意义	
1 短	内存刷新失败。更换内存条
2 短	内存 ECC 校验错误。在 CMOS Setup 中将内存关于 ECC 校验的选项设为 Disabled 就可以解决，不过最根本的解决办法还是更换一条内存
3 短	系统基本内存（第 1 个 64 KB）检查失败。换内存
4 短	系统时钟出错
5 短	中央处理器（CPU）错误
6 短	键盘控制器错误
7 短	系统实模式错误，不能切换到保护模式
8 短	显示内存错误。显示内存有问题，更换显卡试试
9 短	ROM BIOS 检验和错误
1 长 3 短	内存错误。内存损坏，更换即可
1 长 8 短	显示测试错误。显示器数据线没插好或显示卡没插牢

【课堂实践】

通过计算机启动过程的学习，完成以下操作：

（1）识别计算机启动过程中的故障。

（2）写出计算机启动的自检顺序。

任务 2　BIOS 设置

【任务描述】

认识 BIOS 的作用和类型，进入 BIOS 程序，了解 BIOS 的基本设置。

【任务分析】

本任务的关键点：

（1）BIOS 和 CMOS 的区别。

（2）BIOS 的各种类型。

（3）对 BIOS 中设置的掌握。

（4）对 BIOS 报错的排查和处理。

【预备知识】

1. BIOS

BIOS（基本输入/输出系统）是被固化在计算机 CMOS RAM 芯片中的一组程序，为计算机提供最初的、最直接的硬件控制。BIOS 主要有两类：AWARD BIOS 和 AMI BIOS。正确设置 BIOS 可大大提高系统性能。

2. CMOS

CMOS（本意是指互补金属氧化物半导体存储器，是一种大规模应用于集成电路芯片制造的原料）是微机主板上的一块可读写的 RAM 芯片，主要用来保存当前系统的硬件配置和操作人员对某些参数的设定。CMOS RAM 芯片由系统通过一块后备电池供电，因此，无论是在关机状态中，还是遇到系统掉电情况，CMOS 信息都不会丢失。

【任务实施】

1. 区分 BIOS 和 CMOS

BIOS 是主板上的一块 EPROM 或 EEPROM 芯片，里面装有系统的重要信息和设置系统参数的设置程序（BIOS Setup 程序）；CMOS 是主板上的一块可读写的 RAM 芯片，里面装的是关于系统配置的具体参数，其内容可通过设置程序进行读写。CMOS RAM 芯片靠后备电池供电，即使系统掉电后信息也不会丢失。BIOS 与 CMOS 既相关又不同：BIOS 中的系统设置程序是完成 CMOS 参数设置的手段；CMOS RAM 既是 BIOS 设定系统参数的存放场所，又是 BIOS 设定系统参数的结果。因此，完整的说法应该是“通过 BIOS 设置程序对 CMOS 参数进行设置"。由于 BIOS 和 CMOS 都跟系统设置密切相关，所以在实际使用过程中造成了 BIOS 设置和 CMOS 设置的说法，其实指的都是同一回事，但 BIOS 与 CMOS 却是两个完全不同的概念，千万不可混淆。

2. BIOS 的分类

目前，计算机中 BIOS 的类型主要有以下几种：Award BIOS、AMI BIOS、Phoenix BIOS、Insyde BIOS、IBM BIOS 等。那么如何查看 BIOS 类型呢？除了在计算机开机时的自检画面上显示的信息来辨认之外，还可以在 Windows 系统中通过命令来查询。下面讲述如何在 Windows 中查看 BIOS 类型。

在“运行“窗口通过“cmd”命令打开命令提示符界面，如图 4.3 所示。

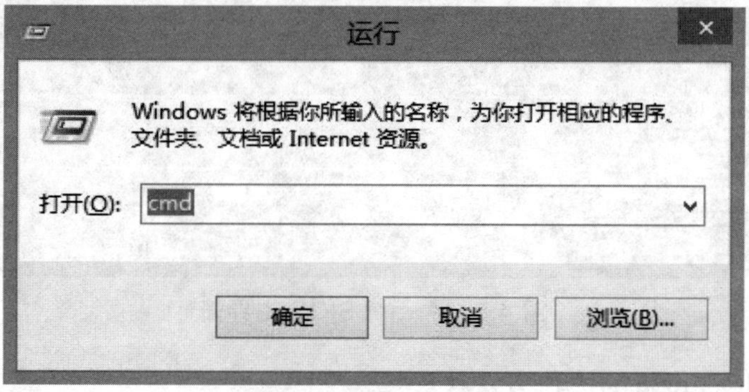

图 4.3　运行窗口

在命令提示符里输入命令“systeminfo”，如图 4.4 所示。

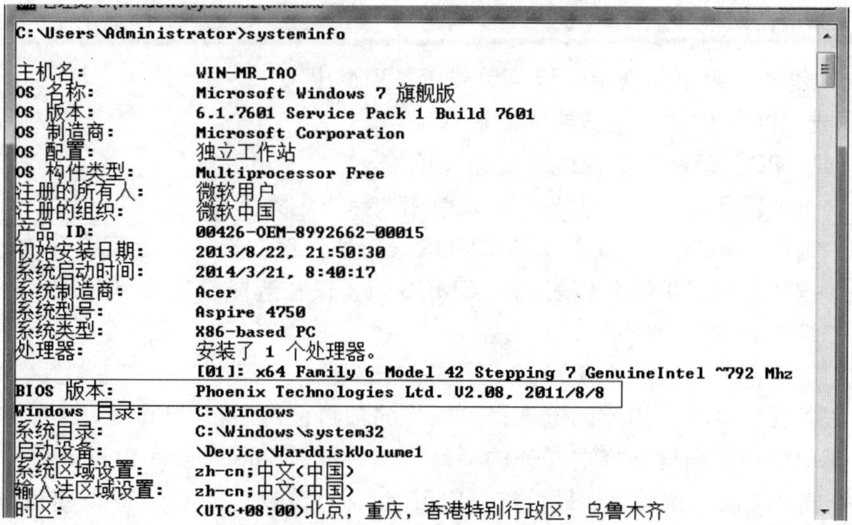

图 4.4　查看计算机系统信息

输入命令“systeminfo”后等待系统反应，片刻之后系统会列出此计算机的所有操作系统、硬件、驱动等信息，在“BIOS 版本”那一行中可以看到 BIOS 的类型。

3. 进入 BIOS

启动计算机，按下“DELETE”（台式机）、“ESC”（笔记本）、“F2”（笔记本）或“F10”（笔记本）等键（不同的笔记本主板，进入 BIOS 的按键不一样），进入 BIOS 设置界面，如图 4.5 所示。不同的 BIOS 类型进入之后界面会有一定的差异，但基本操作是相同的。下面我们就 Award BIOS 类型进行设置，如图 4.5 所示。

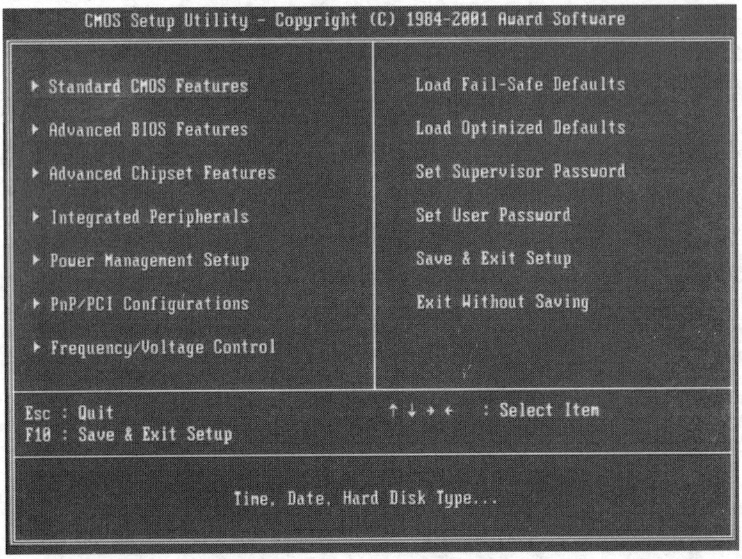

图 4.5　Award BIOS 主界面

4. AWARD BIOS 设置的操作方法

按键含义：

按方向键“↑、↓、←、→”移动到需要操作的项目上。

按“Enter”键选定此选项。

按“Esc”键从子菜单回到上一级菜单或者跳到退出菜单。

按“+”或“PU”键增加数值或改变选择项。

按“-”或“PD”键减少数值或改变选择项。

按“F1”键主题帮助，仅在状态显示菜单和选择设定菜单有效。

按“F5”键从 CMOS 中恢复前次的 CMOS 设定值，仅在选择设定菜单有效。

按“F6”键从故障保护缺省值表加载 CMOS 值，仅在选择设定菜单有效。

按“F7”键加载优化缺省值。

按“10”键保存改变后的 CMOS 设定值并退出。

操作方法：在主菜单上用方向键选择要操作的项目，然后按“Enter”回车键进入该项子菜单；在子菜单中用方向键选择要操作的项目，然后按“Enter”回车键进入该子项，再用方向键选择，完成后按回车键确认，最后按“F10”键保存改变后的 CMOS 设定值并退出（或按“Esc”键退回上一级菜单，退回主菜单后选“Save & Exit Setup”后回车，在弹出的确认窗窗口中输入“Y”然后回车，即保存对 BIOS 的修改并退出 Setup 程序）。

5. BIOS 项目的认识

主菜单项目的简介：

Standard CMOS Features（标准 CMOS 功能设定）：设定日期、时间、软硬盘规格及显示器种类。

Advanced BIOS Features（高级 BIOS 功能设定）：对系统的高级特性进行设定。

Advanced Chipset Features（高级芯片组功能设定）：设定主板所用芯片组的相关参数。

Integrated Peripherals（外部设备设定）：设定菜单，包括所有外围设备的设定。如声卡、Modem、USB 键盘是否打开。

Power Management Setup（电源管理设定）：设定 CPU、硬盘、显示器等设备的节电功能运行方式。

PNP/PCI Configurations（即插即用/PCI 参数设定）：设定 ISA 的 PnP 即插即用界面及 PCI 界面的参数，此项仅在系统支持 PnP/PCI 时才有效。

Frequency/Voltage Control（频率/电压控制）：设定 CPU 的倍频，设定是否自动侦测 CPU 频率等。

Load Fail-Safe Defaults（载入最安全的缺省值）：使用此菜单载入工厂默认值作为稳定的系统使用。

Load Optimized Defaults（载入高性能缺省值）：使用此菜单载入最好的性能，但有可能影响稳定的默认值。

Set Supervisor Password（设置超级用户密码）：使用此菜单可以设置超级用户的密码。

Set User Password（设置用户密码）：使用此菜单可以设置用户密码。

Save & Exit Setup（保存后退出）：保存对 CMOS 的修改，然后退出 Setup 程序。

Exit Without Saving（不保存退出）：放弃对 CMOS 的修改，然后退出 Setup 程序。

6. Standard CMOS Features（标准 CMOS 功能设定）项子菜单（见图 4.6）

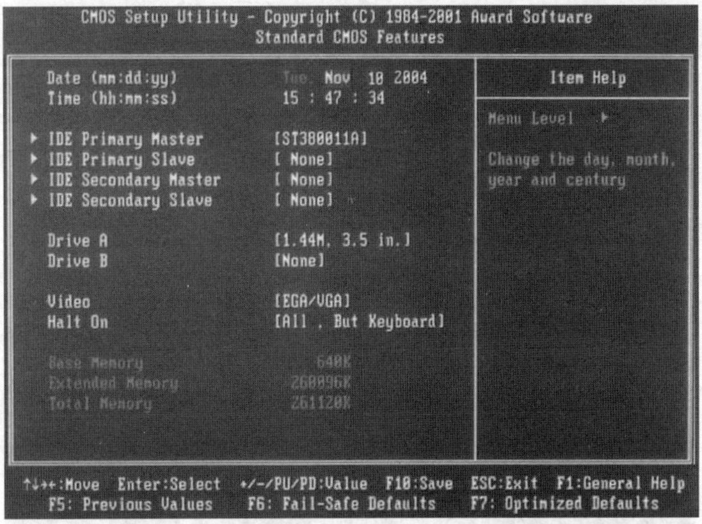

图 4.6　Standard CMOS Features（标准 CMOS 功能设定）

Date（mm: dd: yy）（日期设定）：设定电脑中的日期，格式为“星期，月/日/年”。星期由 BIOS 定义，只读。

Time（hh: mm: ss）（时间设定）：设定电脑中的时间，格式为“时/分/秒”。

IDE Primary Master（第一主 IDE 控制器）：设定主硬盘型号。按 PgUp 或 PgDn 键选择硬盘类型：Press Enter、Auto 或 None。如果光标移动到“Press Enter”项回车后会出现一个子菜单，显示当前硬盘信息；Auto 是自动设定；None 是设定为没有连接设备。

IDE Primary Slave（第一从 IDE 控制器）：设定从硬盘型号。设置方法参考上一设备。

IDE Secondary Master（第二主 IDE 控制器）：设定主光驱型号。设置方法参考上一设备。

IDE Secondary Slave（第二从 IDE 控制器）：设定从光驱型号。设置方法参考上一设备。

Video（设定电脑的显示模式）：设定系统主显示器的视频转接卡类型。可选项：EGA/VGA、CGA40/80 和 MONO。

- EGA/VGA 是加强型显示模式，EGA/VGA/SVGA/PGA 彩色显示器均选此项；
- CGA40/80 是行显示模式；
- MONO 是黑白单色模式。

Halt On（停止引导设定）：设定系统引导过程中遇到错误时，系统是否停止引导。可选项有：

- All Errors 侦测到任何错误，系统停止运行，等候处理，此项为缺省值；
- No Errors 侦测到任何错误，系统不会停止运行；
- All，But Keyboard 除键盘错误以外侦测到任何错误，系统停止运行；
- All，But Diskette 除磁盘错误以外侦测到任何错误，系统停止运行；
- All，But Disk/Key 除磁盘和键盘错误以外侦测到任何错误，系统停止运行。

Base Memory（基本内存容量）：此项是用来显示基本内存容量（只读）。PC 一般会保留 640 KB 容量作为 MS-DOS 操作系统的内存使用容量。

Extended Memory（扩展内存）：此项是用来显示扩展内存容量（只读）。

Total Memory（总内存）：此项是用来显示总内存容量（只读）。

7. Advanced BIOS Features（高级 BIOS 功能设定）项子菜单（见图 4.7）

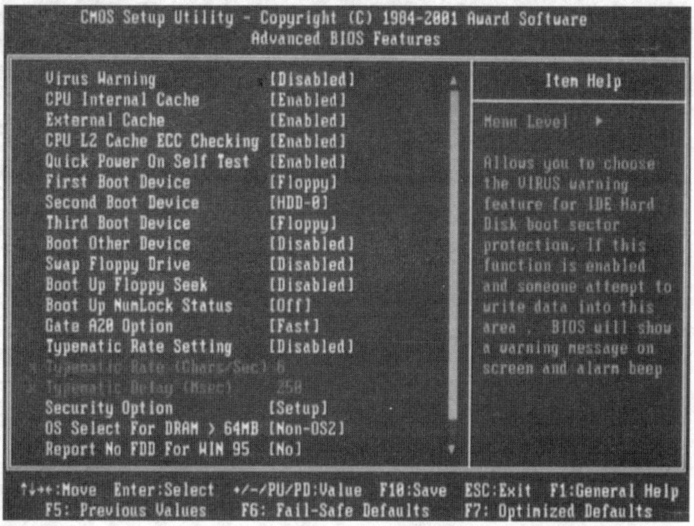

图 4.7　Advanced BIOS Features（高级 BIOS 功能设定）

Virus Warning（病毒报警）：在系统启动时或启动后，如果有程序企图修改系统引导扇区或硬盘分区表，BIOS 会在屏幕上显示警告信息，并发出蜂鸣报警声，使系统暂停。设定值有：Disabled（禁用）；Enabled（开启）。

CPU Internal Cache（CPU 内置高速缓存设定）：设置是否打开 CPU 内置高速缓存。默认设为打开。设定值有：Disabled（禁用）；Enabled（开启）。

External Cache（外部高速缓存设定）：设置是否打开外部高速缓存。默认设为打开。设定值有：Disabled（禁用）；Enabled（开启）。

CPU L2 Cache ECC Checking（CPU 二级高速缓存奇偶校验）：设置是否打开 CPU 二级高速缓存奇偶校验。默认设为打开。设定值有：Disabled（禁用）；Enabled（开启）。

Quick Power On Self Test（快速检测）：设定 BIOS 是否采用快速 POST 方式，也就是简化测试的方式与次数，让 POST 过程所需时间缩短。无论设成 Enabled 或 Disabled，当 POST 进行时，仍可按 Esc 键跳过测试，直接进入引导程序。默认设为禁用。设定值有：Disabled（禁用）；Enabled（开启）。

First Boot Device（设置第一启动盘）：设定 BIOS 第一个搜索载入操作系统的引导设备。默认设为 Floppy（软盘驱动器），安装系统正常使用后建议设为（HDD-0）。设定值有以下几项，如图 4.8 所示。

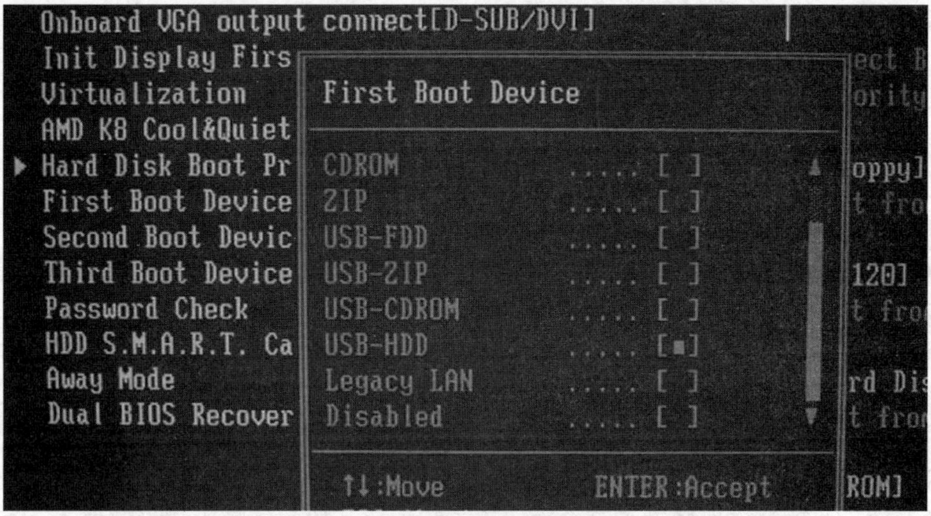

图 4.8　第一启动盘的选项

Floppy 系统首先尝试从软盘驱动器引导；

LS120 系统首先尝试从 LS120 引导；

HDD-0 系统首先尝试从第一硬盘引导；

SCSI 系统首先尝试从 SCSI 引导；

CDROM 系统首先尝试从 CD-ROM 驱动器引导；

HDD-1 系统首先尝试从第二硬盘引导；

HDD-2 系统首先尝试从第三硬盘引导；

HDD-3 系统首先尝试从第四硬盘引导；

ZIP 系统首先尝试从 ATAPI ZIP 引导；

LAN 系统首先尝试从网络引导；

Disabled 禁用此次序。

Second Boot Device（设置第二启动盘）：设定 BIOS 在第一启动盘引导失败后，第二个搜索载入操作系统的引导设备。设置方法参考上一项。

Third Boot Device（设置第三启动盘）：设定 BIOS 在第二启动盘引导失败后，第三个搜索载入操作系统的引导设备。设置方法参考上一项。

Boot Other Device（其他设备引导）：将此项设置为 Enabled，允许系统在从第一/第二/第三设备引导失败后，尝试从其他设备引导。设定值有：Disabled（禁用）；Enabled（开启）。

Swap Floppy Drive（交换软驱盘符）：将此项设置为 Enabled 时，可交换软驱 A: 和 B: 的盘符。

Boot Up Floppy Seek（开机时检测软驱）：将此项设置为 Enabled 时，在系统引导前，BIOS 会检测软驱 A:。根据所安装的启动装置的不同，在“First/Second/Third Boot Device”选项中所出现的可选设备有相应的不同。例如：如果系统没有安装软驱，在启动顺序菜单中就不会出现软驱的设置。设定值有：Disabled（禁用）；Enabled（开启）。

Boot Up NumLock Status（初始数字小键盘的锁定状态）：此项是用来设定系统启动后，键盘右边小键盘是数字还是方向状态。当设定为 On 时，系统启动后将打开 Num Lock，小键盘数字键有效。当设定为 Off 时，系统启动后 Num Lock 关闭，小键盘方向键有效。设定值为：On，Off。

Gate A20 Option（Gate A20 的选择）：此项用来设定系统存取 1 MB 以上内存（扩展内存）的方式。A20 是指扩展内存的前部 64 KB。当选择缺省值 Fast 时，GateA20 是由端口 92 或芯片组的特定程序控制的，它可以使系统速度更快。当设置为 Normal，A20 是由键盘控制器或芯片组硬件控制的。

Typematic Rate Setting（键入速率设定）：此项是用来控制字元输入速率的。设置包括 Typematic Rate（字元输入速率）和 Typematic Delay（字元输入延迟）。默认值为 Disabled（禁用）。

Typematic Rate（Chars/Sec）（字元输入速率，字元/秒）上面的 Typematic Rate Setting 选项禁用后，该项无效；Typematic Rate Setting 选项启用后，可以设置键盘加速度的速率（字元/秒）。设定值为：6，8，10，12，15，20，24，30。

Typematic Delay（Msec）（字元输入延迟，毫秒）上面的 Typematic Rate Setting 选项禁用后，该项无效；此项允许选择键盘第一次按下去和加速开始间的延迟。设定值为：250，500，750 和 1000。

Security Option（安全选项）：此项指定了使用的 BIOS 密码的保护类型。设置值为 System 时无论是开机还是进入 CMOS SETUP 都要输入密码；设置值为 Setup 时只有在进入 CMOS SETUP 时才要求输入密码。

OS Select For DRAM > 64MB（设定 OS2 使用的内存容量）缺省值为 Non-OS2

Report No FDD For WIN 95（设定在 WIN 95 中报告有无 FDD）缺省值为 No

Video BIOS Shadow（将 BIOS 复制到影像内存）将 BIOS 复制到影像内存，可维持系统性能在最良好的状态。缺省值为 Enabled 设定值有：Disabled（禁用）；Enabled（开启）。

在本选项卡里可以设置计算机的启动顺序。

以上就是 Award BIOS 的基本设置。

8. Phoenix BIOS 设置

在进入 BIOS 界面后我们可以看到 Main（基本设置）、Advanced（高级功能设置）、Security（密码设置）、Boot（启动设置）、Exit（离开 BIOS）等五大选项。

在基本设置里我们可以对基本的系统配置进行设定，如时间、日期等，如图 4.9 所示。

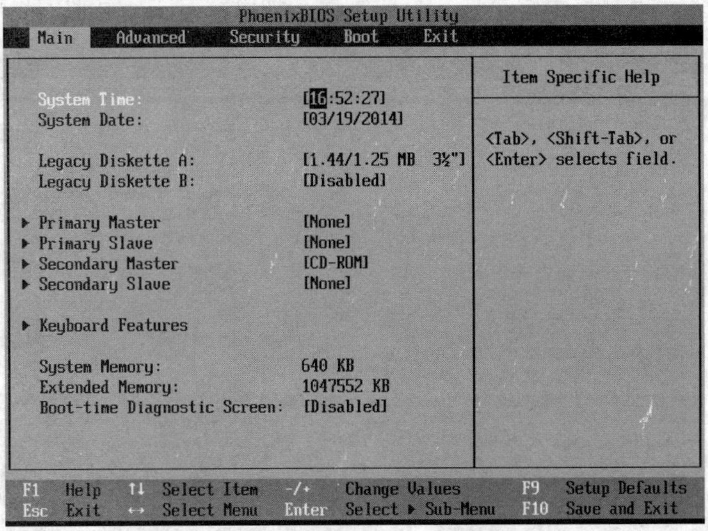

图 4.9 Phoenix BIOS 的 main 选项卡

9. Boot（启动设置）

在这个选项卡里设置电脑的启动顺序，通过-/+或“F5”/“F6”按键来调整启动顺序。默认第一个为第一启动项，如图 4.10 所示。

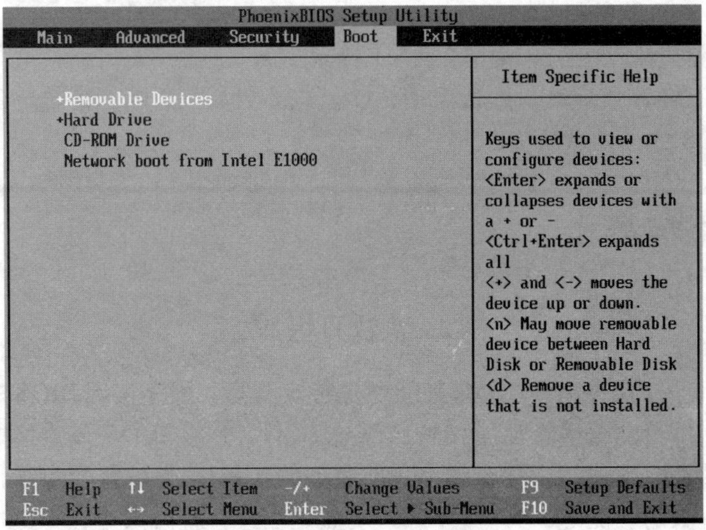

图 4.10 Boot 启动设置

10. 退出 BIOS

在设置完 BIOS 选项后，选择 Exit 选项卡，选择第一个“Exit Saving Changes（保存退出）”，或者按“F10”，也可保存后退出，如图 4.11 所示。

Load Setup Defaults（恢复默认值），如果想放弃所有的设置，将所有的设置恢复默认值，就可以选择本选项。

Discard Changes（放弃更改），如果选择本项，那么就会放弃之前的设置。

BIOS 类型很多，但都是大同小异，只要掌握一种设置方式，其他的也就简单了。

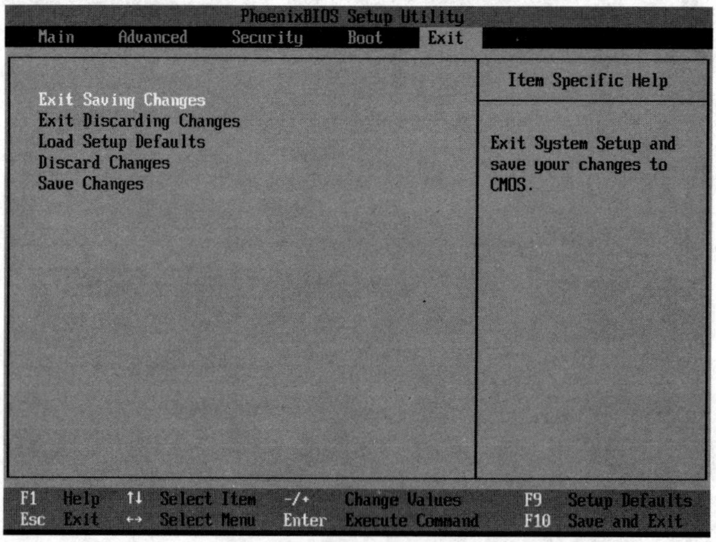

图 4.11　退出 BIOS 界面

【课堂实践】

通过对 BIOS 设置的学习，完成以下操作：

（1）将 BIOS 的时间改为 2014 年 3 月 21 日。

（2）将 CD-ROM 设置为第一默认启动，U 盘启动为第二启动，硬盘为第三启动。

（3）回复 BIOS 的最佳默认值。

【课外拓展】

BIOS 需要升级吗?

BIOS 芯片都是采用了 Flash ROM，都能通过特定的写入程序实现 BIOS 的升级，升级 BIOS 主要有两大目的：即免费获得新功能和修正已知 BUG。升级 BIOS 最直接的好处就是不花钱就能获得许多新功能，比如能支持新频率和新类型的 CPU，突破容量限制，获得新的启动方式；开启以前被屏蔽的功能等。另外，BIOS 既然是程序，就必然存在 BUG，而这些 BUG 常会导致莫名其妙的故障，例如无故重启、经常死机、设备冲突等。在用户反馈以及厂家自己发现以后厂家会及时推出新版的 BIOS 以修正这些已知的 BUG，从而解决那些莫名其妙的故障。但是由于 BIOS 升级具有一定的危险性，如果你不是专业人员，在升级之前最好先了解一些足够的 BIOS 升级方面的知识再进行操作。

任务 3　硬盘分区

【任务描述】

认识硬盘的逻辑组成，对硬盘进行分区。

【任务分析】

本任务的关键点：

（1）硬盘的逻辑组成。
（2）硬盘的分区技巧。
（3）硬盘分区的类型。

【预备知识】

1. 硬盘的种类

硬盘（Hard Disk Drive，HDD）是电脑主要的存储媒介之一。有固态硬盘（SSD，新式硬盘）、机械硬盘（HDD，传统硬盘）、混合硬盘（HHD，Hybrid Hard Disk，一块基于传统机械硬盘诞生出来的新硬盘）。SSD 采用闪存颗粒来存储，HDD 采用磁性碟片来存储，混合硬盘是把磁性硬盘和闪存集成到一起的一种硬盘。绝大多数硬盘都是固定硬盘，被永久性地密封固定在硬盘驱动器中。

2. 对分区和格式化的认识

对一块硬盘，在首次安装操作系统之前，首先需要对其进行分区和格式化。但对普通的计算机使用者来说，分区和格式化可能是一种危险的操作，它会完全删掉硬盘上的文件。分区和格式化就相当于为安装系统和软件打下基础，实际上它们为计算机在硬盘上存储数据起到标记定位的作用。分区从实质上讲是对硬盘的一种格式化。在创建分区时，就会设置好硬盘的各项物理参数。

3. 分区的组成

一般来说硬盘分区后由两部分组成，即主分区、扩展分区。也可以只有其中之一，但如果要想在硬盘里安装操作系统，就必须有至少 1 个，且最多 4 个主分区，用来存放和启动操作系统。

【任务实施】

通过前面任务的学习，我们对硬盘分区也有了一定的认识。接下来我们就来进行硬盘分区。硬盘分区方式有很多种，可以用操作系统自带的磁盘管理来进行分区操作，也可以用第三方分区软件来进行分区操作，这也是目前应用最广泛的操作方式。第三方软件有很多，常见的有 DiskGenius、DM、FDISK、Partition Magic 等。下面介绍一下用 DiskGenius 软件进行硬盘分区的操作。

打开图形分区操作软件 DiskGenius 软件，如图 4.12 和 4.13 所示。

图 4.12　启动 DiskGenius 软件

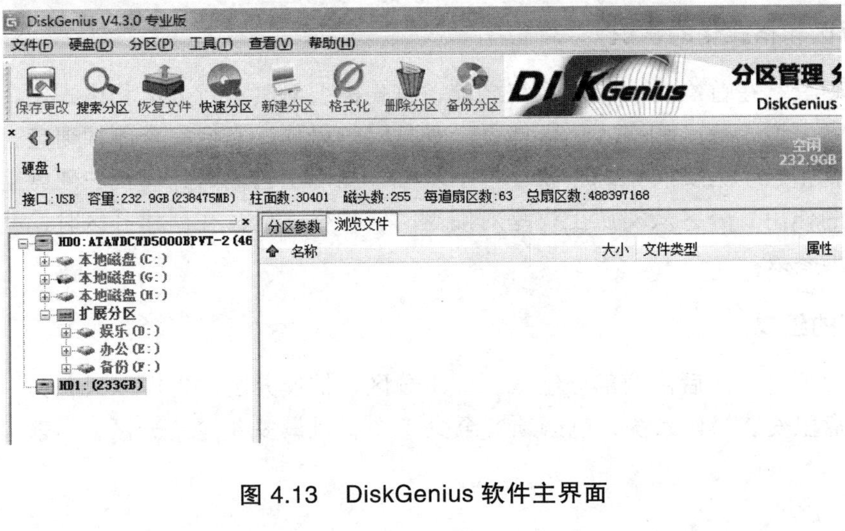

图 4.13　DiskGenius 软件主界面

首先选择需要分区的磁盘，如图 4.14 所示。当有多个磁盘的时候要特别注意，免得造成数据丢失。

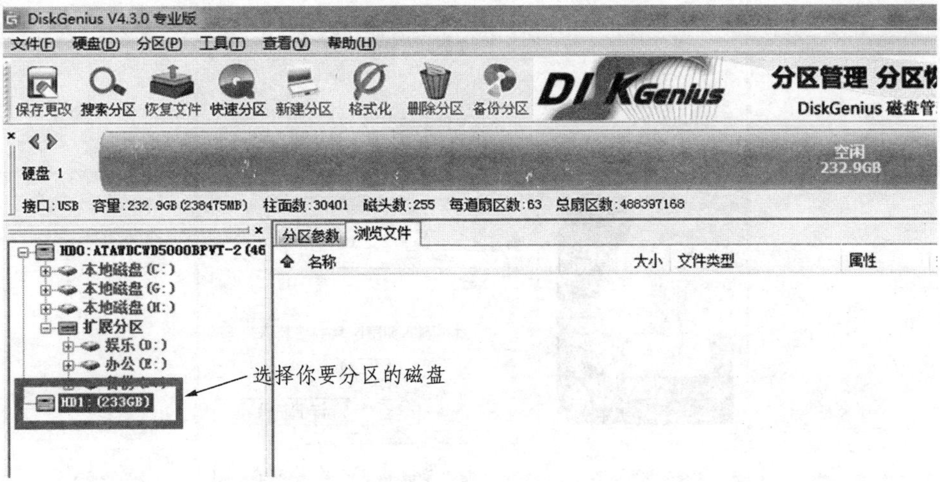

图 4.14　选择磁盘

然后在工具栏点击分区选项，再选择新建分区，如图 4.15 所示。

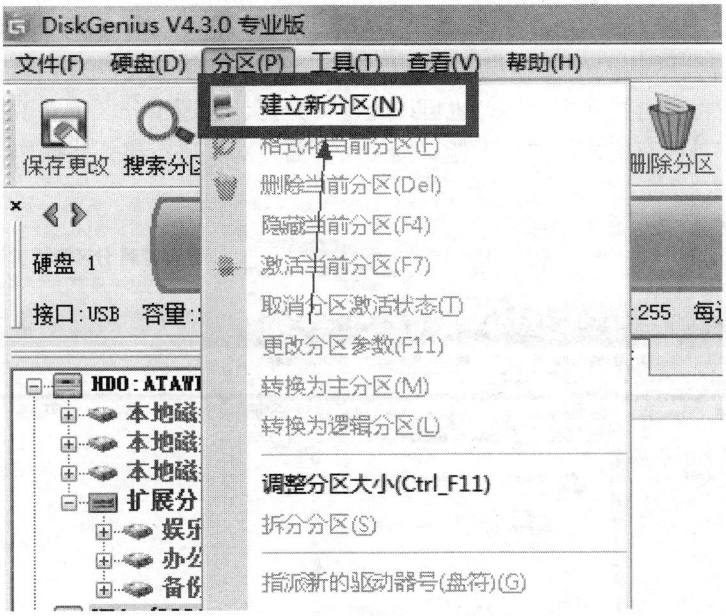

图 4.15　新建分区

如果要建立主分区或扩展分区，首先在硬盘分区结构图上选择要建立分区的空闲区域（以灰色显示）。如果要建立逻辑分区，要先选择扩展分区中的空闲区域（以绿色显示）。然后点击工具栏“新建分区”按钮，或依次选择“分区”→“建立新分区”菜单项，也可以在空闲区域上点击鼠标右键，然后在弹出的菜单中选择“建立新分区”菜单项。程序会弹出“建立分区”对话框，如图 4.16 所示。

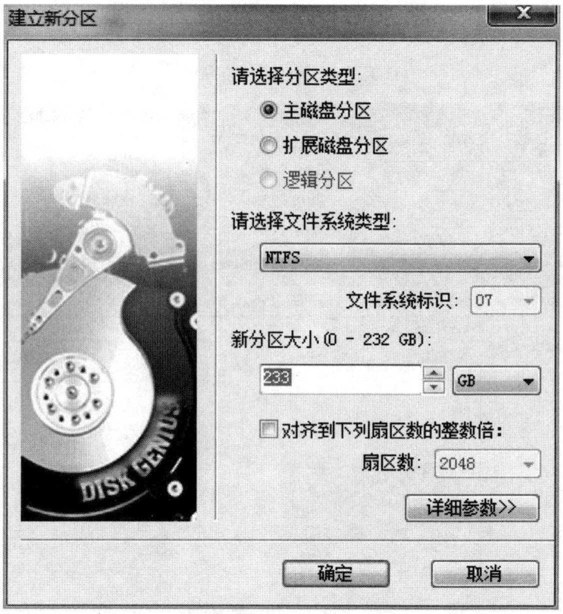

图 4.16　选择分区类型

这里可以选择主分区，也可以选择逻辑分区，但如果要安装系统，就必须至少要有一个活动主分区，选择文件系统类型，可以选择 NTFS 或 FAT32 等文件系统，再输入分区的大小。

设置安装系统分区的大小不建议太大，安装 Windows 7 建议 30～50 G。

主分区建立后可以再建立主分区，也可以建逻辑分区；但逻辑分区建立了不能再建主分区。

新建的分区都是没有格式化的，不能直接使用，需要对其进行格式化操作，如图 4.17 所示。

图 4.17　格式化磁盘分区

建好分区并经过格式化后的磁盘就可以正常使用了，如图 4.18 所示。

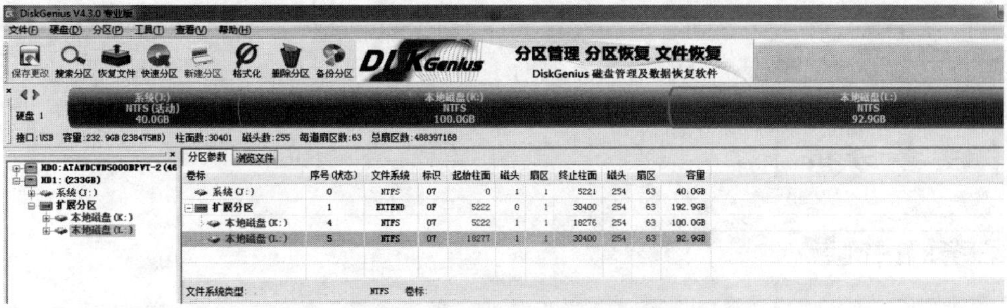

图 4.18　建好可以使用的分区

现在分区成功了，可以开始安装操作系统了。

【课堂实践】

通过对硬盘分区的学习，完成以下操作：

（1）写出目前硬盘的几个种类。

（2）写出至少 5 种分区文件系统和各自的特点。

（3）将一个硬盘分为 2 个主分区、2 个逻辑分区。

【课外拓展】

1. 经常对硬盘进行格式化操作会影响硬盘寿命吗？

格式化分为低级格式化和高级格式化，低级格式化操作会对硬盘产生一定的影响，不到万不得已时不要进行低级格式化，而高级格式化在正常情况的操作则不会对磁盘产生什么影响，属于正常损耗，但也不建议过度频繁地对硬盘进行高级格式化。

2. FAT32 和 NTFS 哪个好？

NTFS 文件系统是一个基于安全性的文件系统，是 Windows NT 所采用的独特的文件系统结构，它是建立在保护文件和目录基础上的，同时照顾节省资源、减少磁盘占用量的一种先进的文件系统。在系统安全性方面，NTFS 文件系统具有很多 FAT32 文件系统不具备的特点，而且基于 NTFS 的 Windows 系统运行要快于基于 FAT32 的 Windows 系统。

任务 4　操作系统安装

【任务描述】

随着信息技术不断发展，各种操作系统陆续出现，操作系统安装的方法也不断涌出，比如光盘、U 盘安装、硬盘安装等。下面介绍光盘安装 Windows 7 操作系统的方法。通过本任务的学习，应掌握常见操作系统的安装方法。

【任务分析】

本任务的关键点：

（1）准备一张操作系统光盘。
（2）设置光盘从电脑启动。
（3）电脑光驱无损坏。

【预备知识】

（1）掌握刻录光盘的方法。
（2）掌握制作 U 盘启动盘的方法。
（3）熟悉 BIOS 各项设置。
（4）了解 ISO 文件与 GHO 文件的区别。
（5）了解操作系统的硬件要求。

【任务实施】

（1）选择安装语言格式，无需改动，直接点击“下一步”，如图 4.19 所示。

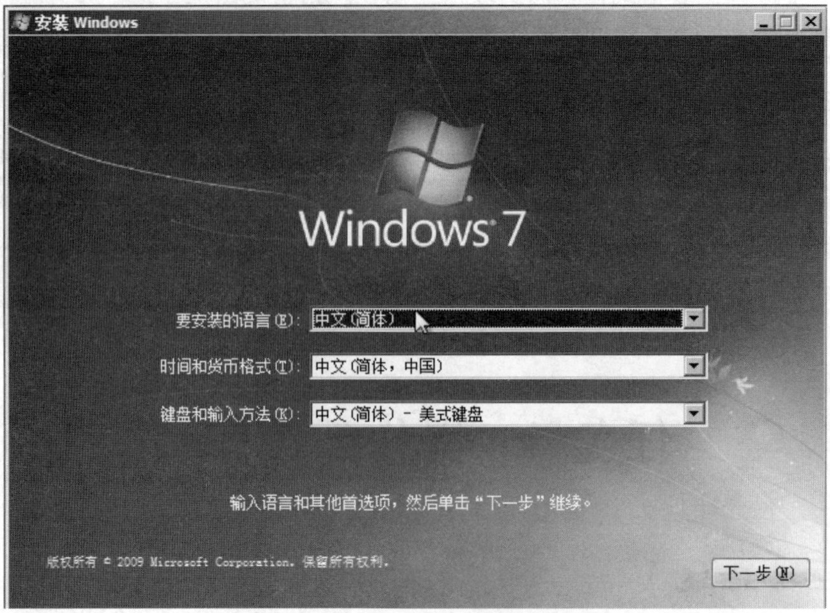

图 4.19　安装语言格式

（2）选择安装类型，在这里选择自定义方式来全新安装 Windows 7，如图 4.20 所示。

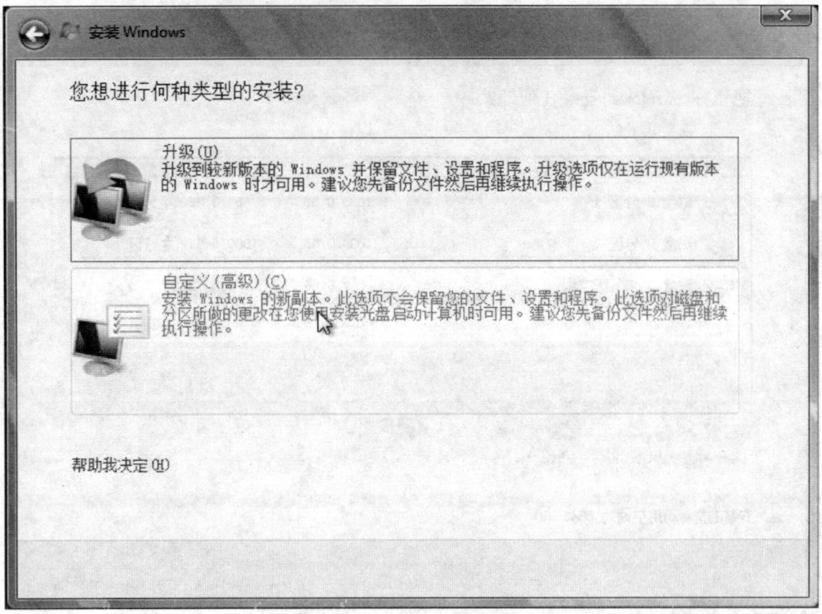

图 4.20　选择安装类型

（3）选择安装盘，这是整块硬盘，没有分区；如果要分区，请点击“高级”，如图 4.21 所示。

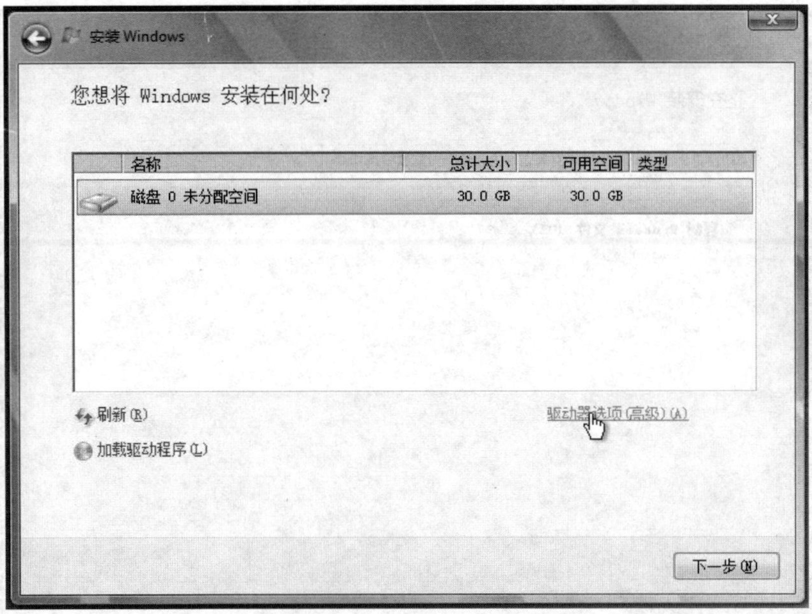

图 4.21　硬盘分区

（4）点击图 4.21 中的“高级”选项，就出现如图 4.22 所示的界面，可以利用这些功能进行分区。

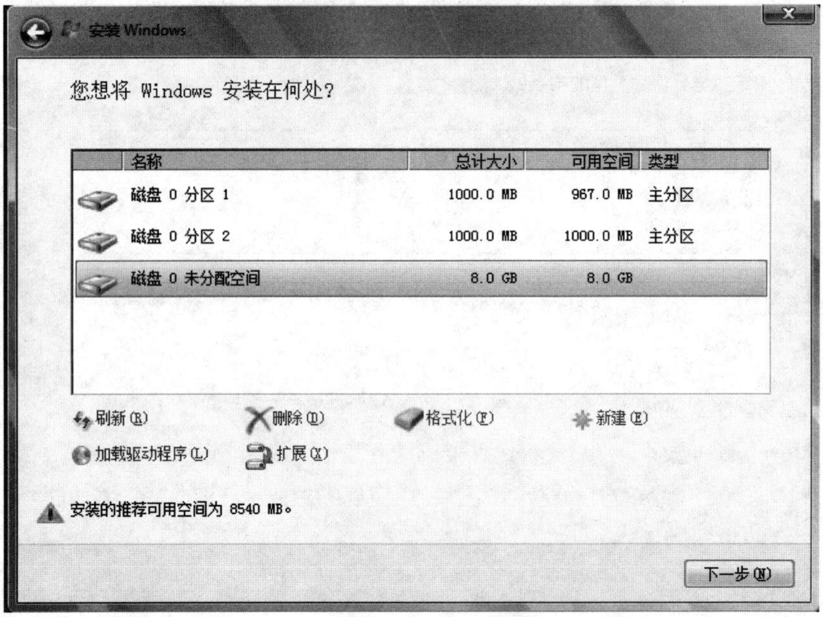

图 4.22　硬盘分区界面

（5）开始安装，系统开始复制 Windows 文件，如图 4.23 所示。

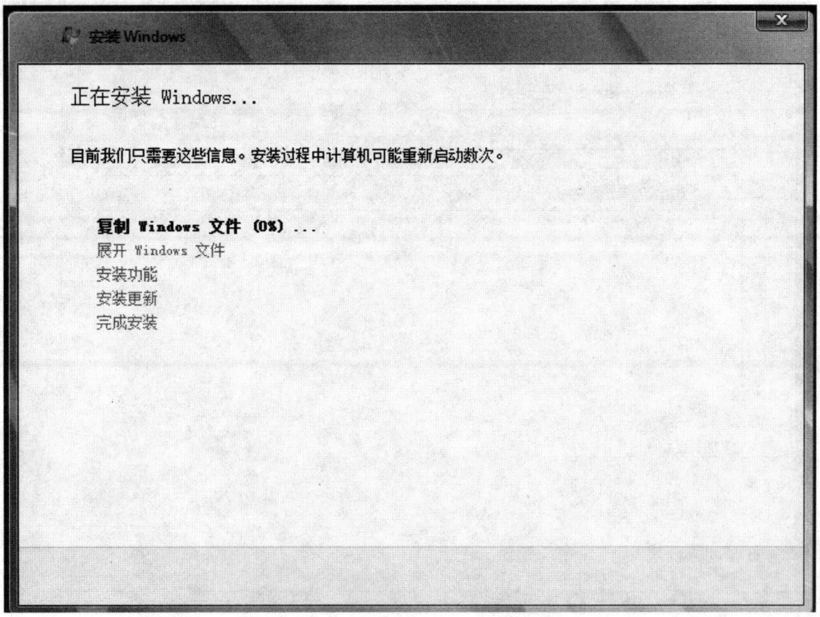

图 4.23　系统复制 Windows 文件

（6）输入用户名和计算机名，如图 4.24 所示。

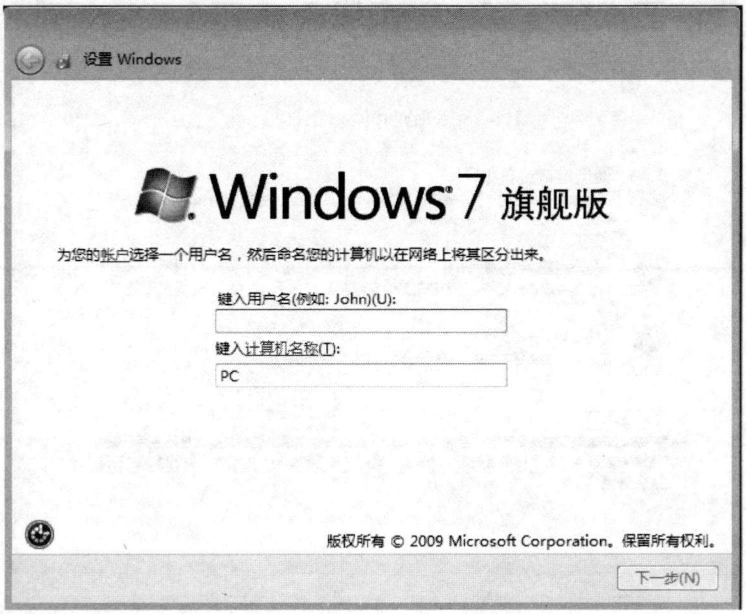

图 4.24　Windows 7 用户设置

（7）输入密钥，如果没有密钥可以不输入，选择“当我联机时自动激活”，如图 4.25 所示。

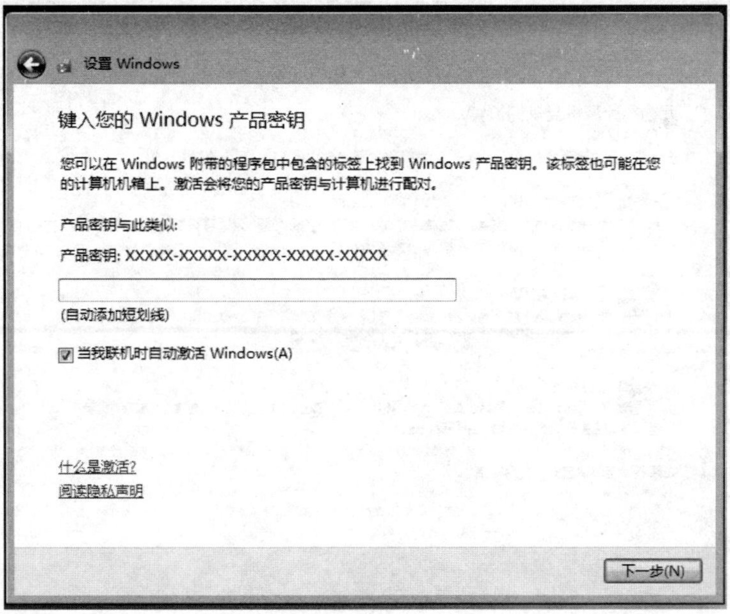

图 4.25　密钥设置

（8）在“Windows”中选择“使用推荐设置”项，如图 4.26 所示。

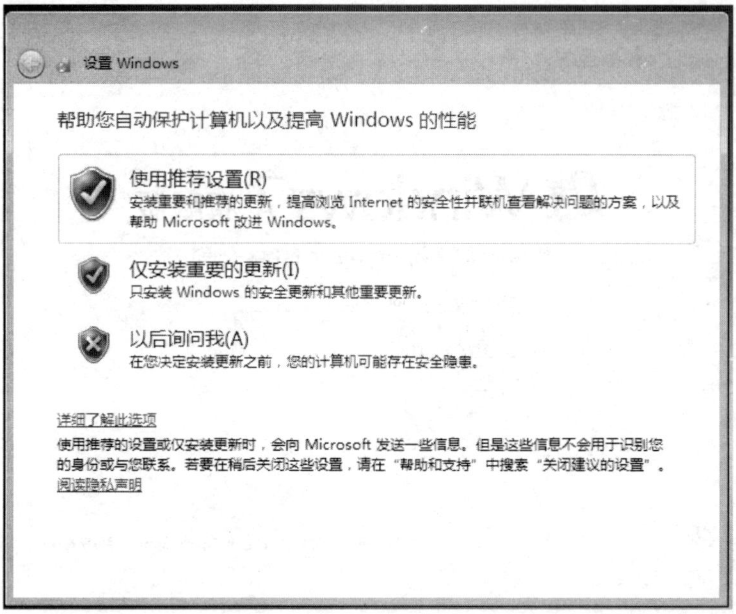

图 4.26　选择“使用推荐设置”

（9）选择网络类型，用户若不确定，可以选择“公用网络”项，如图 4.27 所示。

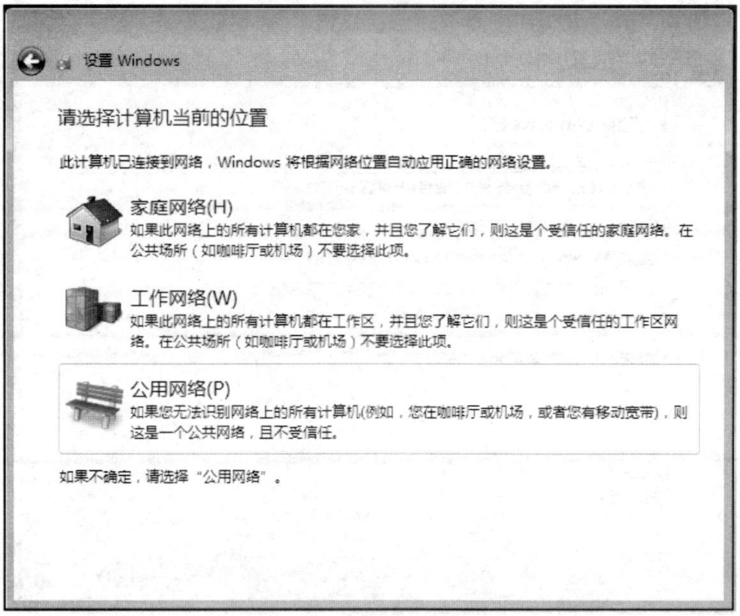

图 4.27　选择网络类型

（10）系统桌面出现，安装完成，如图 4.28 所示。

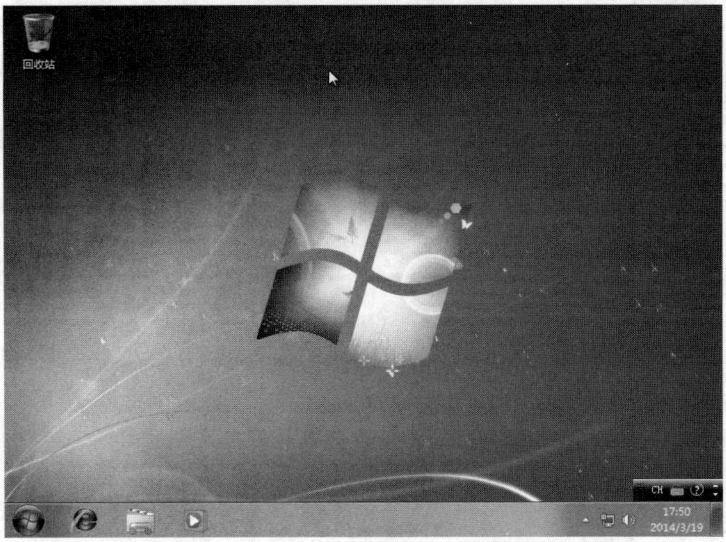

图 4.28　系统安装完成

【课堂实践】

通过学习，完成以下操作：

(1) 查看计算机系统的基本信息。

(2) 查看“网络和 Internet”的连接方式。

(3) 设置或修改计算机的开机密码。

(4) 在虚拟机中进行 Windows 7 系统的安装。

【课外拓展】

(1) 了解硬盘初始化操作过程。

(2) 了解常用的 DOS 命令。

(3) 了解 Windows 系统硬盘分区格式及特点。

任务 5　驱动安装、停用、更新

【任务描述】

驱动程序是硬件厂商根据操作系统编写的配置文件，可以说没有驱动程序，计算机中的硬件就无法工作。安装驱动程序的方法一般有两种：一种是按厂商提供的打包可执行安装文件进行直接安装；另一种是在设备管理器中的属性中更新驱动程序。下面以安装显卡为例。通过本任务的学习，应掌握驱动安装、停用及更新。

【任务分析】

本任务的关键点：

（1）在设备管理器中找出需要安装的驱动。

（2）使用通用的驱动程序。

（3）保证网络畅通。

【预备知识】

（1）了解驱动程序分类。

（2）查看设备信息和驱动程序信息。

（3）常见驱动程序的安装以及注意事项。

【任务实施】

（1）计算机没有显卡驱动程序，在“设备管理器”有黄色的惊叹号，如图 4.29 所示。

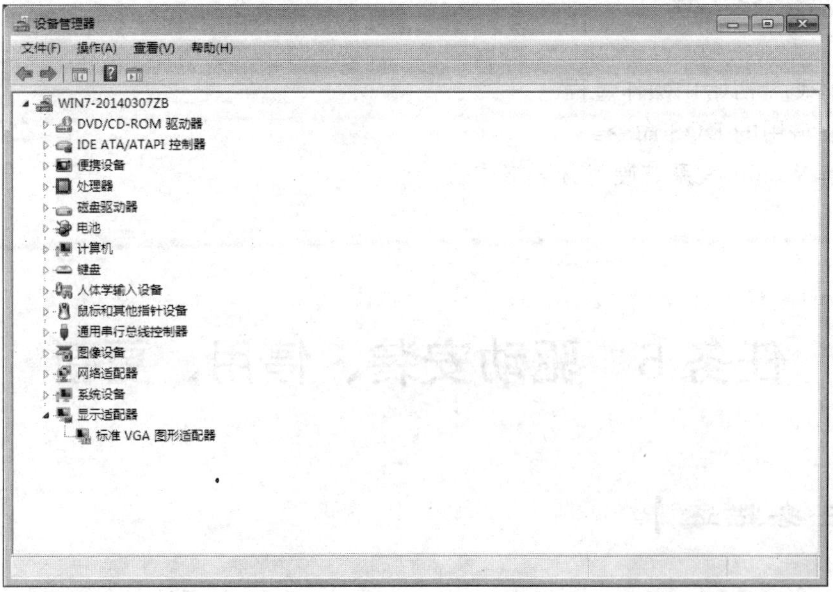

图 4.29　没有显卡驱动程序

（2）用第三方驱动软件安装显卡驱动程序，如 360 驱动大师等，如图 4.30 所示。

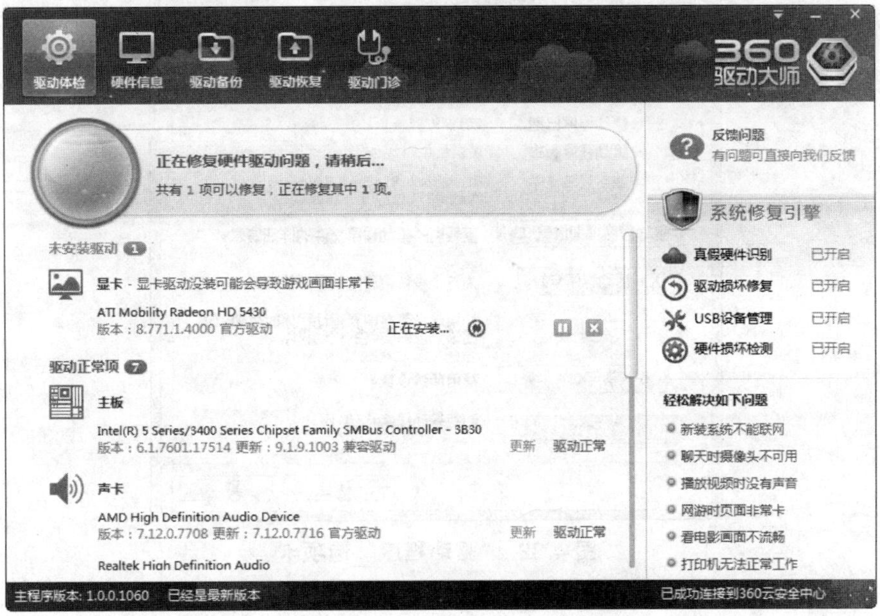

图 4.30　安装显卡驱动程序

（3）显卡驱动程序安装完成，如图 4.31 所示。

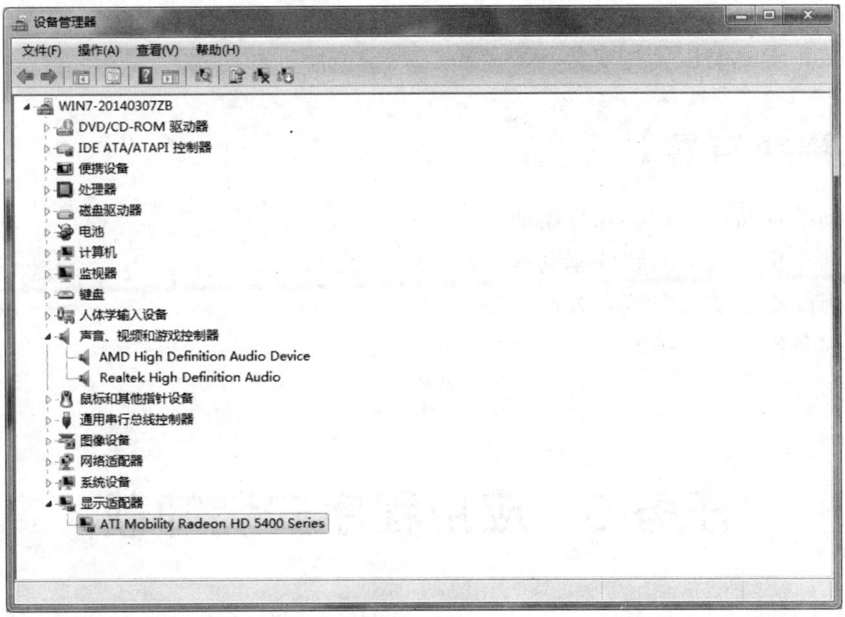

图 4.31　显卡驱动程序安装完成

（4）选择显卡驱动程序，右击选择“属性”，在“驱动程序”选项卡下有“更新驱动程序”、“禁用”、“卸载”等相关选项，如图 4.32 所示。

图 4.32 “驱动程序”选项卡

【课堂实践】

（1）查看显卡驱动程序的型号。
（2）更新声卡驱动程序。
（3）禁用网络驱动程序。
（4）卸载声卡驱动程序并安装。

【课外拓展】

（1）驱动的存储格式有哪几种组成？
（2）如何识别电脑中的硬件驱动程序？
（3）如何配置驱动的安装方式？
（4）如何备份驱动程序？

任务 6　应用程序安装卸载

【任务描述】

通过本任务的实施，掌握应用程序的安装与卸载技能。

【任务分析】

本任务的关键点：

（1）根据计算机系统选择合适的应用程序。

（2）选择安装目录，进行 Office 2010 应用程序的安装及卸载。

【预备知识】

应用程序（Application）是指为了完成某项或某几项特定任务而被开发运行于操作系统之上的计算机程序。

没有进行应用程序安装的计算机不能满足用户的任务要求。要完成用户的特定任务，首先要了解自己的计算机系统，选择与计算机相适应的应用程序。

应用程序运行在用户模式，它可以和用户进行交互，一般具有可视的用户界面。

对于应用程序需要了解的是：每一个应用程序运行于独立的进程，它们拥有自己独立的地址空间。不同应用程序的分界线称为进程边界。

常用的应用程序有 Office、QQ、压缩软件等。

【任务实施】

1. Office 2010 安装步骤

首先购买一张正版 Office 2010 的安装光盘或者去微软官网下载一个 Office 2010 安装文件。

然后打开文件目录，双击 setup.exe，随之出现如图 4.33 所示的画面，输入购买的正版产品密钥，点击“继续”。如果没有密钥，将不能进行下一步安装。

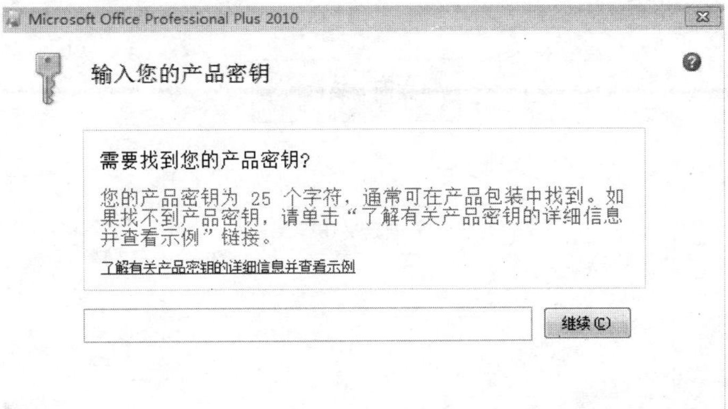

图 4.33 输入密钥

正确输入密钥后，即可见到 Microsoft 软件许可证条款，选择“我接受此协议的条款”。点击“继续”进入下一步操作，如图 4.34 所示。

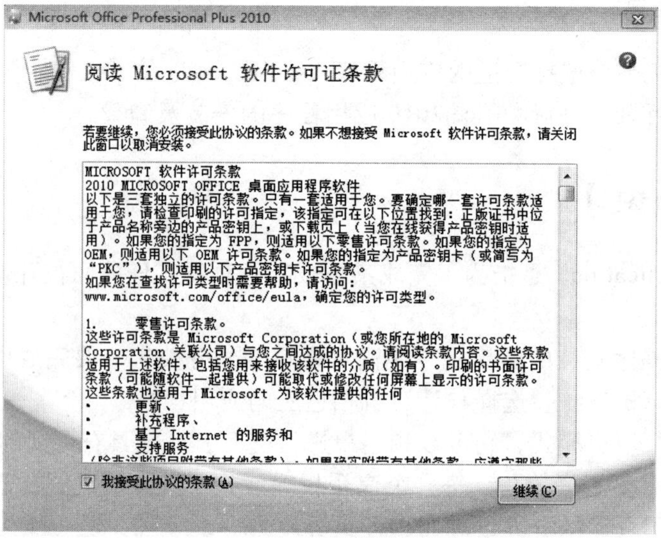

图 4.34 Microsoft 软件许可证条款

根据提示选择所需的安装类型及安装目录，“立即安装”为默认安装，“自定义”可依个人喜好进行更改，如图 4.35 所示。

图 4.35 选择所需安装类型

安装目录选择完成，出现如图 4.36 所示的安装进度画面。

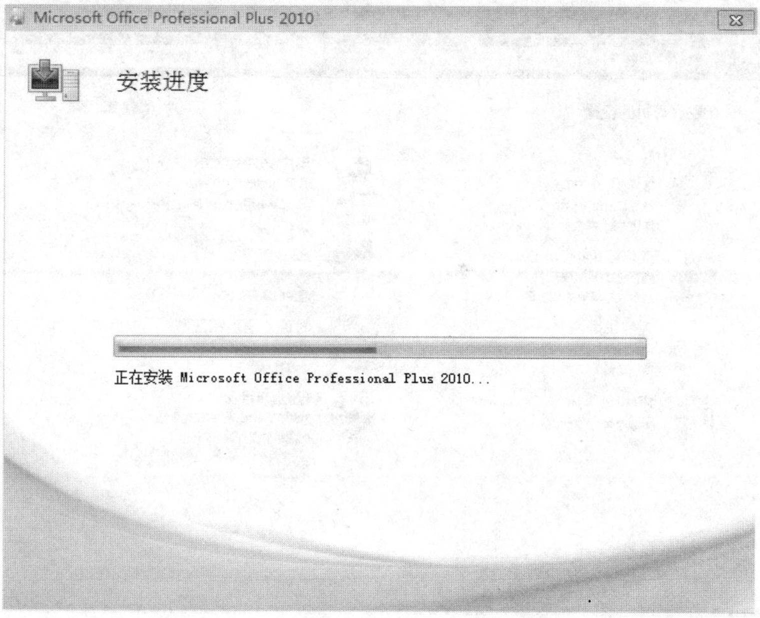

图 4.36 安装进度

Office 2010 安装成功，如图 4.37 所示，点击“关闭”。

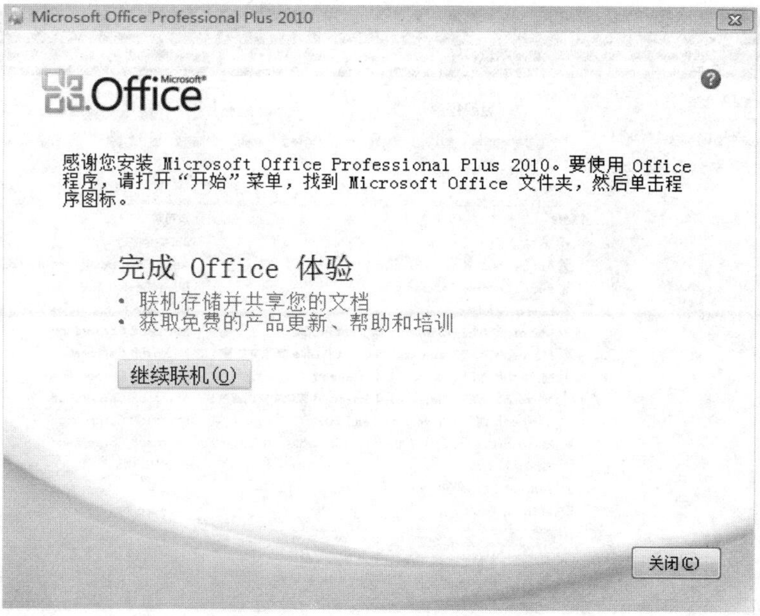

图 4.37 Office 2010 安装成功

2. Office 2010 卸载步骤

在电脑中打开控制面板，如图 4.38 所示，点击“卸载程序”。

图 4.38　控制面板

右键单击选择需要卸载的应用程序，单击卸载按钮进行应用程序卸载，如图 4.39 所示。

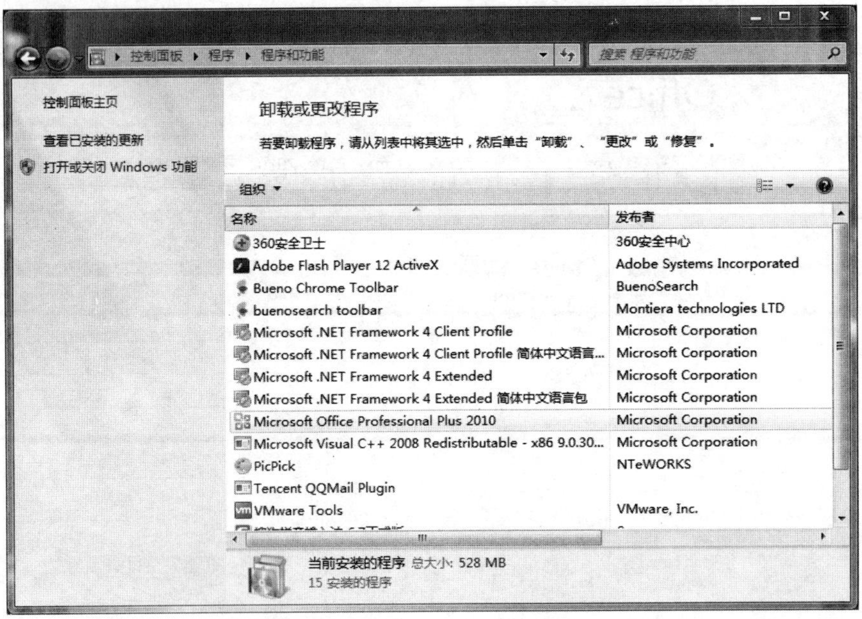

图 4.39　卸载或更改程序

点击“是”，进行 Office 2010 应用程序卸载，如图 4.40 所示。

在计算机上安装应用程序的过程及其安装方法。

图 4.40　卸载 Office 2010

Office 2010 应用程序卸载成功，如图 4.41 所示。

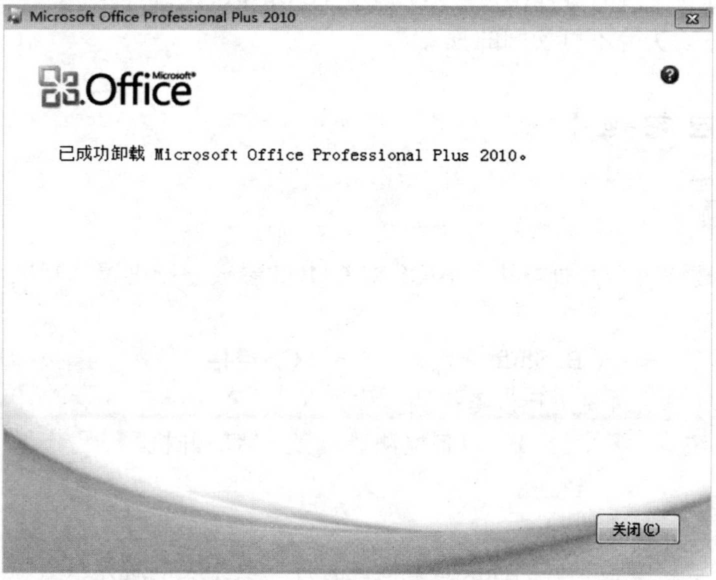

图 4.41　Office 2010 卸载成功

【课堂实践】

（1）本任务主要讲述应用程序 Office 2010 的安装过程；通过本任务的学习，让学生理解在计算机上安装应用程序的过程及其安装方法。

（2）通过对应用程序 Office 2010 的安装、卸载学习，完成以下操作：

① 安装聊天软件 QQ 并将其安装到 D 盘根目录下；

② 安装压缩软件 WinRAR 并将其安装到 E 盘中的“软件”文件夹下。

【课外拓展】

(1) 绿色软件。

简单地说，绿色软件就是对操作系统无污染，不需要安装，方便卸载，可以直接拷贝到硬盘上进行运行，不会向注册表添加任何信息的软件。

绿色版软件有如下特征:

① 不对注册表进行任何操作，或很少做操作，如将软件添加到开机启动中;

② 不对系统敏感区进行操作，如系统启动区根目录、Windows 目录、Program Files 目录;

③ 不向非自身所在目录外的目录进行任何写操作;

④ 不存在安装和卸载问题，只需把程序所在目录和对应的快捷方式删除即可删除程序，且删除后不留任何垃圾。

(2) 在选择安装目录的时候，很多软件默认的安装目录往往都是 C 盘，这里建议尽量不要把软件全部都安装在 C 盘中，C 分区只安装操作系统及最常用的一些软件即可。对于大多数软件建议安装在其他盘符中。

(3) 有的软件在升级的过程中会提示用户是否保留原有信息，读者应根据需要进行选择。否则将会造成数据丢失等不可挽回的损失。

【项目习题】

一、选择题

1. 目前大多数微机中，要想使用 BIOS 对 CMOS 参数进行设置，开机后，应按下的键是(　　)。

A. Ctrl　　B. Shift　　C. 空格　　D. DEL

2. 开机后，计算机首先进行设备检测，称为(　　)。

A. 启动系统　　B. 设备检测　　C. 开机　　D. 系统自检

二、填空题

1. BIOS 是计算机中最基础的而又最重要的程序，其中文名称是(　　)。

2. 硬盘的 3 种工作模式是:(　　)、(　　)和(　　)。

三、简述题

1. BIOS 与 CMOS 的关系。

2. 描述从打开计算机（按 POWER 键）到进入操作系统的整个过程。

四、操作题

将一个全新的电脑（没有系统）安装上 Windows 7 系统，并让它能满足基本的办公需求。

项目五 计算机软件维护

【项目目标】

通过本项目的学习，掌握计算机软件的简单维护。

任务 1　DOS 命令

【任务描述】

DOS 命令，是 DOS 操作系统的命令，是一种面向磁盘的操作命令，主要包括目录操作类命令、磁盘操作类命令、文件操作类命令和其他命令。

【任务分析】

本任务的关键点：

（1）DOS 的常用命令。
（2）DOS 特殊命令应用技巧。

【预备知识】

DOS 是磁盘操作系统（Disk Operating System）的英文缩写，它的主要功能是管理磁盘文件，所以把它称为磁盘操作系统。DOS 具有向上兼容性，也就是说，在低版本 DOS 上能运行的软件一定能在高版本上运行。DOS 的四个基本组成部分是：① 引导程序（BOOT）；② 输入/输出管理程序（IO.SYS）；③ 磁盘文件管理程序（MSDOS.SYS）；④ 命令处理程序（COMMAND.COM）。

1. DOS 命令的启动

（1）冷启动。

冷启动是指计算机在未加电的情况下，接通电源，启动系统的过程。

（2）热启动。

热启动是指在计算机已加电的情况下，使用组合键“Ctrl+Alt+Del”（三键同时按下），重新从磁盘上将 DOS 的三个文件装入内存。

热启动常用于系统死机时对系统复位或更换系统。

2. 文件的概念

DOS 中的程序、数据都以文件的形式存储在磁介质上。使用文件时，需把磁介质上的相关信息加载到内存，方可使用。DOS 系统可给文件以不同的属性，而达到保护文件的目的，使文件在使用过程中确保其数据安全。

3. 文件名及命名规则

DOS 的文件名是由主文件名和扩展名组成，在主文件名和扩展名之间以“.”相隔，书写格式是：＜主文件名＞［.扩展名］，如表 5.1 所示。

表 5.1　后缀名释义

扩展名	意　义
.EXE	可执行文件
.COM	命令文件
.BAT	批处理命令文件
.HLP	帮助文件
.BAK	备份文件
.BAS	BASIC 语言源程序文件
.PAS	PASCAL 源程序文件
.C	C 语言源程序文件
.TXT	文本文件

【任务实施】

1. dir 命令

DOS 下使用频率最高的命令莫过于 dir 命令了。dir 是英文单词 directory（目录）的缩写，主要用来显示一个目录下的文件和子目录，如图 5.1 所示。

输入 dir（不区分大小写），再按 Enter 键，如果输入错误了，可以按 Backspace 键来修正。

图 5.1　dir 命令

dir 命令是可以带参数的，键入 dir/p 或者 dir/w 试试，看显示的内容有什么不同，如图 5.2 所示。

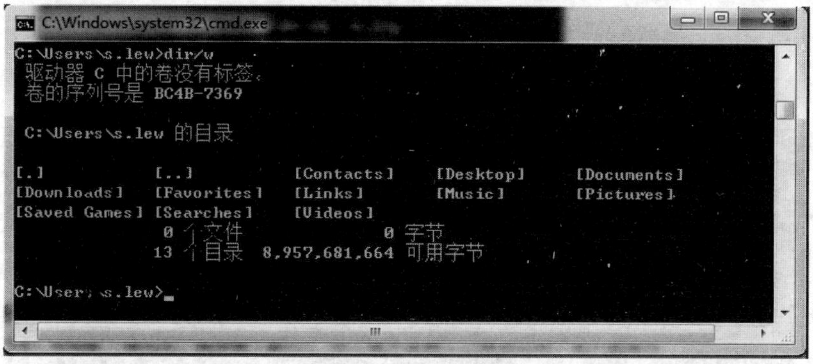

图 5.2　dir 参数命令

dir 命令不但可以查看目录中有什么文件，还可以查看目录中某个文件的信息，例如输入 dir abc，就是查看当前目录中文件 abc 的信息，包括它的大小和生成时间。

dir 命令不但可以查找和显示一个特定的文件，还可以显示一类文件。例如输入 dir *.bat，显示的就是所有扩展名是 bat 的文件。

这里的*是什么意思呢？在 DOS 命令中，*在文件名中出现是代表任意字符的意思。例如，A.*就代表了文件基本名是 A，扩展名是任意的所有文件。那么 dir a.*就是把文件基本名是 A 的所有文件都显示出来。如果用 dir　A*.*，将会出现什么结果呢？结果是显示了文件基本名以 A 开头的所有文件。再深入一点，dir　*.*是什么意思呢？在这里文件基本名和扩展名都是任意的，那就等于代表了所有文件，所以这和只输入 dir 的作用是相同的。因为*可以代替任意字符，所以我们称之为通配符。其实通配符不只 * 一个，现在我们再来看看另一种通配符——？。

？通配符和*的区别是什么呢？*可以代替文件名中的多个字符，而?只能代替文件名中的一个字符。比如 a*.*是代表所有文件基本名以 a 开头的文件，而 a?.*是代表文件基本名只有两个字符，并且第一个字符是 a 的所有文件，同理，a??.*是代表文件基本名只有三个字符，并且第一个字符是 a 的所有文件。

两者还有一个区别，在文件名中出现*后，其后的所有字符都不起作用，比如 A*.*和 A*b.*是没有任何区别的，但 A*.*和 A*.com 就不一样了，因为中间隔了一个分隔符，*的作用不能超过分隔符。

在作用不超过分隔符这一点上，?和*是一致的，但是，无论在文件基本名或扩展名中出现在?后，后面的字符仍然起作用。例如，a?.bat 和 a?b.bat 是不同的意思，前者代表了文件扩展名是 bat，而文件基本名是两个字符，且第一个字符是 a 的所有文件，后者代表了文件扩展名是 bat，而文件基本名是三个字符，且第一个字符是 a、第三个字符是 b 的所有文件。

另外在使用通配符时，文件基本名和扩展名中最多只能各出现一个*，而?可以在不超过文件名和扩展名长度的前提下出现多个。例如：这三个文件名：a???.b??、a????b?.?c?及??a?b??c.??d 都是可以的。

2. cd 命令

cd 是英文 change directory（改变目录）的缩写，也是最常用的命令之一。顾名思义，如果想要进入一个目录，显然该采用这个命令，如图 5.3 所示。

进入子目录就输入 cd＋空格＋子目录名；想返回上一层目录，就输入 cd..（两点）；输入 cd\三个字符可以一下就回到根目录。

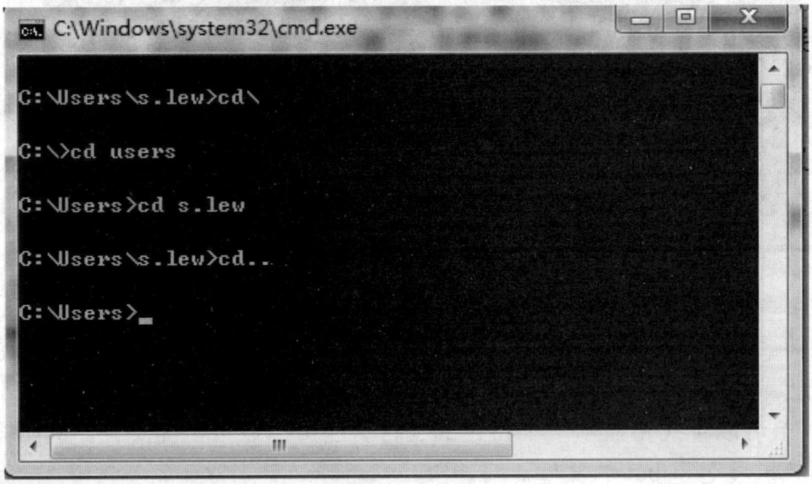

图 5.3 cd 命令

3. md 和 rd 命令

事实上，磁盘上的目录都是我们自己建立的，建立这些目录的目的，就是为了分类组织文件，如果我们有一类新的文件，就需要再建立一个新的目录。今天我们要学的两个命令就是进行目录操作的，它们是 md（make directory，创建目录）和 rd（remove directory，删除目录）。

这两个命令很简单，比如有个学生叫刘顺，他要把自己的文件都放在一个目录中，就可以输入 md ls，建立我的目录。这时用 dir 命令，就会发现根目录下多了一个目录 ls，如图 5.4 所示。

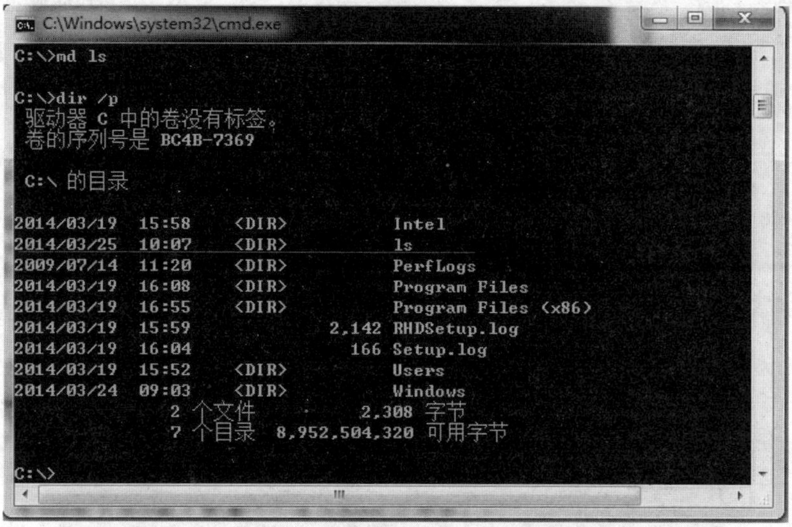

图 5.4 md 命令

既然能建立目录，当然也就可以把它删除，rd 命令的功能就是删除目录。比如想把 abc 目录删除，输入 rd abc 就可以了；要删除当前目录下的某个子目录，输入 rd 空格加上子目录名就可以完成任务。

使用 rd 命令有几点注意：

（1）要删除的目录里不能再有子目录；

（2）要删除的目录内不能有任何文件；

（3）不能删除当前目录；

（4）根目录不能被删除。

4. copy 命令

copy 在英文中是复制的意思，所谓复制就是原来的文件并没有任何改变，重新产生了一个内容和原来文件没有任何差别的文件。

copy 命令的格式为：copy 源文件名 目的文件名

无论源文件还是目的文件：

（1）如果不指明驱动器名，即为当前驱动器

（2）如果不指明目录，则为当前目录

（3）如果不指明文件名，则为相同的文件名

如果我们想把 ls 目录下的 edit.com 复制到当前目录，就从键盘上敲入 copy c:\ls\edit.com（注意，省略了目的目录名和文件名），源文件名是 C 盘根目录下 ls 目录中的 edit.com 文件。在这里指出了所在的驱动器及目录，而目的文件被省略了，这表示将文件复制到当前目录中，名字不变，也是 edit.com。

如果想把文件复制到另一个驱动器，比如说复制到 D 盘上，可以输入 copy edit.com D:。

copy 命令也可以使用通配符，例如要复制 D 盘上以 K 开头的所有文件，可以输入 copy D: k*.*，如果要复制 C 盘根目录下所有扩展名是 bat 的文件到 zht 目录里，可以输入 copy c: *.bat c: \ls。

复制文件的主要目的有两条，一是为重要的文件作一个备份，以免被删除后追悔莫及；二是在不同计算机之间交换信息，可以将你的工作成果复制到软盘上，交给你的上司、同事，也可以把它带回家里。

5. del 命令

del 即 delete（删除）的缩写，显然它的作用就是删除文件。

复制文件有点复杂，删除文件就很简单了。比如，如果要删除 1.txt 文件，输入 del　1.txt 就可以完成任务，如图 5.5 所示。

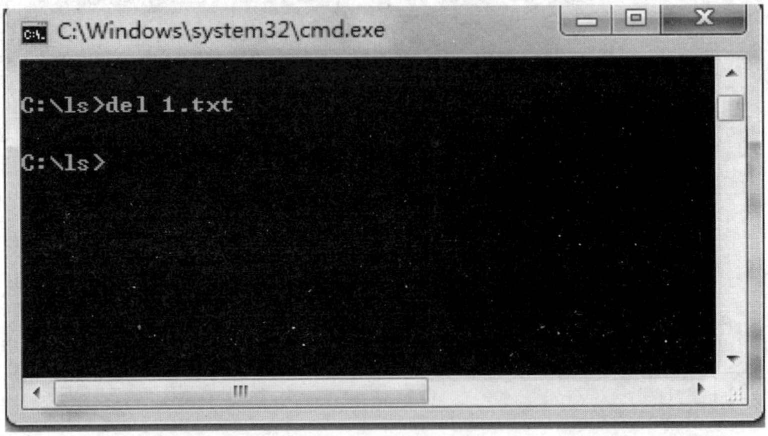

图 5.5　del 命令

要删除一类文件，可以使用通配符。例如 del　*.tmp，就是把所有扩展名是 tmp 的文件都删除，如图 5.6 所示。

图 5.6　删除 tmp 文件

也可以删除当前目录中的所有文件，命令很简单：del　*.*或 del.，如图 5.7 所示。

图 5.7　删除目录所有文件

这时计算机会告知此目录的所有文件都将被删除，同时询问是否继续，如图 5.8 所示。

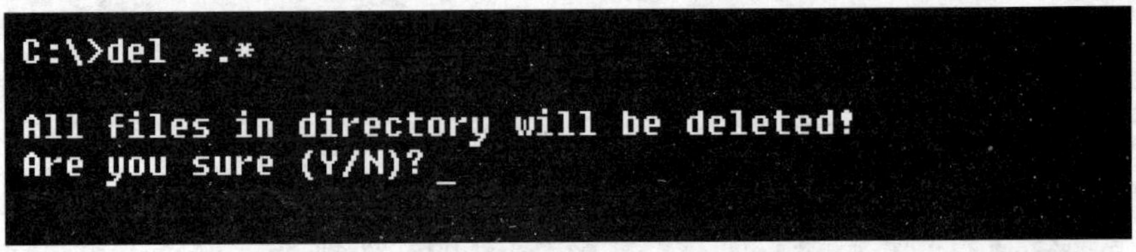

图 5.8　是否继续

如果不想删除，输入 n（no）；如果确实要删除，输入 y（yes）。

del*.*或 del.一般用于在删除子目录之前，先删除目录中的所有文件。(记住，初学者慎用)

del 命令还可以删除非当前目录中的文件，例如 del a：\bmp\sea.bmp，就是把 A 盘上 bmp 目录下的 sea.bmp 文件删除。你可以试着删除 C 盘 temp 目录内的所有文件，正确方法是输入 del c：\temp\.或 del c：\temp*.*，然后再输入 y。

删除无用的文件，可以使磁盘的可利用空间增大。但在删除文件之前，你最好知道此文件的用途，确定没有用之后，才可以删除，否则追悔莫及。尤其使用 del.和 del*.*时要更加注意，因为一个目录中的文件都将被删除。

6. ren 和 type 命令

如果想给一个文件改个名字，可以用 ren（rename）命令。ren 命令的格式是：ren　源文件名 目的文件名。

例如把 1.txt 改成 1.dat，就可以输入 ren　1.txt　1.dat，如图 5.9 所示。

图 5.9　ren 命令

注意：如果用 ren 命令更改非当前目录中的文件名，那么源文件名和目的文件名要在同一个目录内。

type 命令的格式就是：type　文件名。比如说，想知道 1.txt 文件的内容，就在键盘上输入 type 1.txt，如图 5.10 所示。

图 5.10　type 命令

【课堂实践】

查阅资料实践以下命令：

format、diskcopy、deltree、mem、chkdsk、sys、path、edit、attrib、date、lable、defrag、doskey、fdisk、msd

【课外拓展】

DOS 特殊命令应用技巧

重复上一次输入的命令，可以使用“F3”键来完成，同时 DOS 下存在一个 doskey 的命令记录器，在命令行上执行 doskey 后将可以实现以下功能：

（1）向上箭头“↑”和向下箭头“↓”和向右箭头——回看上一次执行的命令；

（2）“Ctrl+C”组合键或“Break”键——中断操作；

（3）鼠标操作“标记”——用来选中文本；

（4）鼠标操作“粘贴”——用来把剪贴板内容粘贴到提示符下；

（5）“F7”键——查看及执行用过的命令；

（6）“/?”——指定命令帮助；

（7）“>”及“>>”——文件重定向：

参数：命令+ > +写入路径\文件名

任务 2　数据备份还原

【任务描述】

通过本实训的学习，使读者了解系统备份的重要性，掌握使用 Ghost 软件实现系统数据备份和还原的方法、技巧。

【任务分析】

本任务的关键点：

（1）练习使用 Ghost。

（2）利用 Ghost 软件实现系统分区和还原。

（3）利用 Ghost 软件实现硬盘（或分区）的复制。

【预备知识】

Ghost 是 Symantec（赛门铁克）公司出品的系统备份软件，Ghost 为“General Hardware Oriented Software Transfer”的英文缩写，意思是“面向通用型硬件传送软件”。由于 Ghost 的英文有“鬼、精灵”的意思，所以又被称为“恢复精灵”。Ghost 软件最大的作用是可以轻松地把磁盘上的内容备份到镜像文件中，也可以快速地把镜像文件恢复到磁盘中。

【任务实施】

我们以 Ghost 11.02 为例，讲解如何使用 Ghost 进行还原和备份。

（1）用我们事先做好的工具盘（见图 5.11），如果没有工具盘可以下载一个 DOS 版本的 Ghost 软件，启动到 Ghost 界面，如图 5.11 和 5.12 所示。

图 5.11　维护工具盘

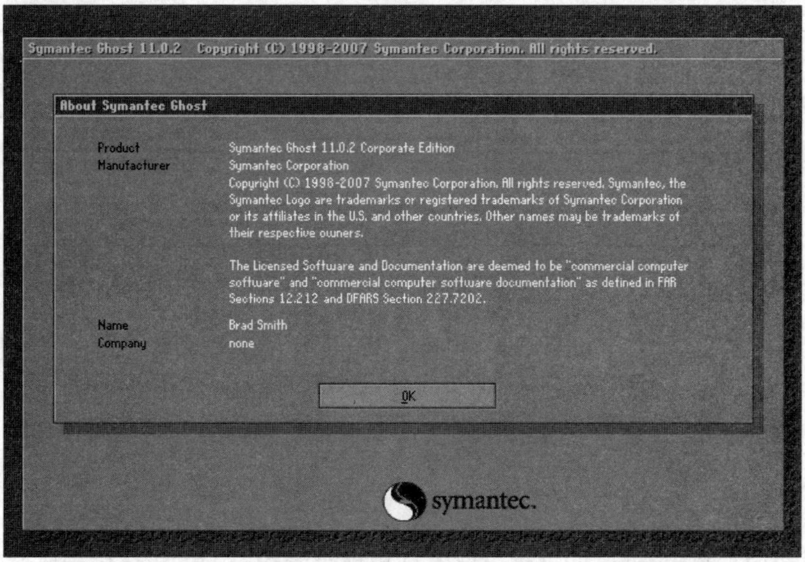

图 5.12　启动界面

（2）了解 Ghost 功能菜单，如图 5.13 和表 5.2 所示。

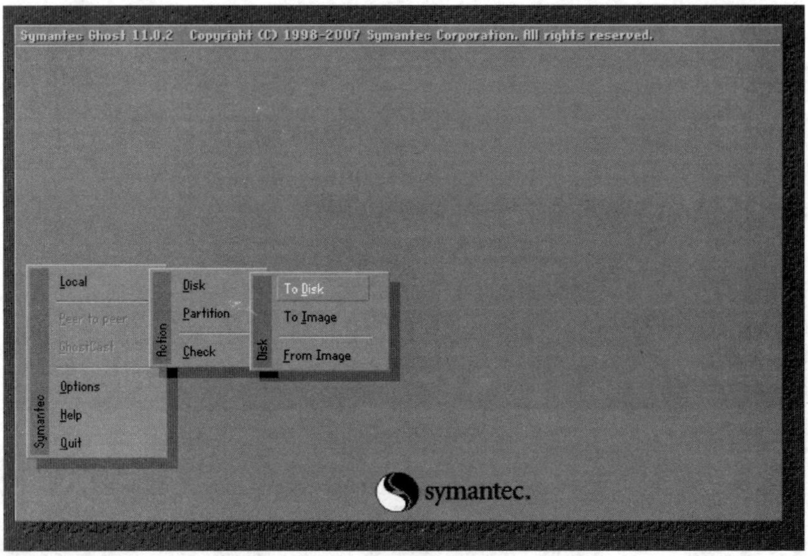

图 5.13　Ghost 主界面

表 5.2　Ghost Local 菜单备份命令

备份对象类型		备份方式		优点	缺点	备注
Disk	磁盘	To Disk	生成备份磁盘	备份速度较快	需要使用第二块硬盘	备份磁盘的容量应不小于源磁盘（建议使用相同容量的硬盘进行备份）
		To Image	生成备份文件	可压缩，体积小，且易于管理	备份文件体积较大	镜像文件不能超过 2 GB，否则 Ghost 程序将生成分卷镜像文件（即拆分为多个文件）
Partition	分区	To Partition	生成备份分区	备份速度较快	需要使用第二块硬盘	备份分区的容量应不小于源分区
		To Image	生成备份文件	可压缩，体积小，且易于管理	备份文件速度较慢	镜像文件不能超过 2 GB，否则 Ghost 程序将生成分卷镜像文件

1. 备份操作系统

备份是恢复的必要前提，Ghost 为用户提供了人性化的操作向导，用户只需根据提示进行操作，即可完成整个操作系统的备份工作。下面将使用 Ghost 11.0.2（简称 Ghost）程序，对 Win 7 所在的磁盘分区进行克隆，从而达到备份操作系统的目的，具体操作步骤如下：

（1）在备份或克隆硬盘前最好清理一下硬盘，如删除不用文件、清空回收站、进行磁盘碎片整理等

（2）在 Ghost 程序中，可以通过键盘或者利用鼠标来控制 Ghost 执行相应操作。在这里使用鼠标单击“OK”按钮，并在 Ghost 操作界面内执行 Local Partition to Image 命令，如图 5.14 所示。

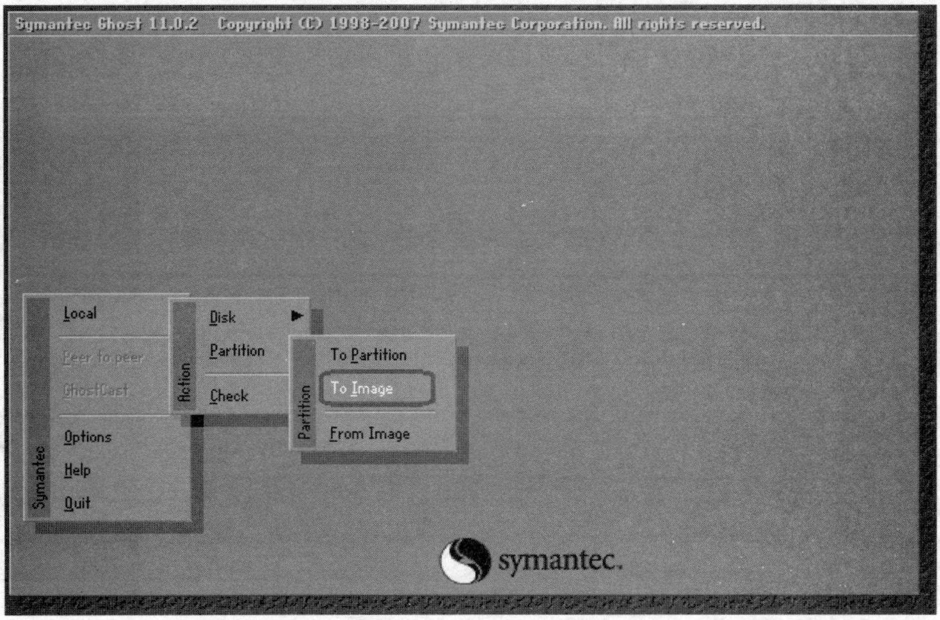

图 5.14 执行备份命令

提示：在运行 Ghost 程序前，需要加载 DOS 下的鼠标驱动才可以在 Ghost 程序内使用鼠标进行操作。

在 Local 菜单中，Ghost 提供了两种不同类型的备份命令，并为它们分别提供了两种备份方式，如表 5.2 所示。

(3) 在弹出的对话框中，选择备份分区所在的源磁盘。在这里选择 Drive 编号为 1 的磁盘。然后单击“OK”按钮或按“Enter”键，如图 5.15 所示。

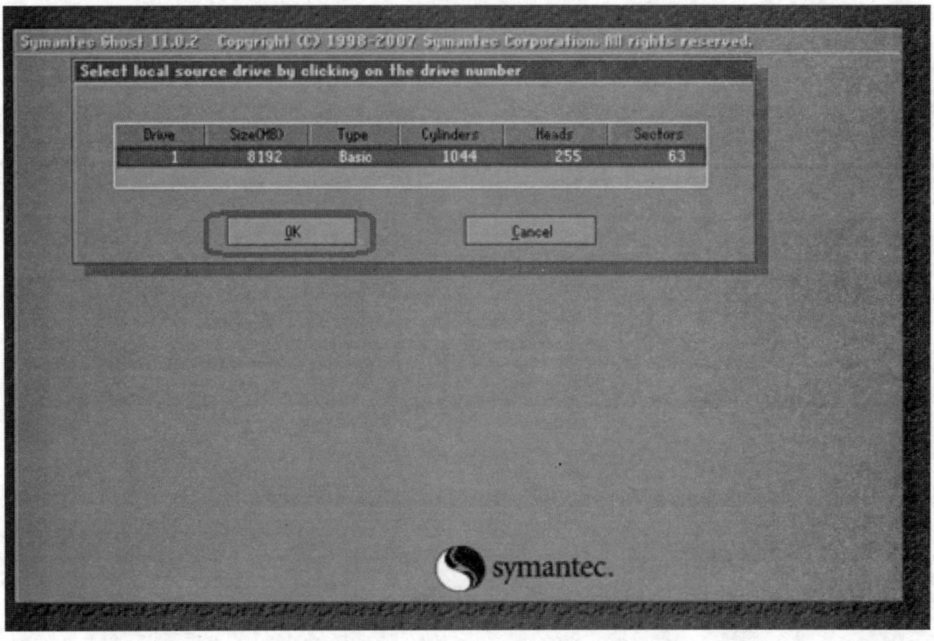

图 5.15 选择硬盘

（4）此时，需要在弹出的对话框内选择源分区（即需要备份的分区）。在这里后备选择 Volume Lable（卷标）为 WinXP 的分区选项，并单击“OK”按钮，如图 5.16 所示。

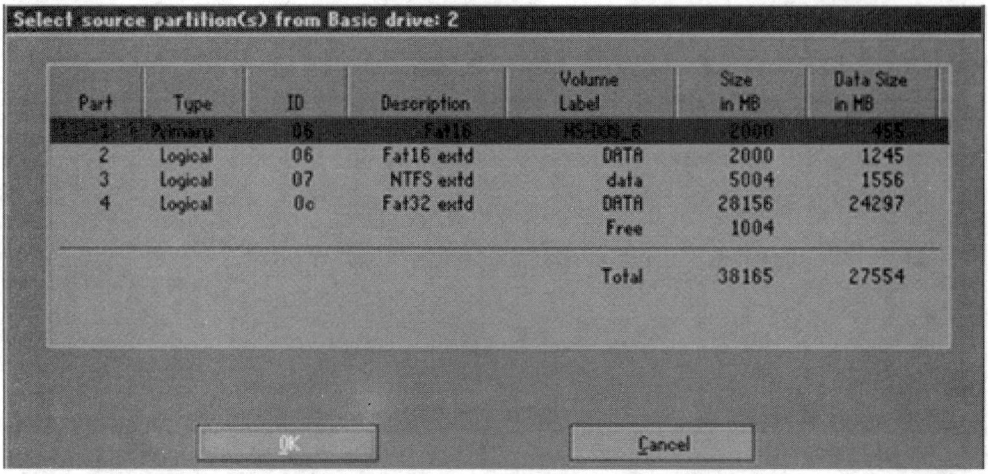

图 5.16　选择需要备份的分区

提示：为了防止用户误操作，Ghost 还在选择源分区的对话框内显示了源磁盘（即需要备份的分区所的磁盘）内的磁盘分区情况，主要包括分区数量、文件系统类型、卷标以及分区容量等信息。

（5）设置分区后，还需要设置 Ghost 镜像文件（即备份文件）的文件名，以及保存位置。可在弹出对话框的 File name 文本框内输入镜像文件名，并单击 Look in 下三角按钮更改镜像文件的保存位置，完成后单击“Save”按钮，如图 5.17 所示。

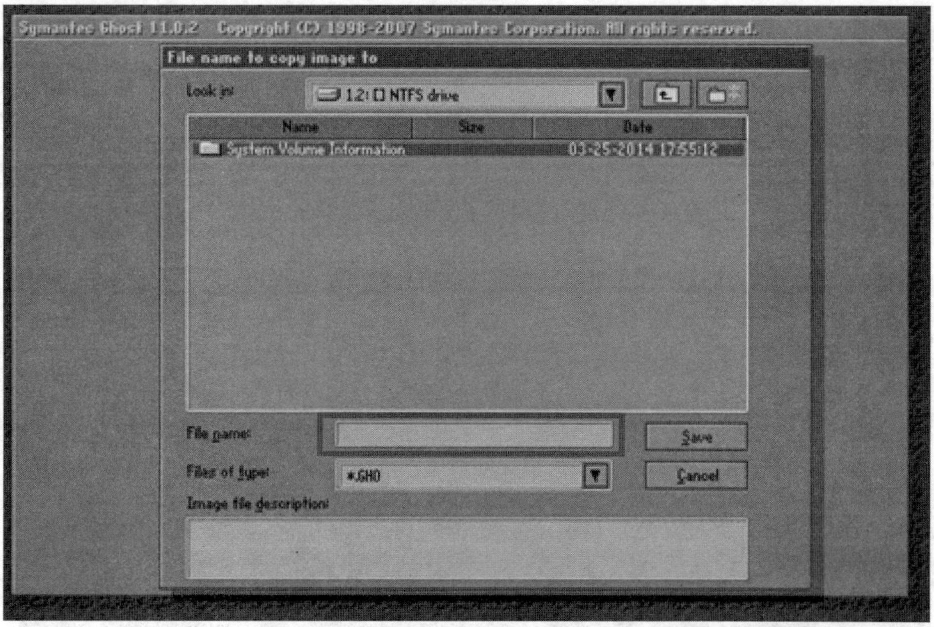

图 5.17　文件命名

（6）设置镜像文件，Ghost 将弹出提示对话框，询问用户是否压缩镜像文件。在该提示对话框中，Ghost 提供了如下 3 种压缩模式，如图 5.18 所示。

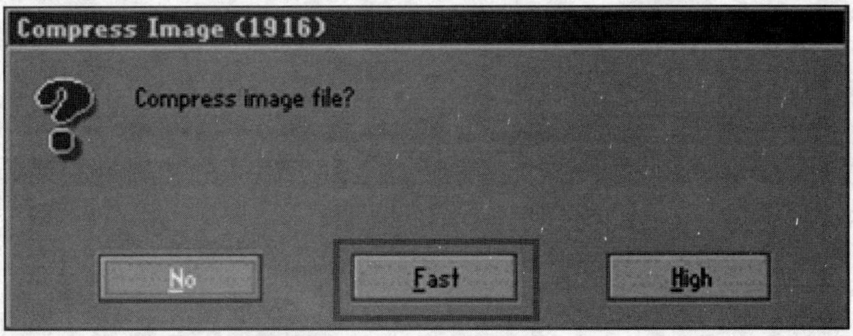

图 5.18　压缩模式

① NO（不压缩），非压缩模式生成的镜像文件较大，但由于备份过程中不需要进行数据压缩，因此备份速度较快。

② Fast（快速压缩），快速压缩模式生成的镜像文件小于非压缩模式下的镜像文件，但备份速度稍慢。

③ High（高比例压缩），高比例压缩模式能够生成最小的镜像文件，但由于备份需要进行复杂的压缩运算，因此备份速度最慢。

在这里可单击“Fast”按钮，选择快速压缩模式。

（7）在弹出的对话框中，Ghost 将会确认是否进行备份操作，直接单击“Yes”按钮即可，如图 5.19 所示。

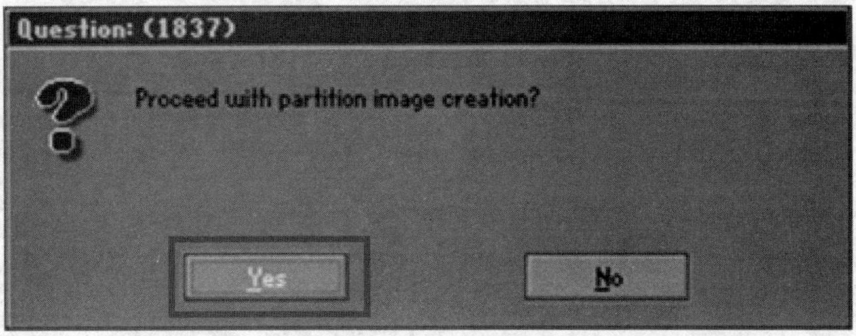

图 5.19　创建镜像文件

（8）此时，Ghost 将开始备份 Windows XP 所在的系统分区，并制作 Ghost 镜像文件，如图 5.20 所示。

（9）备份完成后，Ghost 将弹出提示对话框，单击“Continue”按钮完成此次备份操作，如图 5.21 所示。

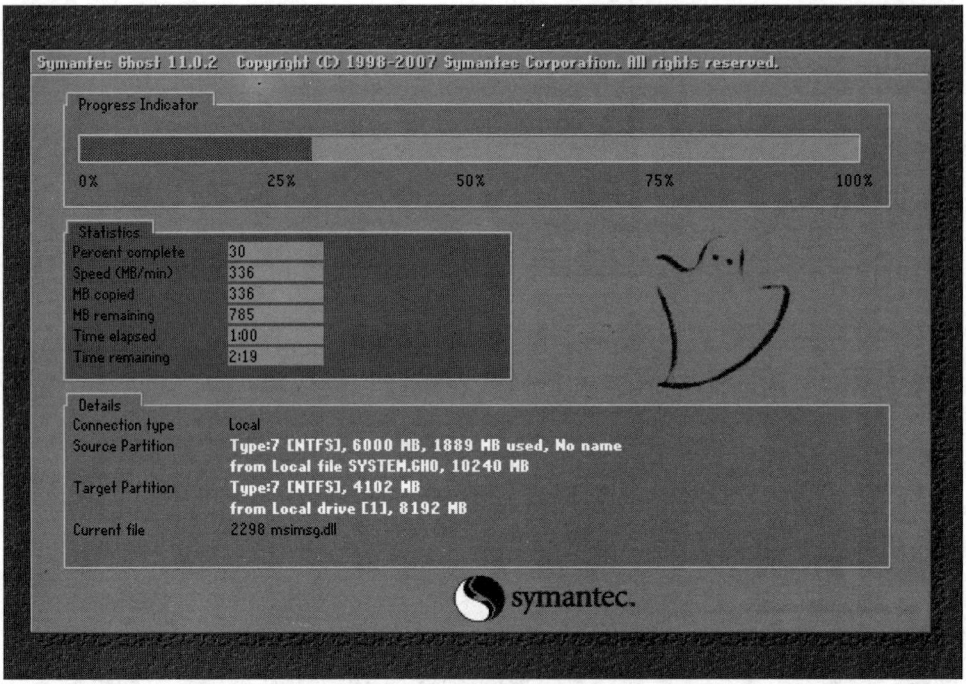

图 5.20 镜像制作过程

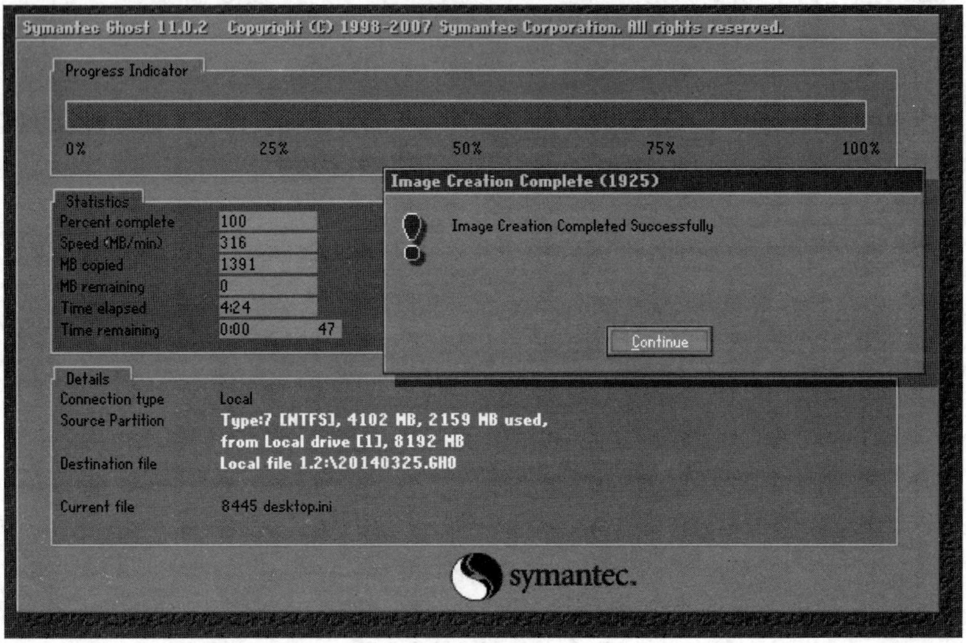

图 5.21 创建成功

2. 还原操作系统

当用户对操作系统进行备份后，便可以在系统发生崩溃时，将操作系统迅速恢复至备份前的状态，从而降低操作系统故障对用户工作产生的影响。下面将通过还原镜像文件内分区数据的操作，达到还原 Windows XP 操作系统的目的，具体操作步骤如下：

（1）启动 Ghost 程序后，执行 Local Partition From Image 命令，开始进行从镜像文件进行还原的操作，如图 5.22 所示。

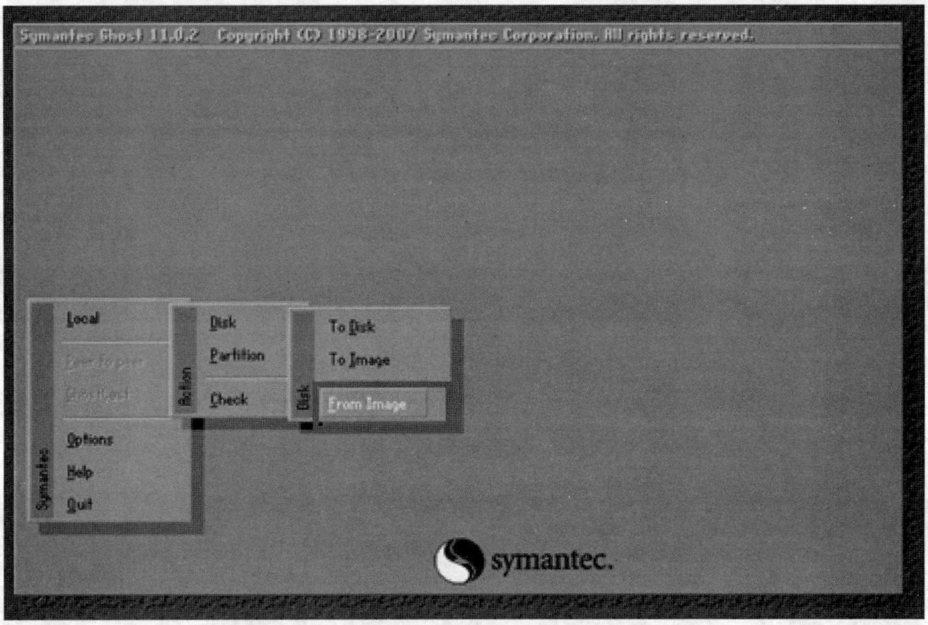

图 5.22　还原系统命令

（2）在弹出的对话框中，单击 Look in 下三角按钮，打开 Ghost 镜像文件的保存位置，并选择镜像文件，如图 5.23 所示。

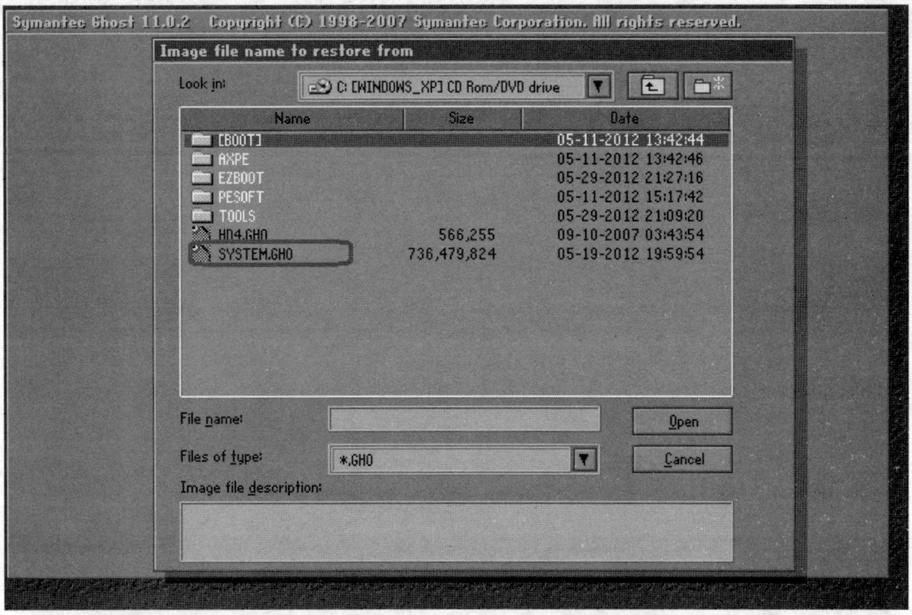

图 5.23　选择备份文件

（3）此时，Ghost 将在弹出的对话框内显示镜像文件的信息，包括文件系统系统、卷标以及分区容量信息，如图 5.24 所示。此处单击“OK”按钮即可。

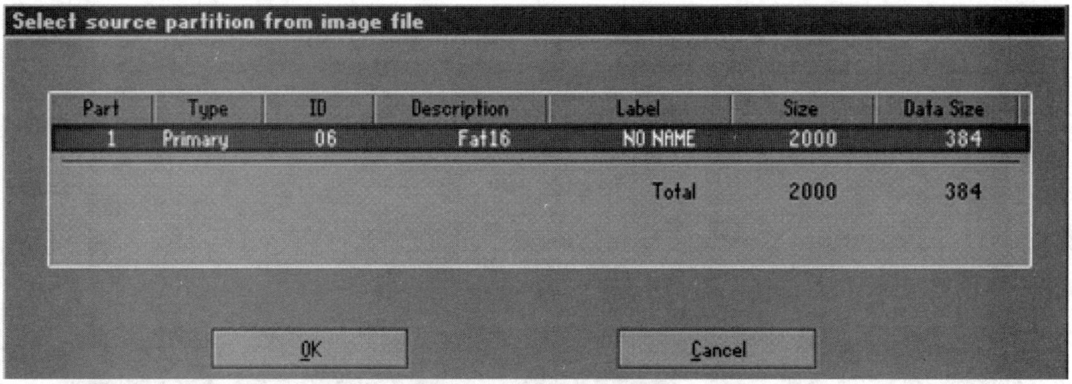

图 5.24　确认镜像

（4）在弹出的对话框内，需要选择目标分区（即需要进行恢复的分区）所在的磁盘。由于当前计算机内只安装了一块硬盘，因此单击“OK”按钮即可，如图 5.25 所示。

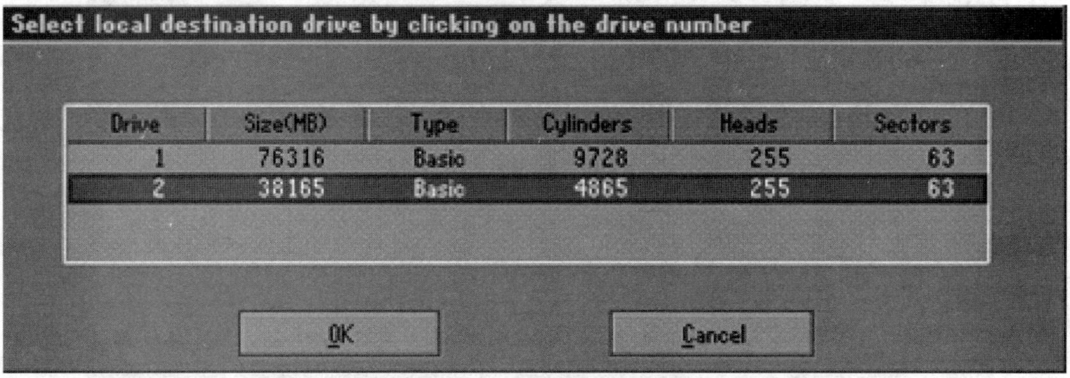

图 5.25　选择硬盘

（5）选择目标磁盘后，便要选择目标分区。在弹出的对话框中，选择 Windows XP 所在的 NFST 文件系统分区，并单击“OK”按钮，如图 5.26 所示。

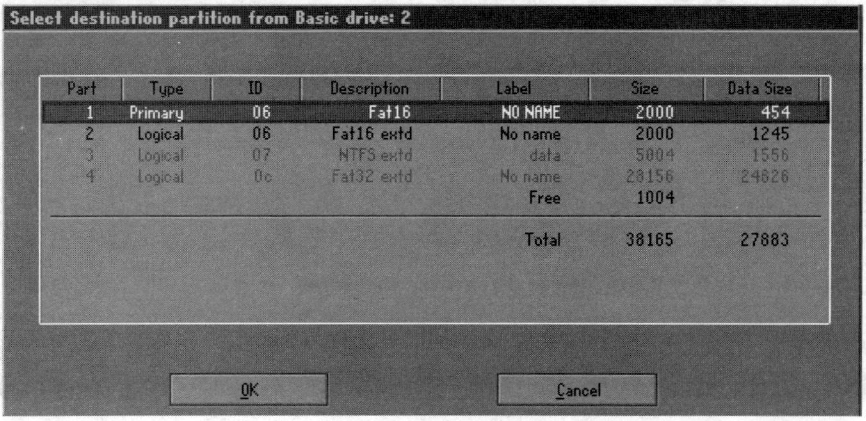

图 5.26　选择分区

（6）在弹出的对话框中，单击“Yes”按钮，即可开始进行还原操作，如图 5.27 所示。

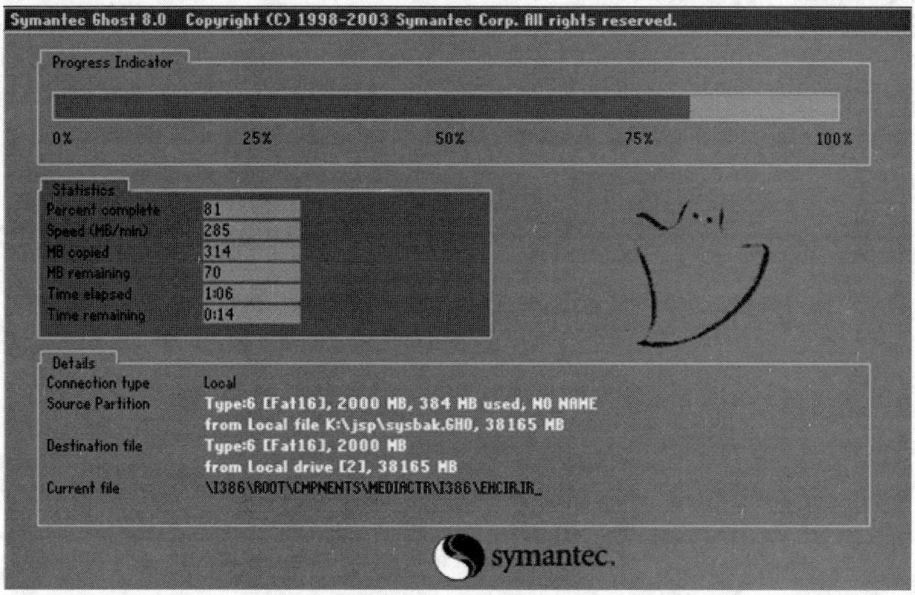

图 5.27　系统还原过程

（7）恢复操作完成后，Ghost 会弹出提示信息对话框。在该对话框中，单击“Continue”按钮，即可退出 Ghost 程序并重新启动计算机，如图 5.28 所示。

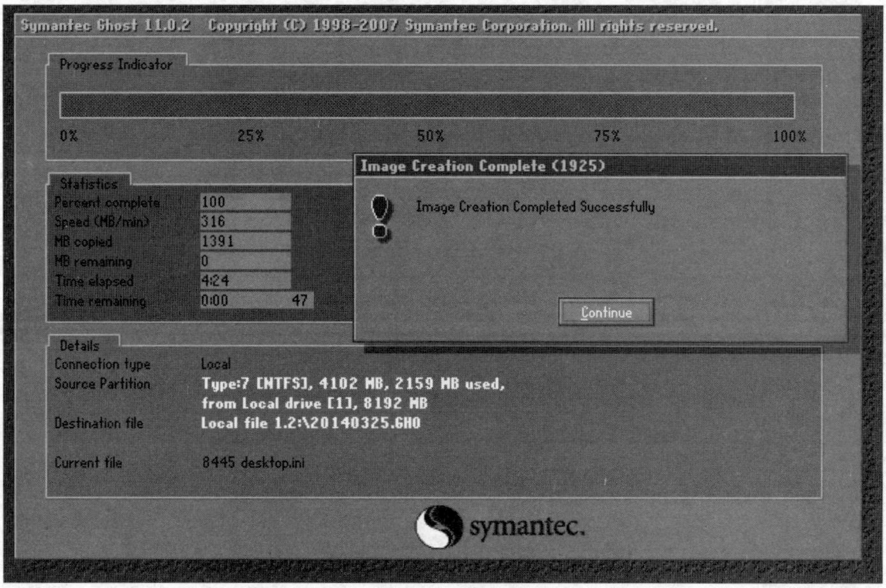

图 5.28　系统恢复成功

【课堂实践】

（1）使用 Ghost 操作系统备份。

（2）使用 Ghost 操作系统还原。

【课外拓展】

Windows 7 系统自带系统备份功能，其映像、备份功能略有不同。映像是整个分区的备份，而系统备份是备份系统文件和重要文件，这里我们讲一下系统备份功能的操作。操作步骤如下：

（1）打开控制面板，单击“备份和还原”，选择设置备份，如图 5.29 所示。

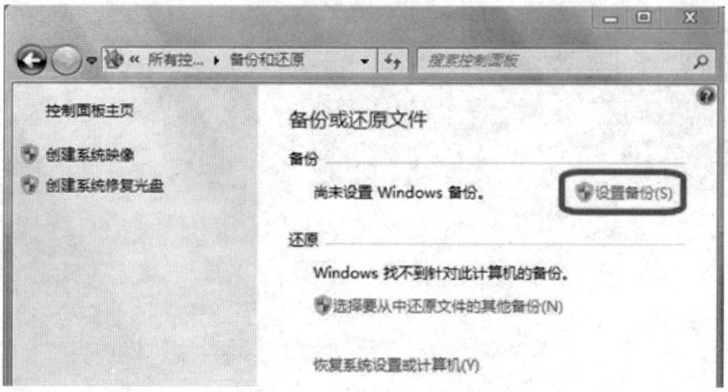

图 5.29　设置备份步骤阅读

（2）弹出提示，耐心等待完成，如图 5.30 所示。

图 5.30　启动备份步骤阅读

（3）选择备份位置，任何超过 1 G 的磁盘以及 DVD 刻录机会显示在此，如图 5.31 所示。

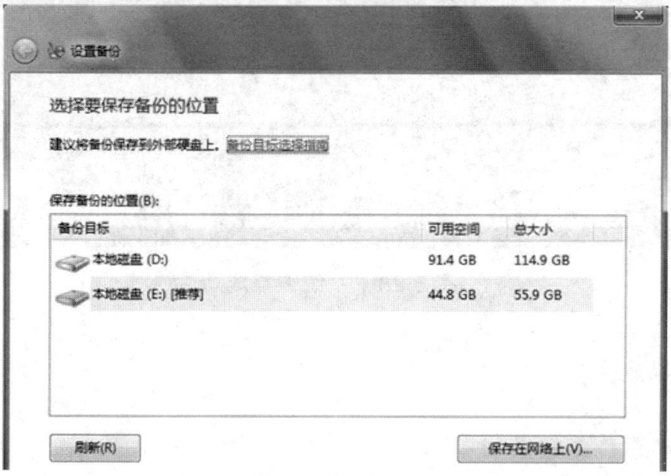

图 5.31　选择备份位置

（4）提示备份内容，可以让 Windows 选择或自行选择，如图 5.32 所示。

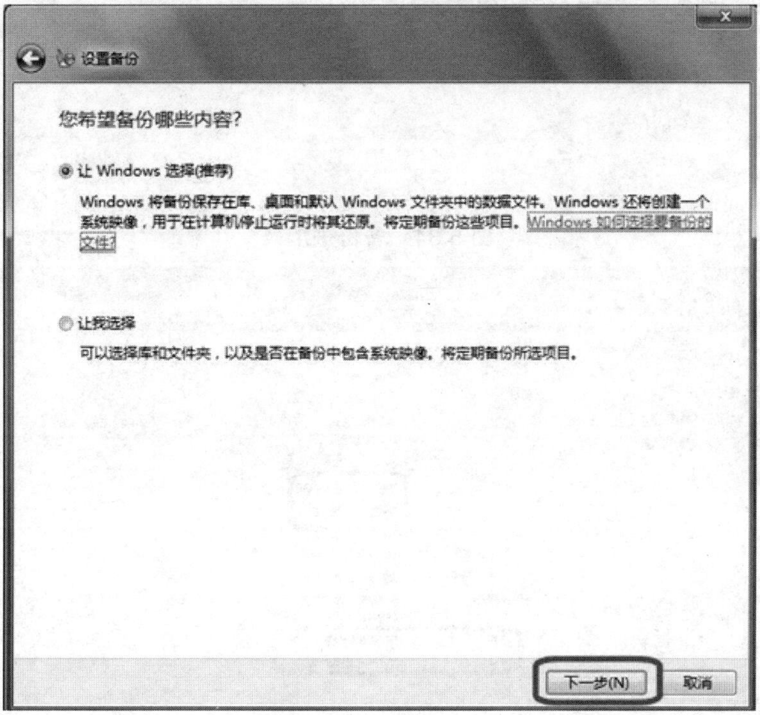

图 5.32　选择备份内容

（5）点击“下一步”后出现备份信息，点击“保存设置并运行备份”，如图 5.33 所示。

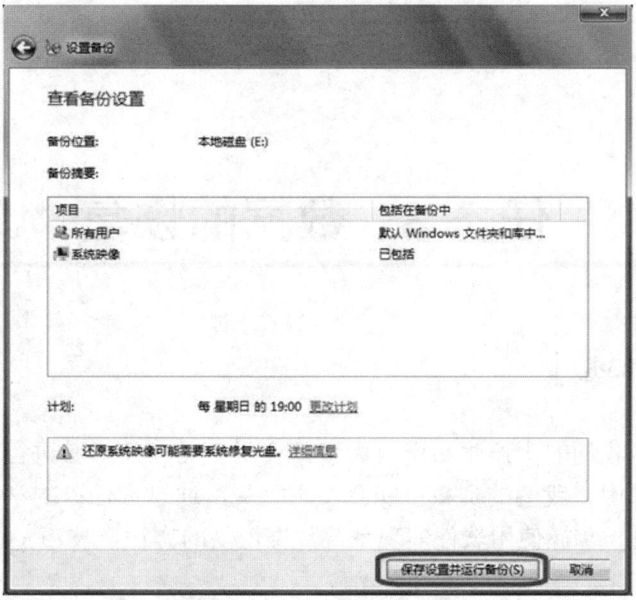

图 5.33　保存并启动备份

（6）可以看到备份的进度条，请耐心等待，如图 5.34 所示。

备份完成，显示备份大小。此时可以管理备份空间，更改计划设置等。至此，本地备份完成，如图 5.35 所示。

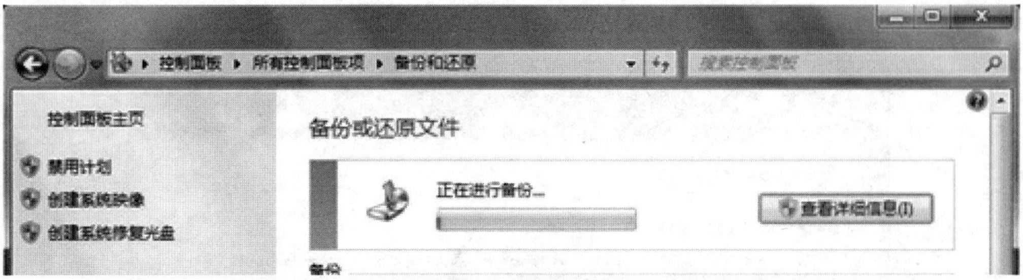

图 5.34　备份进度条

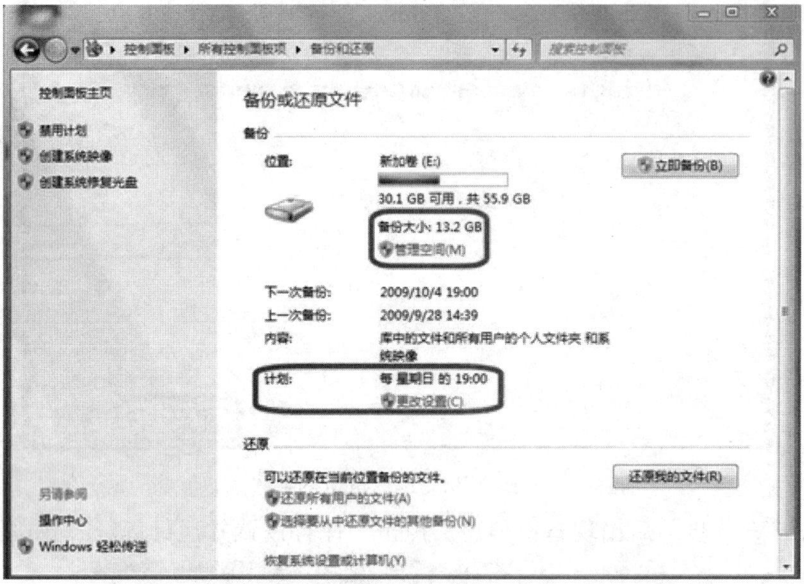

图 5.35　备份大小及时间

任务 3　数据的恢复

【任务描述】

在日常生活中，我们的生产生活资料大多都会用存储介质对其进行保存，然而由于操作不当、硬件损坏等原因，我们的资料可能会发生丢失。通过本任务的学习，使读者了解数据恢复的方法与重要性，掌握使用软件实现系统数据恢复的方法、技巧。

【任务分析】

本任务的关键点：

(1) 理解数据恢复原理。

（2）会操作数据恢复软件。

【预备知识】

电子数据恢复，是指通过技术手段，将保存在台式机硬盘、笔记本硬盘、服务器硬盘、存储磁带库、移动硬盘、U 盘、数码存储卡、MP3 等设备上丢失的电子数据进行抢救和恢复的技术。

删除、格式化等硬盘操作丢失的数据仍然存在于硬盘中，可以恢复，只要掌握了数据恢复原理知识，便可将消失的数据找回来。

【任务实施】

数据恢复的技术研发分为三类：软件修复技术、硬盘开盘与电路维修以及 RAID 磁盘阵列和数据库恢复。

我们以 EasyRecovery 为例：

EasyRecovery 能够帮用户恢复丢失的数据以及重建文件系统。EasyRecovery 不会向原始驱动器写入任何东西，它主要是通过在内存中重建文件分区表来使数据能够安全地传输到其他驱动器中。用户可以从被病毒破坏或是已经格式化的硬盘中恢复数据。该软件可以恢复大于 8.4 GB 的硬盘，支持长文件名。被破坏的硬盘中像丢失的引导记录、BIOS 参数数据块、分区表、FAT 表、引导区都可以由它来进行恢复。

EasyRecovery 扫描速度比较慢，但是效果不错，而且能够修复已经损坏的 Word 和 Zip 等文件。扫描后的结果以单独目录方式显示和恢复（即目录套目录时，会把所有目录平行地显示和恢复），不能做到深层目录的直接恢复。其操作步骤如图 5.36～5.38 所示。

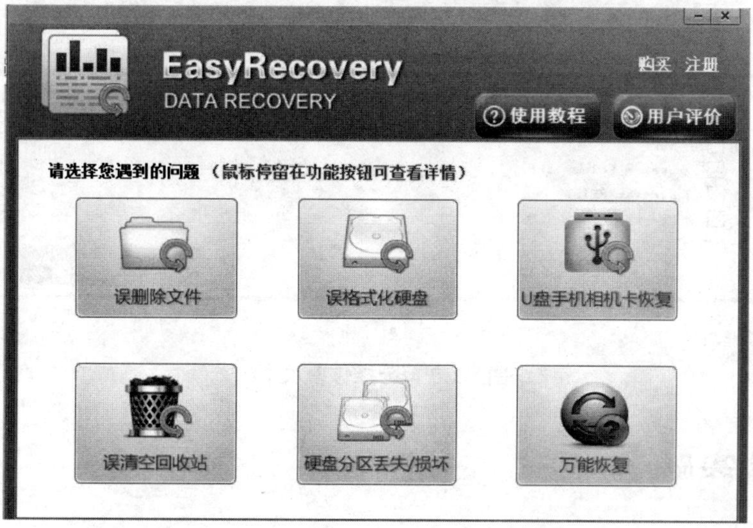

图 5.36　运行软件

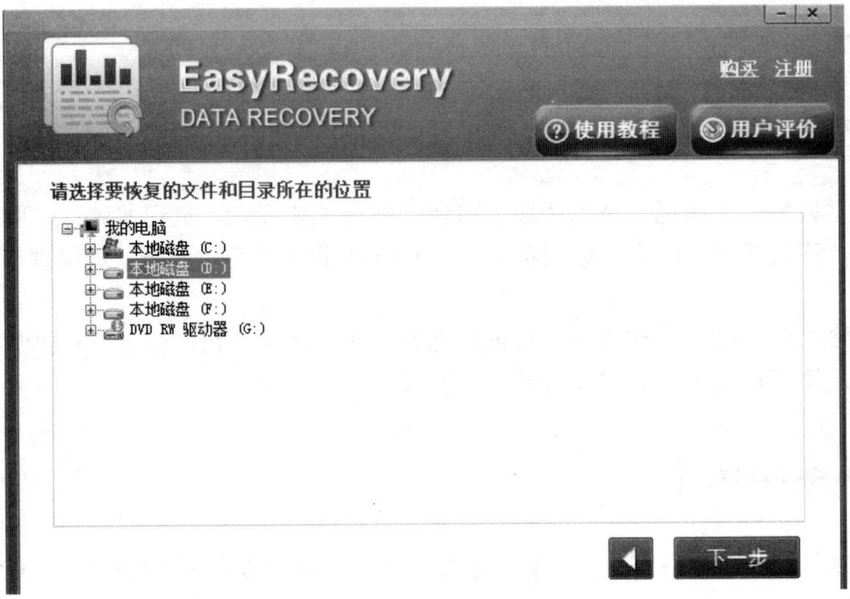

图 5.37　选择恢复分区

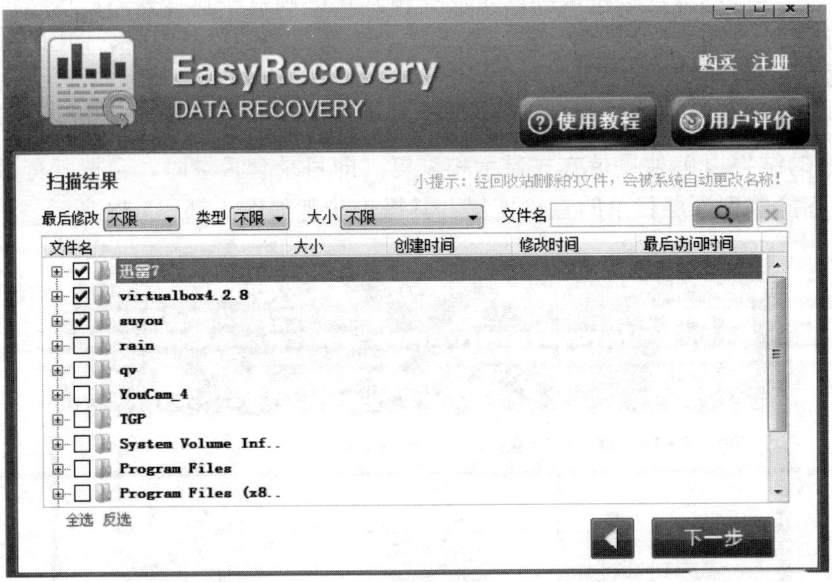

图 5.38　选择恢复文件

【课堂实践】

使用 FinalData 进行数据恢复。

【课外拓展】

关于防止数据丢失的3个方法

1. 永远不要将文件数据保存在操作系统的同一驱动盘上

我们知道大部分文字处理器会将用户创建的文件保存在“我的文档”中，然而这恰恰是最不适合保存文件的地方。对于影响操作系统的大部分电脑问题（不管是因为病毒问题还是软件故障问题），通常唯一的解决方法就是重新格式化驱动盘或者重新安装操作系统，如果是这样的话，驱动盘上的所有数据都会丢失。

另外一个成本相对较低的解决方法就是在电脑上安装第二个硬盘，当操作系统被破坏时，第二个硬盘驱动器不会受到任何影响，如果还需要购买一台新电脑时，这个硬盘可以安装在新电脑上，而且这种硬盘安装非常简便。

还有一个很好的选择，就是购买一个外接式硬盘，外接式硬盘操作更加简便，可以在任何时候用于任何电脑，而只需要将它插入USB端口或者FireWire端口。

2. 定期备份文件数据，不管它们被存储在什么位置

将文件全部保存在操作系统是不够的，应该将文件保存在不同的位置，并且需要创建文件的定期备份，这样我们就能保障文件的安全性，不管备份是否会失败：光盘可能被损坏，硬盘可能遭破坏，软盘被清除等原因。如果想要确保能够随时取出文件，那么可以考虑进行二次备份，如果数据非常重要的话，甚至可以考虑在防火层保存重要的文件。

3. 提防用户错误

事实上，很多时候是因为我们自己的问题而导致数据丢失。可以考虑利用文字处理器中的保障措施，例如版本特征功能和跟踪变化。用户数据丢失最常见的情况就是当他们在编辑文件的时候，意外地删除掉某些部分，那么在文件保存后，被删除的部分就丢失了，除非你启用了保存文件变化的功能。

如果觉得那些功能麻烦，那么建议在开始编辑文件之前将文件另存为不同名称的文件，这个办法不像其他办法一样组织化，不过能起到很好的预防作用，但能够解决数据丢失的问题。

任务4 杀毒软件

【任务描述】

（1）了解计算机病毒的概念、特点及常见病毒的种类。

（2）掌握计算机安全防护的方法。

（3）正确使用常见的杀毒软件、防火墙工具。

【任务分析】

本任务的关键点：

（1）认识计算机病毒。

（2）了解计算机病毒工作原理。

（3）会使用杀毒软件。

【预备知识】

杀毒软件（Antivirus Software）用于侦测、移除计算机病毒、计算机蠕虫和特洛伊木马程序。杀毒软件通常含有实时程序监控识别、恶意程序扫描和清除及自动更新病毒数据库等功能，有的杀毒软件附加损害恢复等功能，是计算机防御系统（包含杀毒软件，防火墙，特洛伊木马程序和其他恶意软件的防护及删除程序，入侵防御系统等）的重要组成，如图 5.39 所示。

图 5.39 杀毒软件

2014 年，病毒总体数量比去年同期增长 93.01%，呈现出一个爆发式的增长态势。其中主要以木马和感染型病毒为主，通过盗号、后台数据窃取而进行隐私信息贩售的黑色产业链现已具规模。比特币、电视选秀节目、留学生 QQ 和 Cookie 成为黑客及网络诈骗者重点关注的对象。黑客制作病毒盗取比特币，并控制用户电脑组成僵尸网络。同时，电视选秀节目类钓鱼网站开始在互联网上疯狂传播，为用户的网络生活带来巨大风险。在移动互联网方面，智能手机 APP 暴露出众多安全隐患，既有资费损失，又会丢失个人信息。大量手机病毒传播者使用远程控制的手法，在中毒手机上安装推广软件、后台订购付费服务、窃取用户手机里的个人信息，如图 5.40 所示。

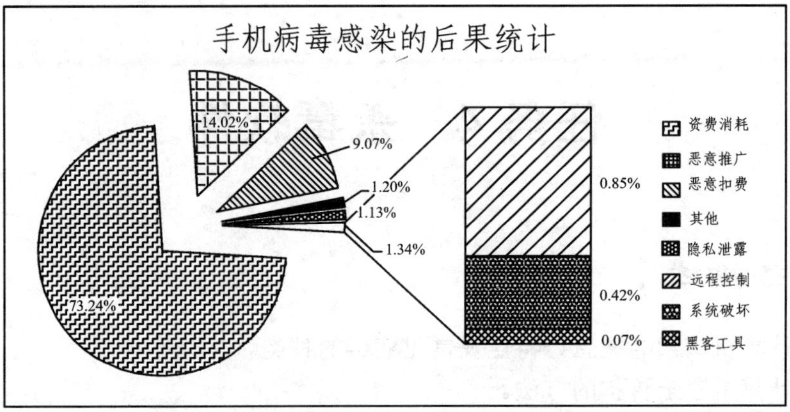

图 5.40 手机病毒

杀毒软件就是一个信息分析的系统，它监控所有的数据流动（包括：内存—硬盘网络—内存网络—硬盘），当它发现某些信息被感染后，就会清除其中的病毒。信息的分析（或扫描）方式取决于其来源，杀毒软件在监控光驱、电子邮件或局域网间数据移动时，工作方式是不同的。

杀毒软件主要负责监控内存及文件。内存监控：当发现内存中存在病毒的时候，就会主动报警；监控所有进程；监控读取到内存中的文件；监控读取到内存的网络数据。文件监控：当发现写到磁盘上的文件中存在病毒，或者是被病毒感染，就会主动报警。

全球知名杀毒软件：俄罗斯的卡巴斯基、罗马尼亚的 BitDefender、德国的 G Data、芬兰的 F-Secure、斯洛伐克的 ESET NOD32、捷克的 Avast 等。

【任务实施】

360 杀毒是中国使用人数最多的杀毒软件，也是迄今国内唯一包揽 AV-C、AV-TEST、VB100、CheckMark、ICSA、OPSWAT 等各大国际评测“全满贯”的杀毒软件。与 4.0 版相比，5.0 正式版启用了全新的产品界面，引入了更为丰富的交互方式。

（1）360 杀毒软件安装，如图 5.41 所示。

图 5.41　安装 360 软件

（2）操作 360 杀毒软件主界面，如图 5.42 所示。

图 5.42　360 杀毒软件界面

（3）设置 360 杀毒软件，如图 5.43 所示。

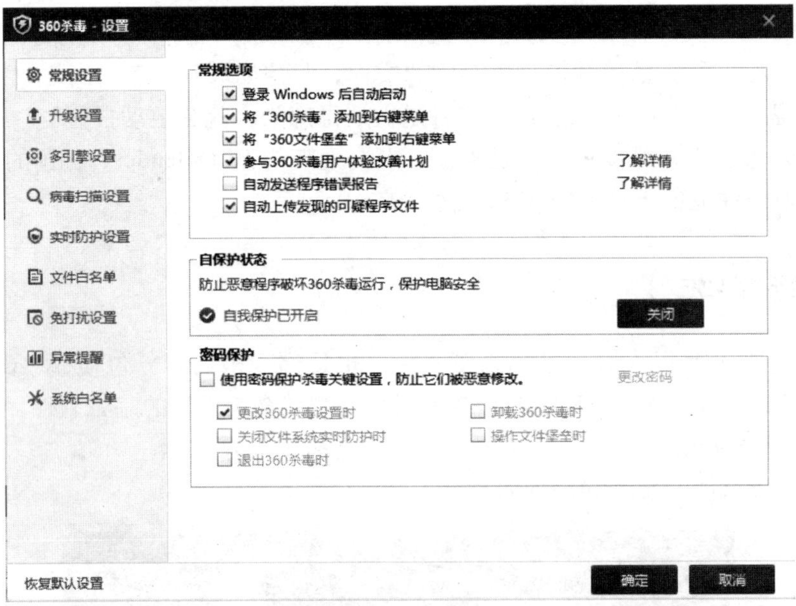

图 5.43　360 杀毒软件设置界面

（4）使用 360 杀毒软件杀毒，如图 5.44 所示。

图 5.44　360 杀毒软件杀毒界面

【课堂实践】

通过杀毒软件的学习，完成360杀毒软件“功能大全”选项卡里面的操作，如图5.45所示。

图5.45　杀毒软件功能大全

【课外拓展】

你应该知道的杀毒软件常识

（1）杀毒软件不可能查杀所有病毒。

（2）杀毒软件能查到的病毒，不一定能杀掉。

（3）一台电脑每个操作系统下不能同时安装两套或两套以上的杀毒软件（除非有兼容或绿色版，现在其实很多杀软兼容性很好，国产杀毒软件几乎不用担心兼容性问题），另外建议查看不兼容的程序列表。

（4）杀毒软件目前对被感染的文件杀毒有多种方式：

① 清除：清除被蠕虫感染的文件，清除后文件恢复正常。相当于如果人生病，清除是给这个人治病，删除是人生病后直接杀死。

② 删除：删除病毒文件。这类文件不是被感染的文件，本身就含毒，无法清除，可以删除。

③ 禁止访问：禁止访问病毒文件。在发现病毒后用户如选择不处理则杀毒软件可能将病毒禁止访问。用户打开时会弹出错误对话框，内容是“该文件不是有效的Win32文件”。

④ 隔离：病毒删除后转移到隔离区。用户可以从隔离区找回删除的文件。隔离区的文件不能运行。

⑤ 不处理：不处理该病毒。如果用户暂时不知道是不是病毒，可以暂时先不处理。

大部分杀毒软件是滞后于计算机病毒的。所以，除了及时更新升级软件版本和定期扫描的同时，还要注意充实自己的计算机安全以及网络安全知识，做到不随意打开陌生的文件或者不安全的网页，不浏览不健康的站点，注意更新自己的隐私密码，配套使用安全助手与个人防火墙等。这样才能更好地维护好自己的电脑以及网络安全。

任务 5　硬盘、内存检测

【任务描述】

学习“预备知识”所述内容，练习硬盘和内存检测工具的使用方法。

【任务分析】

本任务的关键点：

（1）了解硬盘和内存出现问题导致 Ghost 安装的中断，不能正确地复制文件。

（2）掌握硬盘分区出现问题可以导致 Ghost 不能正确地认出硬盘及硬盘和内存检测工具的使用方法。

（3）了解 RST 内存检测软件的使用方法。

【预备知识】

硬盘分区而出现错误提示或者是硬盘有坏道，数据在复制到坏道的过程中由于不能正确地复制而导致出现一些常见的错误提示，从而导致 Ghost 安装的中断，如果怀疑硬盘出现问题可以先对硬盘进行重新分区看能否解决问题，如果重新分区后仍不能解决问题，那么可以用专业的硬盘检测工具对硬盘进行检测，看有无坏道。

【任务实施】

1. 硬盘的扫描

硬盘的扫描大多采用 MHdd29，下面我们以 MHdd29 为例进行讲解。

放入工具盘，从 DOS 工具箱启动，如图 5.46 所示。

图 5.46 启动 DOS 工具箱

在 DOS 下运行 Mhdd29：输入命令 Mhdd29，按回车，出现主界面，如图 5.47 和 5.48 所示。

图 5.47 启动 Mhdd29

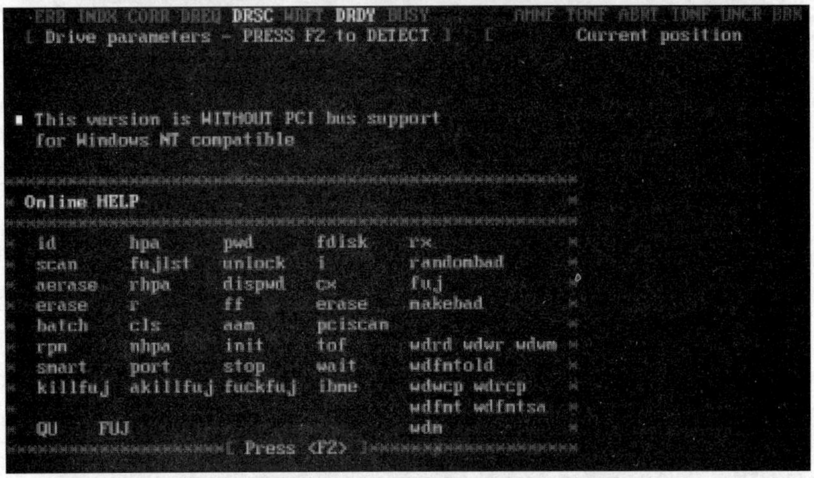

图 5.48 Mhdd29 主界面

主界面列出了 Mhdd 的所有命令，下面主要讲解 Mhdd 的几个常用命令。

PORT；ID；SCAN；HPA；RHPA；NHPA；PWD；UNLOCK；DISPWD；ERASE；AERASE；STOP。

（1）输入命令 PORT（热键是“Shift+F3”），按回车。这个命令的意思是扫描 IDE 口上的所有硬盘，如图 5.49 所示。

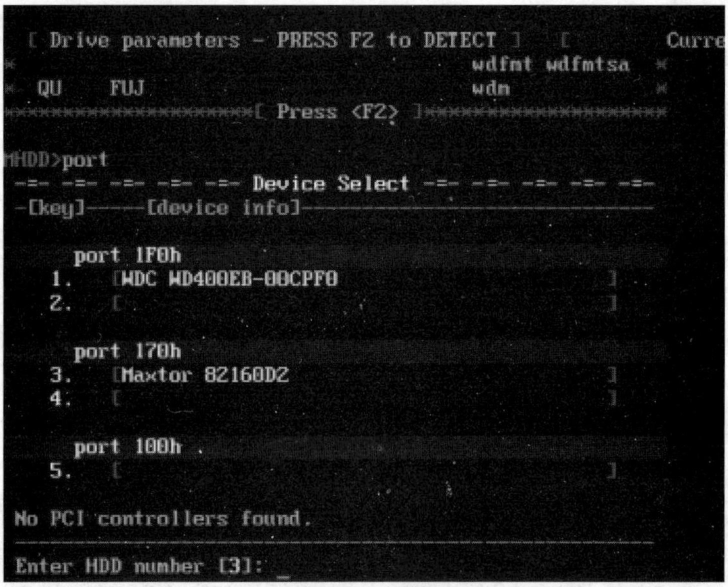

图 5.49　PORT 命令效果

现在能看到有两个硬盘，一个是西数 40 G，一个是迈拓 2 G。（说明：1、2 是接在 IDE1 口上的主从硬盘，3、4 是接在 IDE2 口上的主从硬盘，5 是接在 PC3000 卡上的。如果我们要修的硬盘接在 PC3000 上，就会在这里显示）。下面是选择要修哪个硬盘，输入 3，回车，如图 5.50 所示。

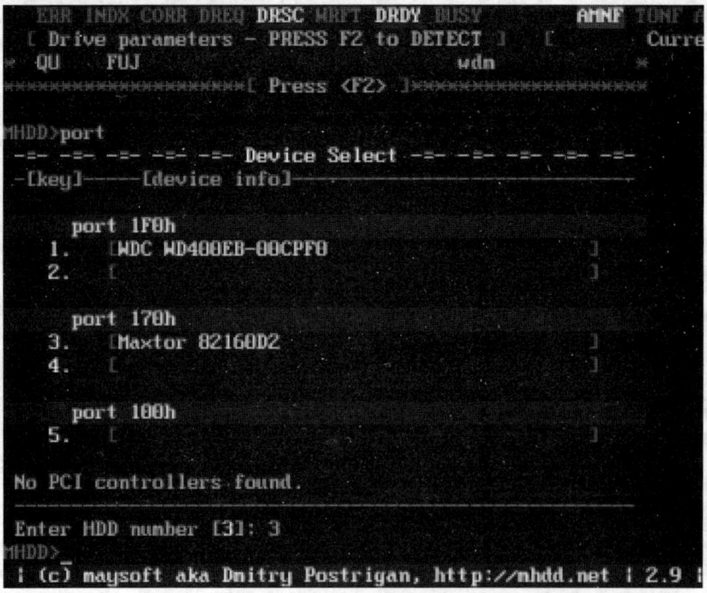

图 5.50　选择硬盘

（2）输入命令 ID（以后直接按“F2”也可以）回车，显示当前选择的硬盘的信息，如图 5.51 所示。

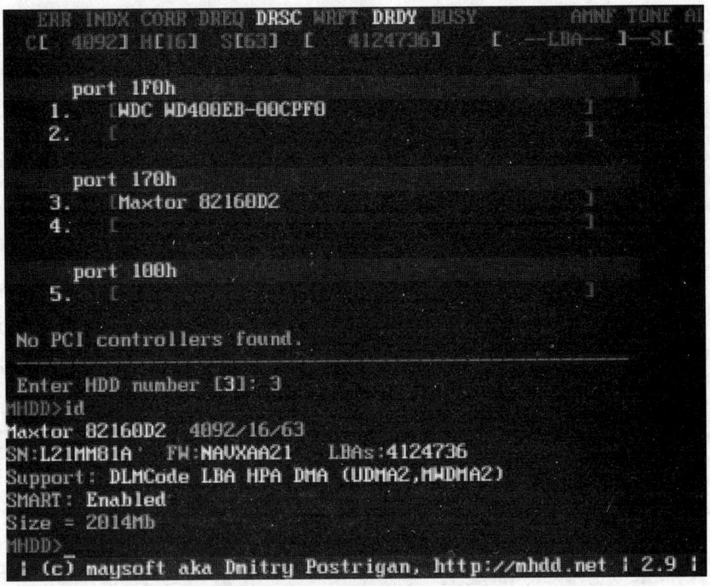

图 5.51　ID 命令

（3）输入命令 SCAN（热键：F4），回车。这个命令的意思是扫描硬盘，共有 12 行要修改的参数，如图 5.52 所示。

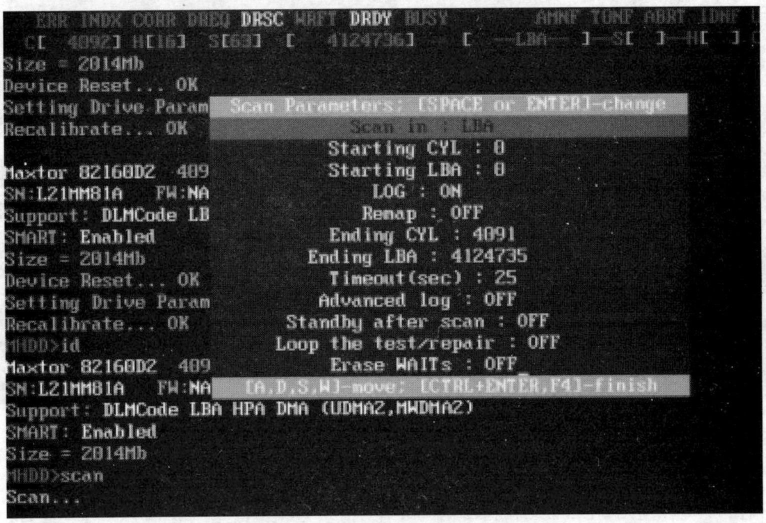

图 5.52　SCAN 命令

① 选择扫描方式：LBA/CHS 建议选择 LBA 方式扫描，CHS 只对 500 M 以下的老式硬盘有效。

② 设定开始的柱面值（一般不用）。

③ 设定开始的 LBA 值（常用，按空格键输入新的 LBA 值）。

④ 是否写入日志：ON/OFF（建议打开）。

⑤ 是否地址重映射：ON/OFF 是否修复坏扇区（如果打开这一项，可以不破坏数据修坏

道。此项与第 12 项不能同时打开)。

⑥ 设定结束的柱面(一般不用)。

⑦ 设定结束的 LBA 值(常用)。

⑧ 设定超时值(秒):25 Erase WAITS 的时间默认为 250 毫秒,数值可设置范围为 10～10 000。此数值主要用来设定 Mhdd 确定坏道的读取时间值(即读取某扇区块时如果读取时间达到或超过该数值,就认为该块为坏道,并开始试图修复),一般情况下更改此数值不要太大也不要太小,否则会影响坏道的界定和修复效果。

⑨ 是否写入高级日志:ON/OFF(此项被禁用)。

⑩ 扫描完后是否关闭电机:ON/OFF(扫描结束后关闭硬盘马达,这样即可使 SCAN 扫描结束后,电机能够自动切断供电,但主板还是加电的。适合无人值守状态,一般不用)。

⑪ 是否循环测试,修复:ON/OFF(如果此项为 ON,当第一次扫描结束后,就会再次从开始的 LBA 到结束的 LBA 重新扫描修复,如此循环)。

⑫ 是否删除等待:ON/OFF(此项与第五项不能同时打开,此项主要用于修复坏道,而且修复效果要比 REMAP 更为理想,尤其对 IBM 硬盘的坏道最为奏效,但要注意被修复的地方的数据是要被破坏的,因为 EraseWAITS 的每个删除单位是 255 个扇区)。

以上 12 个参数如果要修改,都是先按空格键。一般情况下先看看硬盘什么情况,这里直接按"F4"(或者按"Ctrl+Enter")就开始扫描了,如图 5.53 所示。

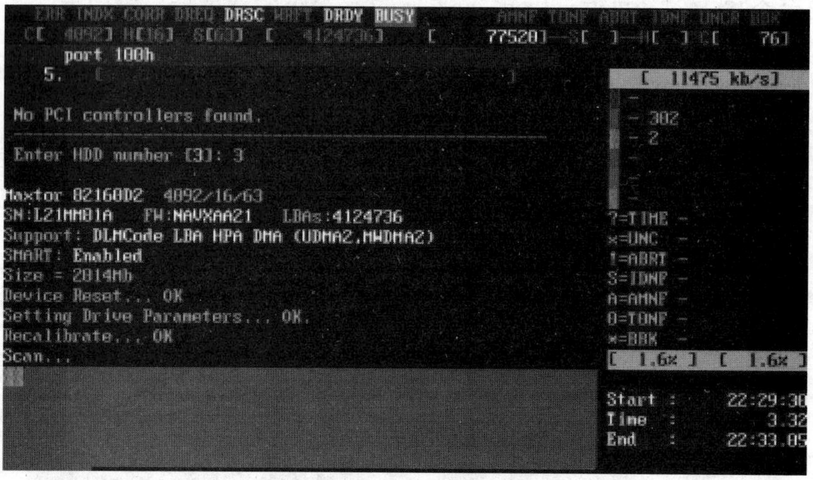

图 5.53　硬盘扫描

屏幕第一行的左半部分为状态寄存器,右半部分为错误寄存器。在屏幕第一行的中间(在 BUSY 和 AMNF 之间)有一段空白区域,如果硬盘被加了密码,此处会显示 PWD;如果硬盘用 HPA 做了剪切,此处会显示 HPA;屏幕第二行的左半部分为当前硬盘的物理参数(虚拟的,当然不会真的有 16 个磁头),右半部分为当前正在扫描的位置;屏幕右下角为计时器,Start 表示开始扫描的时间,Time 表示已消耗的时间,End 表示预计结束的时间,结束后会再显示 Time Count,表示总共耗费了多长的时间;在扫描时,每个长方块代表 255 个扇区(在 LBA 模式下)或 63 个扇区(在 CHS 模式下)。

这里要解释一下 CHS:Cylinder Head Sector 这三个单词的第一个字母组合,意思是柱面、磁头、扇区。LBA 是扇区（线性地址）的意思。

扫描过程可随时按 ESC 键终止；方块从上到下依次表示从正常到异常，读写速度由快到慢。正常情况下，应该只出现第一个和第二个灰色方块，如果出现浅灰色方块（第三个方块），则代表该处读取耗时较多。

① 如果出现绿色和褐色方块（第三个和第四个方块），则代表此处读取异常，但还未产生坏道。

② 如果出现红色方块（第六个，即最后一个方块），则代表此处读取吃力，马上就要产生坏道。

③ 如果出现问号“？”以下的任何之一，则表示此处读取错误，有严重物理坏道，如图 5.54 所示。

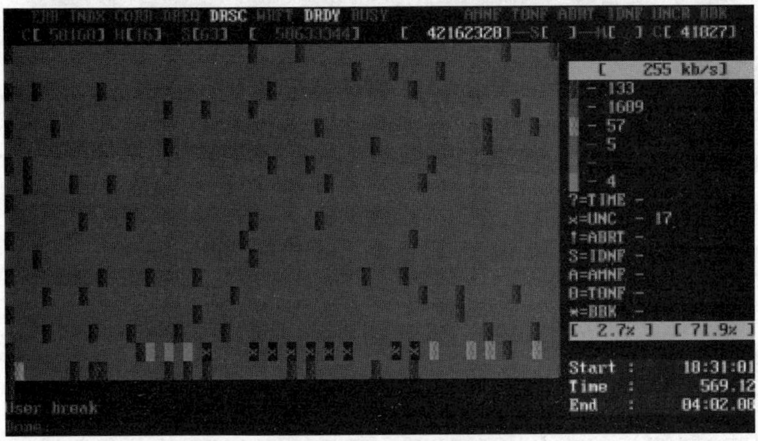

图 5.54 扫描情况

（4）ERASE，即快速擦除命令，有低格和清零的功效，但此命令一点不影响硬盘寿命，有时对坏道和红绿块擦除能起到意想不到的作用。输入命令，按回车，如图 5.55 所示。

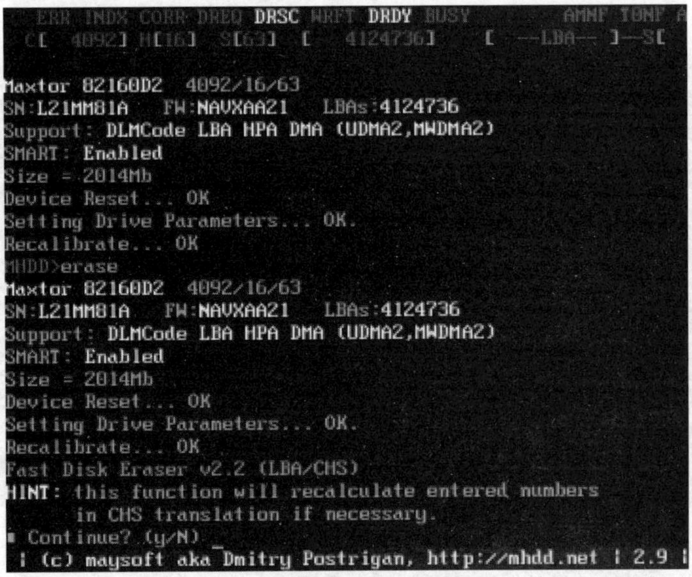

图 5.55 ERASE 命令

问是否继续，输入 Y，输入开始的 LBA 值（就是从哪个地方开始有坏道或红绿块），比如我们输入零，回车，再输入结束的 LBA 地址，我们输入 10000，回车，输入 Y，回车，开始擦除，并显示擦除了多少兆字节，速度非常快，如图 5.56 所示。

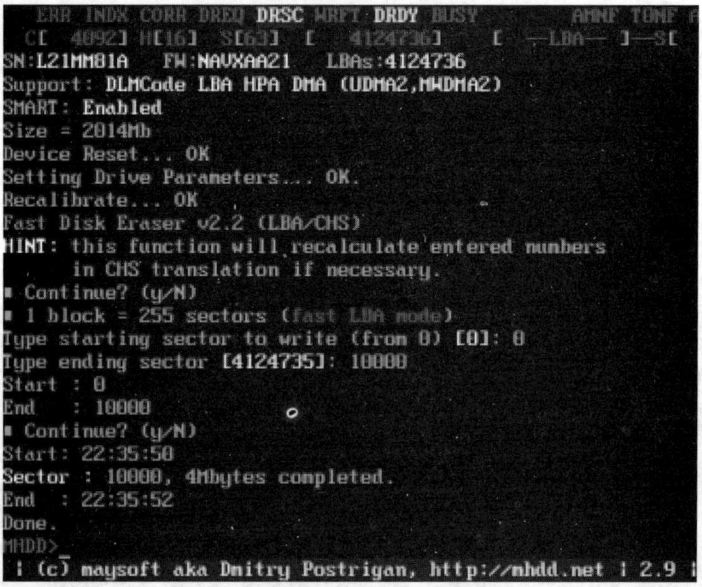

图 5.56　擦除完成

2. 内存常见问题

内存出现问题也能导致 Ghost 恢复过程中死机或者提示不能正确地复制文件，这是由于内存自身的问题导致文件不能正确地传输到硬盘就会在 Ghost 完成后出现 c:\windows\ system 32\xxxx 文件丢失，请重新放入系统安装盘。

内存扫描工具市面上有很多，我们以 Ram Stress Test 为例。

（1）打开内存扫描工具，如图 5.57 所示。

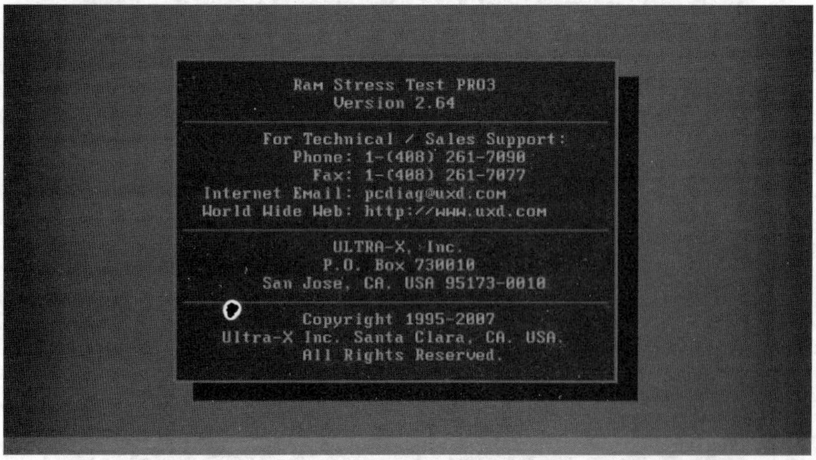

图 5.57　内存扫描工具

（2）启动内存检测，如图 5.58 所示。

图 5.58　内存检测

（3）查看扫描结果，如图 5.59 所示。

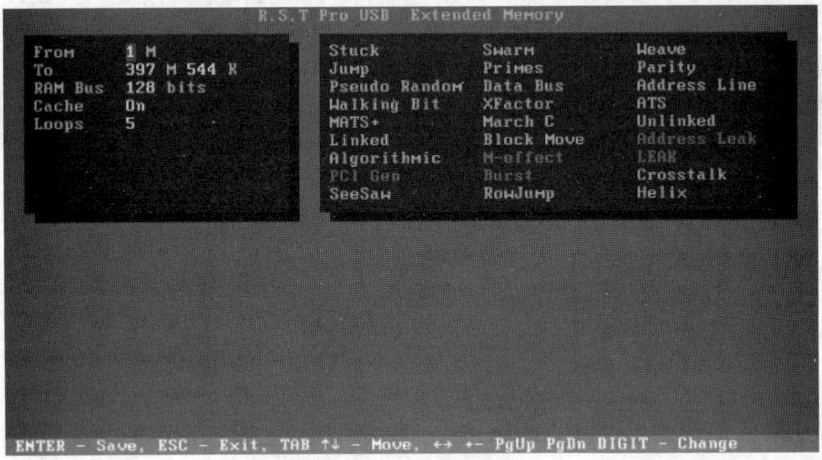

图 5.59　内存扫描

下面是 512 MB 的双面内存，从 256 M 开始区分红色的是 A 面，绿色的是 B 面，如图 5.60 所示。

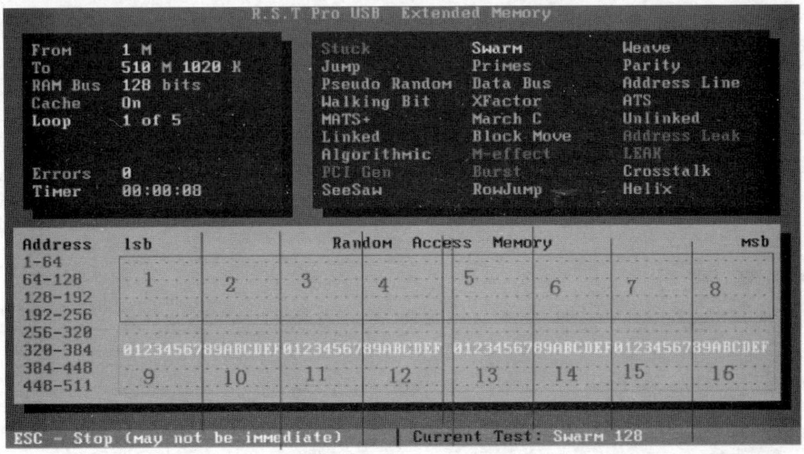

图 5.60　512M 双面内存

图 5.61 中是 128 M 母条带双面 512 M 检测条，1 M～128 M 是母条，128 M～639 M 就是 512 M 的内存条，绿色是内存条的 A 面，红色的是 B 面。

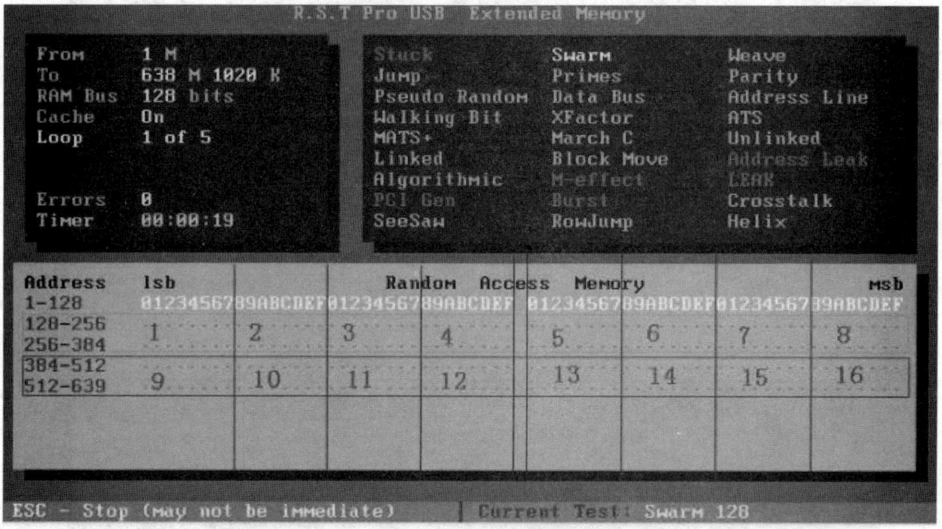

图 5.61　内存扫描结果

3. 注意事项

（1）要求最好用独立显卡主板，如果使用集成显卡，由于有几兆内存会划给显存，所以不能全测到。

（2）检测过程中，软件会回写信息资料，请勿检测过程中拔出。

（3）本软件可选版本 IDE，SATA，电子盘，U 盘，网络 PXE，版定制。

（4）有条件尽量使用频率高的 CPU 进行测试，可以加快测试速度。

① 纠正：R.S.T Pro3 不支持如 2G 16 颗芯片的内存，前 1G 代表正面，后 1G 代表背面的判别逻辑。

② RST 系列软件虽然不支持此上述判别逻辑，但我们可以通过刷写 SPD 的方法，来区分是正面还是反面。

当检测到双面坏位时，将内存烧录一半的容量（此时背面会屏蔽掉，等于没有）再测试，如果 OK 了，说明是背面对应的颗粒坏了；反之则正面。

【课堂实践】

通过检测工具使用方法学习，完成以下操作：

（1）将一台硬盘出现问题的主机进行检测，分析其问题。

（2）练习如何使用检测工具。

【课外拓展】

多认识和了解有关修复和检测的工具和软件，并掌握其使用方法。

任务 6　操作系统密码破解

【任务描述】

使用软件工具破解操作系统的用户密码。

【任务分析】

本任务的关键点：

（1）了解工具软件的破译、绕过口令功能。
（2）使用工具软件绕过、破译、删除用户口令。

【预备知识】

我们在使用计算机过程中，为了保护数据安全，常会设置系统账户登录密码或者是开机启动密码。但有时却会忘记所设密码。

如今电脑软驱早已被光驱所取代。随着主板的支持，U 盘启动逐渐成为一种趋势。因此，我们可到网上搜索下载，如深度、电脑公司等系统装机版，其内都集成了 DOS 和 PE 工具（注意校验 MD5 码），然后制作成光盘或 U 盘方式的启动盘以备用。

【任务实施】

下面以 XP 系统为例，讲解行之有效的在各种状态下对应破解密码的方法。

1. 破解系统管理员登录密码

采用设置为系统管理员密码方式的用户较多。当电脑启动进入系统时会弹出输入密码的提示框，如图 5.62 所示。

运行系统工具光盘到菜单，选择运行“系统登录密码破解”项（有的 PE 内也带有清除密码的工具，甚至可以重置密码），如图 5.63 所示。

图 5.62　密码登录框

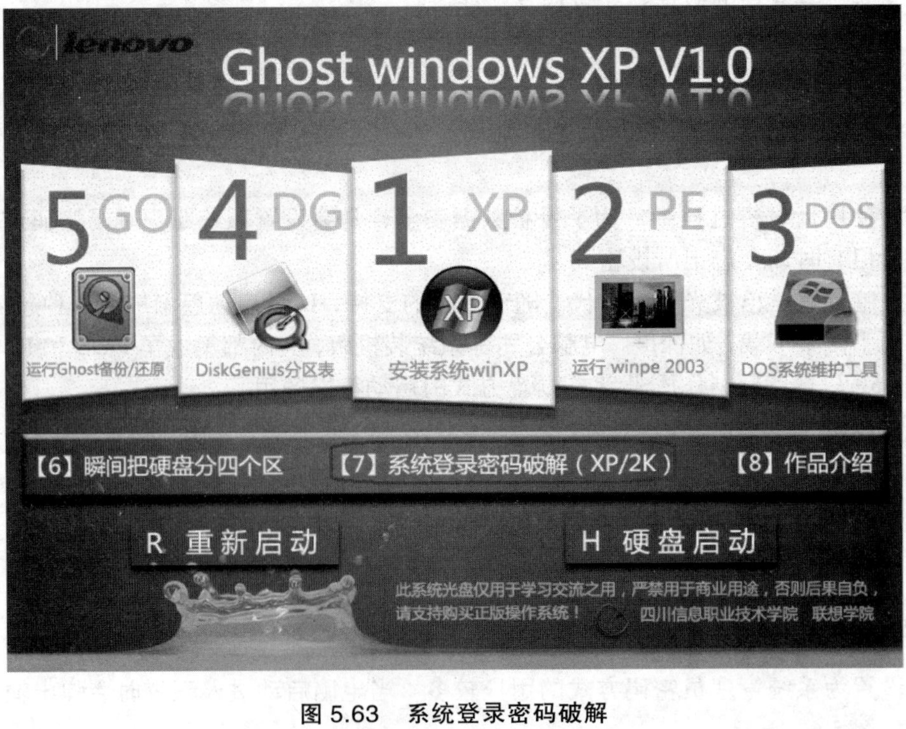

图 5.63　系统登录密码破解

在“请输入序号”后敲入“2”自动在所有硬盘和分区上搜索 SAM 文件，回车，会自动显示出 SAM 文件所在的位置，回车继续，如图 5.64 所示。

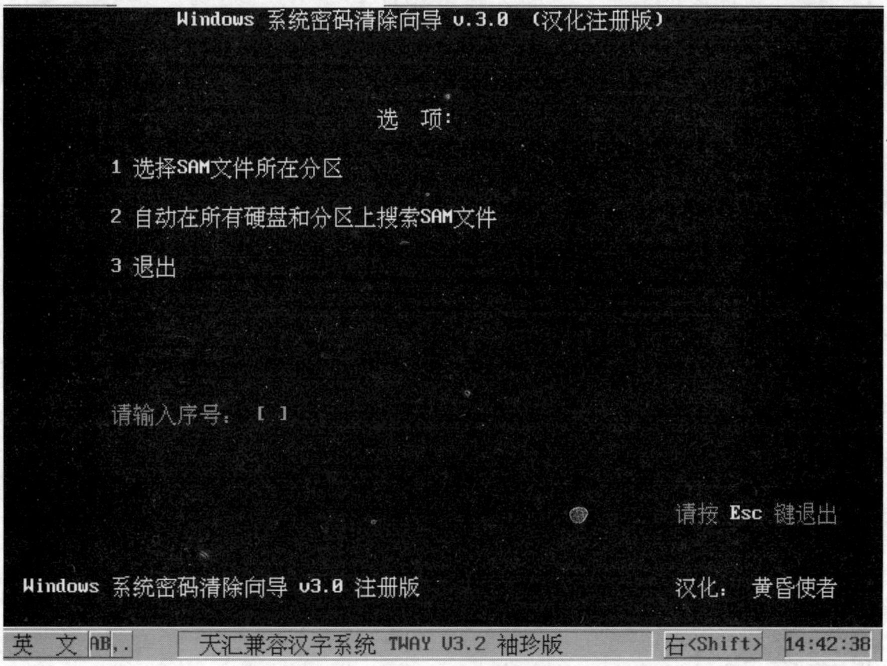

图 5.64　自动搜索

选择输入要清除的用户序列号，如我们这里选择 Administrator [0]，回车，如图 5.65 所示。

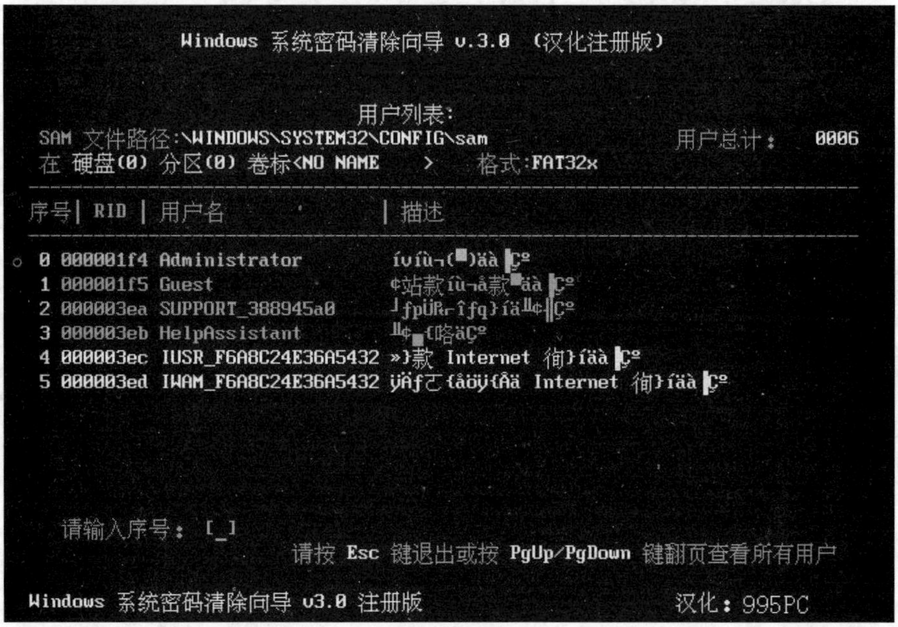

图 5.65　选定用户破解

按空格选中“清除此用户密码”，之后按“Y”保存更改。然后重启计算机密码清除成功。

注意：光盘带有这种功能其实就是一种写好的批处理文件（.bat）刻成盘，当然也可以自己编写。

2. 破解 BIOS 设置密码（即设置了 SETUP 密码）

我们如果忘了 SETUP 密码就设置不了 BIOS。这时，可进入 DOS，运行 DEBUG 编辑器来清除 BIOS 密码。在 DOS 命令提示符状态下输入命令：DEBUG，即可进入 DEBUG 编辑界面。

在命令符状态下输入命令行后，重新启动电脑即可清除 CMOS 密码。下面给出五个清除 CMOS 密码的命令行。

方法一	方法二	方法三	方法四	方法五
-o 70 16	-o 70 11	-o 70 10	-o 70 23	-o 70 10
-o 71 16	-o 71 ff	-o 71 10	-o 71 34	-o 71 ff
-q	-q	-q	- q	-q

重新启动电脑，将会出现诸如“CMOS Checksum Error-DeFaults Loaded”，那就是提示你 CMOS 检测出错，请重新设置其内容，这时你只需进入 BIOS 设置程序，选择主菜单中的“LOAD BIOS DEFAULT”（装入 BIOS 缺省值）或“LOAD SETUP DEFAULT”（装入设置程序缺省值），然后重启电脑即可。

说明：如果 BIOS 中禁用了光驱启动，我们可以用带命令的安全模式或 U 盘等来启动 DOS。

【课堂实践】

通过 Win 7 操作系统密码的破解，完成图 5.66 中的操作。

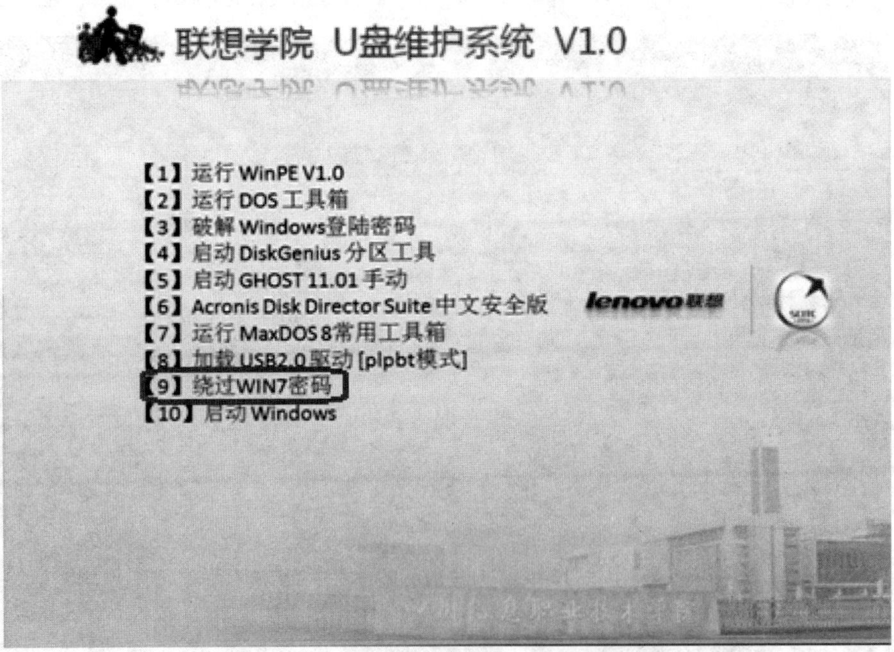

图 5.66　绕过 Win 7 密码

【课外拓展】

通过自学了解如何实现 WIFI 密码的破解。

任务7　U盘维护工具制作

【任务描述】

通过学习了解系统维护盘的作用和制作方法。

【任务分析】

本任务的关键点：

（1）了解U盘启动盘的优点。
（2）制作方法。
（3）会使用U盘启动盘维护电脑。

【预备知识】

U 盘启动盘制作工具是为方便电脑技术人员装机、维护电脑而制作的工具。内置了大量的维护工具，安装方便，快速简单化。它包含以下功能：

（1）支持多品牌U盘、SD卡、移动硬盘制成启动维护U盘。

（2）一盘两用、携带方便。启动文件防毒、防删、防格，U盘剩余部分可以当普通U 盘一样使用。

（3）一键制作，免格式化升级。

（4）支持新老机器启动前进行USB加速。

（5）支持原版Windows XP、Windows 7，windows 8系统的安装。

（6）PE内置一键还原Ghost 32一键还原工具，一键快速还原Ghost，一键U盘装机系统。

【任务实施】

制作U盘维护工具盘的过程：

用制作好的（如果没有，在网上下载即可）U盘维护工具盘（本教材将不讲解制作过程），打开软件，插上准备的空U盘，选择U盘盘符，如图5.67所示。

制作U盘启动盘，如图5.68所示。

制作完成，如图5.69所示。

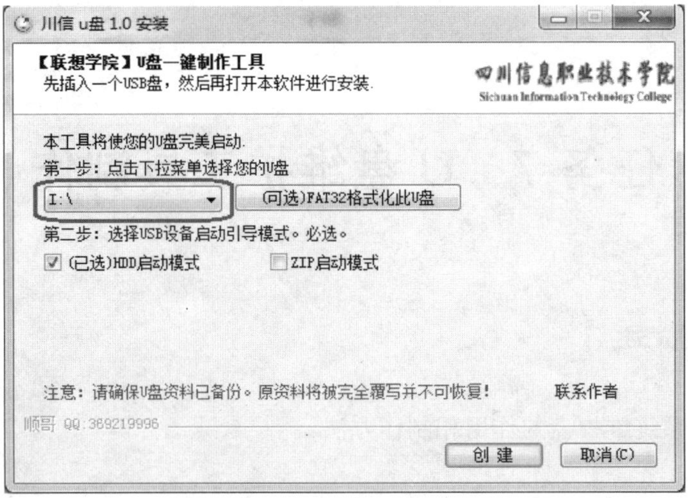

图 5.67　U 盘一键制作工具

图 5.68　制作过程

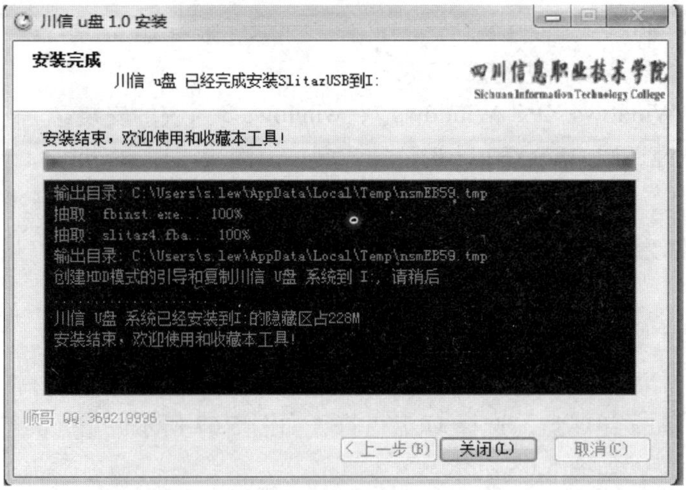

图 5.69　制作完成

重新启动电脑，从 U 盘启动即可，如图 5.70 所示。

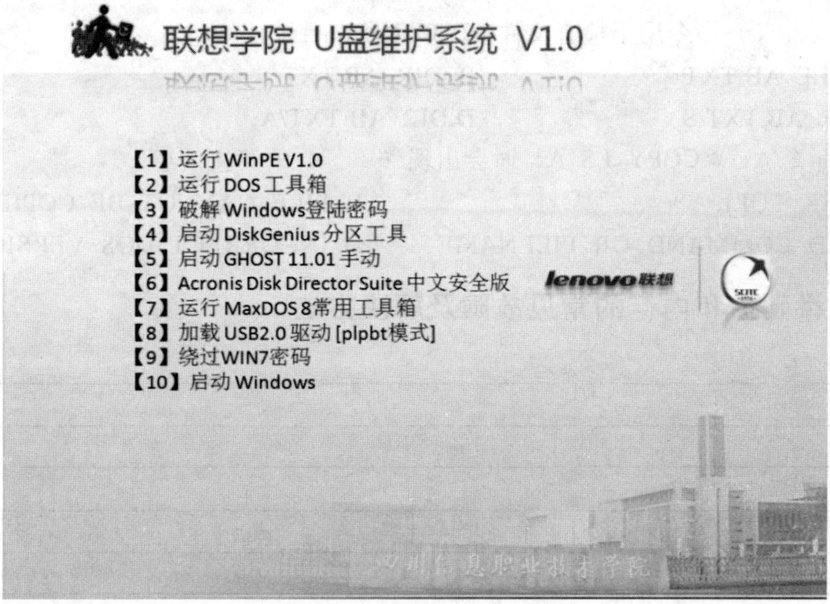

图 5.70 U 盘启动界面

【课堂实践】

通过 U 盘启动盘制作的学习，完成以下操作：

（1）制作一个 U 盘启动盘。

（2）应用 U 盘启动盘工具选项。

【课外拓展】

网上查找 U 盘启动工具盘，并学习制作自己的 U 盘启动盘工具。

【项目习题】

一、选择题

1. DOS 提示符下不能执行的是以（　　）为扩展名的文件。

A. BAT　　B. BAK　　C. EXE　　D. COM

2. 在命令 DIR，SYS，FORMAT，REN，CHKDSK，ERASE 中，属于内部命令的有（　　）个。

A. 3　　B. 2　　C. 5　　D. 4

3. 执行 A：\>DIR C：命令，屏幕超过一屏时，系统将（　　）。

A. 继续显示　　B. 打印屏幕内容

C. 输入显示　　D. 停止显示

4. 以下（　　）命令用于检查文件 AB.TXT 所在目录。

A. TREE AB.TXT　　B. DIR AB.TXT

C. DIR AB.TXT/S　　D.DIR AB.TXT/A

5. 执行命令 A：\>COPY LS A：时会出现（　　）的英文信息。

A. DISK FULL　　B. FILE CANNOT BE COPIED ITSELF

C. BAD COMMAND OR FILENAME　　D. INCORRECT DOS VERSION

二、列举硬盘和内存的常见故障及解决方法

1. ____

____

____。

2. ____

____

____。

3. ____

____

____。

项目六

计算机故障排除

【项目目标】

通过本项目的学习，了解计算机维修原则，熟悉计算机故障处理方法，掌握计算机故障处理步骤的目标。

任务1　故障处理原则

【任务描述】

虽然电脑维修与家电维修在本质上是类似的，但对于刚刚从事这一工作的人员来说仍然会在接手具体的电脑维修时手忙脚乱。其实，即便是有一定经验的电脑维修工程师，在遇到比较棘手的问题时也会存在不知从何处开始的问题。本任务，就试图来解决这一问题。

在维修过程中，维修人员应努力遵守四项基本要素或原则。

【任务分析]】

本任务的关键点：

(1) 从简单的事情做起。
(2) 先想后做。
(3) 先软后硬、先外后内。
(4) 维修过程中抓主要矛盾。

【预备知识】

从维修的角度看电脑的基本工作原理：

（1）电脑就是一部遵照人的指令工作的机器。

（2）电脑需要软件的参与才能工作。

电脑维修与家电维修异同点：

（1）与家电一样，由一组适当的硬件组成。

（2）与家电不一样，存在软件间及与硬件间的配合问题。

（3）与家电不一样，电脑软件问题需要充分考虑。

【任务实施】

1. 从最简单的事情做起

着手维修的第一要素就是做最简单的事，想最简单的事，即从最简单的事情做起。那么，什么是最简单的事情呢？

简单的事情，就是观察，就是简单的环境，就是简单的操作。这三件事情也是电脑维修中各种维修方法的基础。

（1）第一件简单的事是观察。从观察入手（听、看、问），从简单的环境开始判断。从最容易办到的方案开始实施。

当我们接手一个问题或一台故障机时，观察什么呢？这就是查看问题现象是什么样的，倾听客户对他（她）所遇到的问题的描述，并去确认一些客户在描述中的关键点。而这些只是进行进一步观察的切入点，具体的观察内容及方法，我们将在维修方法——观察法中介绍。

观察其实只是一个互动过程，这个互动过程的结果，就是你初步掌握了客户问题的情况（是否真有故障，故障的大概位置），为下一步的操作奠定了基础。

（2）在你进行观察的过程中，还有一件简单的事情来帮助你观察，这就是简单的环境。

简单的环境，本质上说就是在隔离故障。一般我们在维修时，往往会更多地关注电脑本身或电脑内部部件的故障隔离，这实在是太复杂了。因为我们可能涉及拆卸电脑。而简单的环境，不光是电脑本身及电脑内部部件环境，还有电脑的外部环境，而电脑的外部环境我们非常容易观察到，也非常容易改变。我们还拿前面的例子——客户反映他的电脑经常死机来说明。如果客户只是向你反映这一问题现象，不能看到故障机，你可询问客户，电脑摆放在什么位置，电脑上都安装有什么样的外部设备、部件或软件；如果你能看到故障机，并发现电脑摆放的位置通风不好，你可简单地将故障机移到通风较好的地方继续观察，以确定故障现象是否消失。

简单的环境，从实际的维修操作角度来讲，还有一层意思，那就是为故障设置一个最基本的环境条件，让故障现象在这一最基本的环境条件下能够复现或消失，以简化维修。这实际上还是故障隔离。这个最基本的环境条件就是：稳定的电压、最基本的配置。稳定的电压，就是提供给电脑工作的市电电压是稳定可靠的 220 V；最基本的配置，我们会在介绍最小系统法中详细介绍，这里仅根据上面的例子来说明它的最基本的配置是什么。对于上面的例子，最基本的配置就是当前电脑出厂时的标准硬件配置和一个干净的（即无病毒）操作系统。如果在这样的基本配置下仍然出现死机现象，我们就可以判定电脑的硬件部分有故障了，否则，就是客户安装在电脑上的应用程序有问题了。

你可能会问，对于电脑经常死机这样的问题，为什么说“当前电脑出厂时的标准硬件配置和一个干净的（即无病毒）操作系统”就是一个最基本的环境条件？为什么要这样来设置最基本的环境条件。这就涉及将要介绍到的下面两个维修基本要素或原则，即：先想后做和先软后硬。

(3) 最后一点，就是简单的操作。简单的操作就是要求我们用最常用的操作方法来确认故障。比如，用户今天反映电脑突然死机了，或今天开机后，Office Word 不工作了，等等诸如此类的问题，这可能只要重新启动一下电脑就能排除掉，不用考虑太复杂的问题，除非重新启动后，故障现象仍旧。

做简单的操作，还可以让我们避免先入为主的坏习惯。作为一个维修工程师，特别是天天在做维修的工程师，总觉得客户反映的都是问题，其实，多数情况下客户反映的问题可能是客户不正当操作引起或是一种偶然的现象，只要正确操作或重新操作一次问题可能就消失了。因此可以说，从简单的事情做起，是入手维修的第一步。

2. 先想后做

有人可能会说，我不先想怎么可能进行维修？其实不然。关键的问题是要“想”什么。“想”的依据是什么！

“想”是在进行了观察之后的思考，是要“想”如何定位具体的故障部位，是要“想”对于具体的故障有什么样的知识储备、手头是否有足够的相关资料，等等。

想——知识、经验、资源，后果；

做——就是方法。

我们仍以电脑经常死机这一现象为例。在前面，我们已经为这一问题准备设置一个最基本的环境条件——当前电脑的硬件配置和一个干净的操作系统。这里有一个问题，即电脑的硬件配置是不变的，但要保证操作系统是干净的。那么，你会验证一个操作系统是干净的吗？客户存放在电脑中的有用数据是否需要备份，你会备份吗？客户特有的应用软件如果要屏蔽或卸载，你会吗？检验完成以后，你会恢复吗？当你设置好这样的基本环境条件后，会产生什么样的结果，这些结果你能处理吗？等等。这些都是你在进行设置最基本的环境条件前要事先想好的，否则，就不能继续操作。

许多维修的经验也会告诉我们，在维修过程中常常会出现你事先未想到的事情，这时候你应该如何做。这就是为什么在维修过程中务必要先想后做的原因。

下面我们归纳一下先想后做应包含的内容：

首先，先想好怎样做、从何处入手，再实际动手。也可以说是先分析判断，再进行维修。这对于有一定危险性的操作或有一定破坏性的操作尤为有用。如重新安装操作系统，就是一种破坏性的操作，因为它要删除硬盘上的数据；又如，对于不加电的故障，如果贸然加电就有可能将故障扩大，造成更大的人为损失。所以操作前要做好防范和准备。

其次，对于所观察到的现象，尽可能地先查阅相关的资料（如使用说明、技术通报等），看有无相应的技术要求、使用特点和处理方法等，然后根据查阅到的资料，结合相应的维修方法进行维修。

我们都知道，软、硬件在不断更新进步，它与已有的硬、软件之间就有可能存在配合问题；电脑产品在设计上也总不会总是十全十美的，从而设计者会对特有的问题提供特殊的解决方法。举个例子，处理游戏软件运行不畅的问题，由于游戏软件与软硬件配置有一定的关系，而且游戏程序由于 Bug 的原因经常会有升级补丁。这些信息，如果在维修前不能很好地了解和掌握，就会增大维修的难度，甚至无法解决。

最后，在分析判断的过程中，要根据自身已有的知识、经验来进行判断，对于自己不太了解或根本不了解的，一定要先向有经验的同事或向相应的技术支持工程师咨询，寻求帮助。这就是说，我们要会学习，在学习中增长经验。

3. 先软后硬、先外后内

这一原则实际上是维修判断的顺序原则。

所谓先软后硬，就是说在维修判断过程中，一般情况下总是先从软件着手，在确认软件环境（或运行）正常后，如果故障仍然存在，即可判定硬件方面可能存在问题。那么维修为什么要先软后硬呢?

（1）这一原则其实秉承了从简单的事情做起的原则。

（2）从维修角度讲，软件一般包括两方面的内容，一方面是操作方法（即会不会操作，如何操作）和操作习惯，另一方面是安装在电脑中的软件程序（如应用软件、操作系统等)。而操作方法和操作习惯所引起的问题，在电脑维修中是经常出现的，安装在电脑中的软件程序常会由于安装不当（如安装盗版软件、安装方法不正确或安装介质不良等)、系统中带有病毒、软件间的配合关系（甚至软件与硬件的配合关系）等种种因素造成整个电脑工作不正常。

（3）软件的调整、判断相比硬件而言，对周边影响很小，即它不需要什么工具，对工作场地没有要求，只要考虑到客户的有用数据不会丢失即可。

（4）也是更重要的，先从软件判断入手，更容易取得客户的信任和认可。

例如：电脑经常死机问题。在那里，我们决定并已为电脑设置一个简单的环境，即要在当前硬件配置不变的情况下，确保了一个干净的操作系统，如果在这一最基本的环境条件下仍有故障，就可判定电脑硬件有问题了。这实际上是要先排除软件方面的问题（这个例子的本质是先判断硬件是否有故障，来确定软件是否有故障——表面上是先软后硬)。

但是，如果在我们设置的最基本的环境条件下，不再死机了，那怎么办? 这时，可以按照正确的电脑软件安装步骤先来逐步恢复或启用操作系统中的各硬件设备和驱动程序。如果在启用或恢复了某个设备的驱动程序后，死机故障出现了，就说明或者该设备的驱动程序不正确，或者该设备不能正常工作了等。从这一过程中我们了解到先软后硬是一个渐进过程，即从一步步的软件判断逐步定位到具体的软件甚至对应的硬件。

（5）先软后硬的维修原则是符合电脑的基本工作原理，因为，电脑只有在软件的控制下才能工作，所以我们在维修中首先要确保软件系统工作正常。

先软后硬是维修过程的一般性原则，但这一原则并不是一成不变的，在有些情况下，就不能先软后硬。比如，电脑不能开机这样的故障，我们只能先从外部环境入手，然后考虑电脑本身的硬件问题；又如，处理网络不通的故障，也要先确认网线连接是正确的，网络上的主要设备（交换机等）是正常的，然后才能考虑网络协议、网络属性等软件方面是否正常。

后面，我们还会列举一些例子，使大家能更加深刻地理解先软后硬维修原则的本质。

先外后内，与先软后硬一样也秉承了从简单的事情做起的原则（为什么?)。上面曾列举的两个例子就体现了先外后内的维修原则。

先外后内中的外，要根据实际的问题来确认，在有些情况下，“外”是指电脑上连接的外部设备（如打印机、USB 设备等），而大多数情况下常指电脑的周边环境，如电脑工作的电压、温湿度、电磁干扰、震动等。先外后内也是一个逐步的过程，是一个相对的过程。

我们用几个例子来说明什么是“外”，为什么说先外后内是一个逐步的过程，是一个相对的过程。

第一个例子是电脑不加电的例子。我们说先从外部环境入手，这个外部环境就是电脑的外，具体地说，这个外部环境主要是市电是否是正常的。当外部环境是正常的情况下，“然后考虑电脑本身的硬件问题”中还包括一个“外”，即连接在电脑上的外部设备，就是电脑的市电电源线是否已正确地与电脑连接好了，电脑上是否还连接有其他的设备，如打印机、USB 设备等。当我们打开电脑机箱，其中的各种部件对于刚介绍过的电源线、外部设备等来说是电脑的“内”，但当我们要对这些部件进行操作时，它们的连接线及安装或插接状态就是这些部件的“外”。

第二个例子是在前面我们举过的电脑经常死机的问题，曾提到，如果电脑摆放的位置通风不好，就应移动电脑到通风较好的位置。这里的位置、通风就是电脑发生经常死机这一故障的外部环境。

第三个例子是网络不通问题。网线是否连接好、网络上的主要设备是否工作正常，这些就是电脑发生网络不通故障的“外”。

4. 在维修过程中要抓主要矛盾

抓主要矛盾，就是在维修过程中如果出现多种故障，则应该先排除主要的故障，当主要故障排除后，其他故障可能已不需要维修了。这一原则其实要告诉我们，在维修过程中要把精力完全放在主要问题上，避免次要问题干扰分析与判断。不过主要矛盾，有时是会相互转换的。比如，客户反映他的电脑经常死机，而且还没有声音。我们完全可以把经常死机作为主要矛盾来处理，当我们按照前面所述的分析判断方法，发现安装了声卡驱动后仍然无声，并且死机的故障也出现了，这时的主要矛盾就是声音问题了。当然，我们的判断原则还是要先软后硬，从简单的事情做起。即先判断安装的声卡驱动是否正确，音箱与声卡的连接是否正确，在这些都是正确的情况下，我们可以认为声卡硬件有故障了。

在前面我们分别分析了维修的四个基本要素或原则。这四个基本要素或原则，不仅是入手维修的基础，也是在维修过程中时时应该引起注意的，它还是下一任务将要介绍的各种维修方法的基础。大家会在后面的对维修方法的讨论中看到，这四个基本要素或原则完全体现在所用的维修方法中，而且它们之间是相辅相成的。从简单的事情做起，是开始维修判断的第一步，而简单的事情之一就是观察（即观察法的应用）；在做简单的事情当中及之后，要先想后做；在分析判断的过程中，大多数情况下，要先软后硬、先外后内，实际上就是要不断缩小故障范围、隔离故障区域，这正是如最小系统法、逐步添加/去除法等维修方法的有力体现。

先软后硬、先外后内，以及抓主要矛盾，就是为了使分析判断过程总是从简单的事情做起。

【课堂实践】

（1）有台电脑不能上网，想到最简单的事情是什么？

（2）用户报修机器故障如下：

① 运行非常慢；

② 间歇性蓝屏；

③ 下载文件时经常死机；

④ 硬盘异响；

⑤ 有时开机无法进入系统。

这时候我们要抓的主要矛盾是什么？

【课外拓展】

电脑开机使用一段时间后就死机，请你按照计算机的处理原则处理。

任务2　故障处理方法

【任务描述】

电脑维修需要具备一定的维修知识的维修方法。所谓维修知识，就是电脑的基本工作原理，电脑中软、硬件的基本知识。这些，需要从事维修的人员事先必须掌握，当然也可从现在起通过阅读一些这方面的书籍来获得；但要通过大量的维修实践活动才能真正掌握。

面对纷繁的计算机故障，我们用什么方法能有效地处理呢？

【任务分析】

本任务的关键点：

（1）观察法；

（2）隔离法；

（3）最小系统法；

（4）逐步添加/去除法；

（5）替换法；

（6）比较法。

【预备知识】

电脑维护小常识：

（1）电脑应放置于整洁的房间内。灰尘几乎会对电脑的所有配件造成不良影响，从而缩短其使用寿命或影响其性能。

(2) 电脑应摆放在宽敞的空间内，周围要保留散热空间，不要与其他杂物混放。

(3) 电脑周围严禁磁场。磁场会对显示器、磁盘等造成严重影响。音箱尽量不要置于显示器附近，不要将磁盘放置于音箱之上。

(4) 不要在电脑桌上放置茶杯，更不能将其置于主机、显示器、键盘之上，一旦水洒，后果严重。

(5) 电脑工作时不要搬动主机箱或使其受到冲击震动，对于硬盘来讲这是非常危险的动作。

(6) 硬盘读盘时不可以突然关机或断电。如果电压不稳或经常停电，可以购买 UPS 来应对。

(7) 环境干燥的情况下，应谨防静电对电脑配件的影响。

此时若需直接接触电路板，请首先对自身放电（例如用手摸摸水管等）或采取其他绝缘措施（如戴上接地手套）。

(8) 不要对各种配件或接口在开机的状态下插拔（支持热插拔的设备除外），否则，可能会造成烧毁相关芯片或电路板的严重后果。

(9) 应定期对电源、光驱、软驱、机箱内部、显示器、键盘、鼠标等进行除尘。如果不便自行处理的话，可请专业人士来完成。

(10) 不要用酒精或洗衣粉等擦拭显示器屏幕，如果有需要可以用清水，但清水一定要吸附于纸巾或抹布之上，不可以让清水流进任何配件之内。

(11) 不要频繁地开关机，且开关机每次应间隔片刻时间。

(12) 机箱内不可以混入螺丝钉等导电体，否则极容易造成机箱内的板卡短路，产生严重后果。

(13) 应妥善保管电脑各种板卡及外设的驱动光盘及说明书，尤其是主板说明书。

(14) 不要连续长时间地使用光驱，如听歌、看影碟等。可以将歌碟、影碟等拷到硬盘上来欣赏。

(15) 电脑在长时间没有使用的情况下，建议定期开机运行一下，以便驱除其内的潮气。

【任务实施】

在任务 1 中我们介绍了维修中的四大基本要素或原则，已经知道了一些维修方法的名称。在本任务，我们就来介绍在电脑维修中常用的几种维修方法。

一、观察法

观察法，是维修判断过程中第一要法，它贯穿于整个维修过程中，因为它是最简单的事情。

有人可能要问，观察还要当作一种维修方法来说吗？谁不会观察啊。其实，在电脑维修，常常因为观察不到位，而走了不少弯路，造成维修失败的情况。如在任务 1 中介绍的电脑经常死机的问题，如果没有观察或注意到客户电脑的摆放位置和通风状况，你就有可能想不到死机现象会是通风不良造成的。那么，我们该如何进行观察呢？都要观察什么呢？观察不仅要认真，而且要全面。要观察的内容包括五个方面：

1. 周围环境

这里的周围环境主要是指与电脑整体相关的外部环境。如电脑摆放的位置是否存在干扰

（如电磁干扰、振动等）；市电电压是否正常（如有无波动、是否有电、在电脑连接的市电插座上连接的其他设备是否正常等）；温度与湿度是否不适宜电脑运行的要求等。

2. 硬件环境

如电脑的市电电源线是否连接牢靠；在电脑上都连接了哪些外部设备；电脑的硬件配置情况，电脑内部各部件是否安装正确（如各板卡是否插接到位，各连接电缆的插头、座是否连接正确牢靠）；机箱内部各部件及风扇的出风口等处的灰尘是否太多；各硬件部件（包括机箱、线缆）外观有无结构变形（如插针断裂、短接、弯折，扩展插槽内的针脚是否缺失、短接等）、颜色变化，甚至异常的焦煳气味；电脑加电后，各机械部件（如 CPU 风扇、机箱风扇、电源风扇、硬盘、光驱等）的运行状态如何（包括声音），各指示灯显示的状态等。

3. 软件环境

如在电脑中安装使用了哪些软件（包括操作系统）及版本；安装在电脑上的硬件的驱动程序是否正确、是否安装，相应的属性设置是否正确（包括资源占用情况）；在运行或启动某个具体的软件（如启动操作系统、在操作系统下运行应用软件）时，在屏幕上有何显示及显示的状态，硬件设备方面有何（异常）表现等。

4. 客户操作的习惯、方法

如操作软硬件的方法是否正确；客户的操作习惯是否符合操作要求等。

5. 测试结果

即利用测试工具（如万用表、Debug 卡、金钥匙等各种可能的测试软件等）对怀疑有故障的部件或系统进行测试时，应认真观察测试结果（如测试值、结论提示等）。

从这五个方面可以看出，观察法就是要用眼睛看、用鼻子闻、用耳朵听，还要动手做，也就是说，不光是要用一些工具进行测试，还要结合其他的维修方法进行相关的试验。但并不是对于每一个遇到的问题都要将上面所提到的所有方面都观察到，而是要根据具体问题重点观察与问题相关的内容。例如：对于电脑不能加电开机的问题，重点要观察的就是周围环境、硬件环境和测试结果；而对于电脑经常死机的问题，重点要观察的是软件环境、客户操作习惯和测试结果，但也不能忽视对周围环境及硬件环境的观察。

有了观察的内容，该如何观察呢？这里，先举一个实际的例子。

有这样一位电脑维修工程师，他应邀去一个肉食食品加工厂维修一台电脑。具体故障现象是开机后屏幕无显示，也没有报警的声音。这位工程师来到现场后，就发现这个加工车间满地都是水，很潮湿。于是在接触到故障机后，他先打开了机箱，一看，发现内存、主板等部件上都长出了绿毛。当他把这些霉变清理干净，并将电脑放在干燥通风的地方进行一段时间的风干后，加电，电脑工作正常了。

从这个例子我们可以看到了如何观察：首先它是一种维修习惯，并不是为了观察而观察；第二，根据第一次观察到的现象，来决定下一步的操作及继续观察的内容。在这个例子中，工程师看到环境很潮湿，他判断电脑及电脑内部很可能也潮湿，所以，他没有死板地去观察其他的周围环境状况，也没有去观察硬件环境中所列的其他诸多内容，而是重点观察了机箱内的潮湿情况，结果，立即发现主板和内存上长了绿毛；第三，根据观察到的结果，要采取适当的处理步骤。这位工程师在看到机箱内的潮湿结果后，采取的处理步骤就是清洁和除湿。

这个例子我们只是看到了如何观察的一个方面，下面我们再来看看，对于电脑中的主要部件和现象，应该怎样观察。

(1) 电脑内各种板卡安装状态的观察。如：板卡的金手指是否完全插入插槽中，有没有一端翘起的现象，相关的固定卡扣是否已经扣到位等。

(2) 连接电缆等的观察。如主板与硬盘相连接的电缆线有电源线和数据线。我们要观察的是，电缆线的插头是不是未连接、是不是完全插入电缆的插座中，方向是不是正确的。在具体观察时，可用手摇一摇电缆插头，最好将电缆线拔下再重新插好。如检查电源线是否插好就可以重新插拔电源线来判断。对于插头座中的针脚，要看是否有断针、弯针、碰针等。

(3) 部件外观的观察。主要是电子元件、器件上的灰尘、污斑、有无变形（如破损、突起)、颜色的变化（即器件上一部分的颜色与其他部分的颜色是否不一样)。

(4) 软件观察。屏幕现象（如有何提示信息，有无显示，是否花屏、乱码等)；屏幕现象是在做什么操作时产生的。

(5) 测试结果的观察。已论述，这里从略。

观察要根据所了解的问题现象来进行，即有的放矢，再有，在对电脑进行了某一维修操作后对结果的观察。比如，要确认电源线是否接插牢靠，需要一个重新插拔电源线的维修操作动作。在重新插拔后，要加电开机来观察重新插拔电源线后的结果。

最后，还要说明一点，如果客户反映他的问题时，你没有看到故障机，如客户是打电话向你反映的，那么你也一定会使用到观察法。这就是努力地倾听客户的描述，并不时地对关键点进行发问，来确认客户的描述。如：对于电脑经常死机的问题，如果你想知道客户的电脑摆放在什么样的环境下，你可提出这样的问题，你的电脑摆在什么地方了？你没有在电脑机箱上放任何东西吧（比如盖了一块布等)。如果你想确认客户的电脑中有没有病毒，你可以建议客户查杀一下病毒看死机的现象是否还存在等。总之观察法不一定是观察实物，也可通过交流来进行。

二、隔离法

隔离法就是将可能妨碍故障判断的硬件或软件屏蔽掉的一种判断方法。隔离法，与其说是一种维修方法，不如说它是维修过程中的一条基本思路。因为在维修过程中使用到的很多方法，如后面介绍到的最小系统法和逐步添加/去除法，都是故障隔离的思想。

在操作时，隔离法就是将某个硬件从电脑中拔除（即断开与电脑的连接或从扩展槽中拔下）或屏蔽掉（如在 Windows 操作系统下的设备管理器中将其停用，或卸载其驱动程序)，或将某个软件卸载或让其不运行。

隔离法在解决可能的硬件与硬件、软件与软件和硬件与软件间的冲突或配合问题上很有帮助。

隔离法，在解决干扰问题时也很有帮助。如：客户反映他的显示器上显示的内容抖得厉害，其中一种方法就是将整个电脑搬到另外的一个环境中使用，或将电脑与其他周边设备（如空调、日光灯、变压器等）拉开一定的距离，来观察抖动现象是否消失或减弱。如果现象消失或减弱，则可认为是环境电磁干扰所致，否则有可能与显示设置不当或有硬件故障相关。

三、最小系统法

最小系统法的主要目的是分隔故障，以缩小故障范围。

最小系统是指，从维修判断的角度能使故障复现或不复现的最基本的系统配置，这个配置中至少要有一个最基本的硬件环境，有时还需要一个软件环境。最小系统有两种形式：

1. 硬件最小系统

硬件最小系统是在判断软、硬件故障时，使故障能够复现的最小硬件环境。例如：对于电脑主机不能加电开机的故障，为了缩小故障部件的可能范围，在维修判断过程中，常常使用硬件最小系统法。在这个硬件最小系统中，只包含主机电源、主板，也可加入 CPU（包括 CPU 风扇）。如果在这样的环境下，电脑主机可以加电开机了，那么，可能的故障部件就是其他不在这个最小硬件系统中的部件；如果仍不能加电开机，就说明电源或主板、CPU 有故障。

2. 软件最小系统

软件最小系统是在判断软、硬件故障时，使故障能够复现的最小软件环境。例如，我们已多次列举的电脑经常死机的问题。为了区分软、硬件故障，需要设定一个最小软件系统，这个软件最小系统就是在当前的硬件环境下，只有一个干净的操作系统。如果在这样的最小软件环境下不死机了，说明原来安装在电脑中的应用程序或驱动程序有问题，可以大致判断为软件问题；如果仍然死机，就说明电脑硬件有问题了。

软件最小系统和硬件最小系统经常是相互搭配使用。例如：对于系统没有声音这样的故障，为了避免其他设备及软件的干扰，可设定一个硬件最小系统，并在其上设定一个软件最小系统。这个硬件最小系统是：电源、主板、CPU、内存、硬盘、声卡，键盘、鼠标和显示器；在这个硬件最小系统上的软件最小系统是：干净的操作系统、正确的声卡驱动等必要的程序。如果在这个最小系统下，使用 Windows 自带的音乐来播放，如果仍然无声，则声卡就有故障了（为什么其他部件不考虑呢，请大家思考）。

我们从这些例子还看到一点，软件最小系统是在一定的硬件系统上设定的（这很好理解，没有硬件，软件是不能运行起来的，当然，没有软件硬件也不能正常运行）。下面，我们就来探讨一下，最小系统如何构建（或设定）。

（1）根据不同的故障现象来确定相应的最小系统。这在前面列举的几个例子中已经充分说明了。

（2）最小系统中一定要包含与具体现象相关的硬件和软件。

例如，在电脑主机不能加电开机的故障中，“不能开机”这一现象从电脑这一方面来讲，只与主机电源和控制开机的部件有关，电脑中控制开机的部件集成在主板上。所以，这一问题的最小系统是电源和主板，不需要软件等其他部件（之所以加入 CPU，是更加确保能开机，当然也增加了判断的难度）。

再如，电脑不能发声的问题。电脑可以出声，以聆听音乐或视频中的语音，是靠电脑中可发声的部件——声卡来实现的，而声卡要工作，它必须要安装在电脑中的主板插槽中（或集成到主板上），并要在操作系统中有相应的设备驱动程序支持，再利用播放软件，才能使电脑发出声音。因此，要为这一问题构建最小系统，在硬件方面就必须要有声卡和声卡驱动程序，其他的硬件部件，如主板、电源、CPU、硬盘等，是为了使电脑能够工作起来、使操作系统能够运行起来的必备硬件；之所以有操作系统，是因为驱动程序和发声，必须在操作系统之上实现，离开操作系统任何软件都无法独立运行。

又如：电脑经常死机的故障，由于电脑死机所涉及的问题很广，如果只在特定的应用过程中死机，那么最小系统只涉及会死机的特定应用的软件和硬件（就像上例），但对于没有特定应用的死机（即死机时机不确定的情况）判断起来会很麻烦，这时，就要依据先软后硬的原则，先排除软件问题，再考虑是否在硬件方面有问题。但要确认这一点，一方面，我们希望那些安装在电脑中的所有软件都不运行，看死机现象是否消失，另一方面，就是必须让硬件工作起来，我们才能观察到死机现象是否能够消失。根据电脑的工作原理，要使电脑硬件正常工作，就必须要有一个操作系统来协调、控制它们。因此，对于这个问题的最小系统，就是当前的硬件配置和一个干净的操作系统。其实，我们已经看出，这样的最小系统，实际上是通过判断硬件是否有故障，来确定软件是否有故障——如果仍然死机，硬件可能有故障，但不死机了，则能确定是软件故障。

（3）最小系统法要求对电脑的基本工作原理有较为清晰的认识和理解。

例如：客户反映他的台式电脑能加电开机，但屏幕上无任何显示。对于这样的问题，在确定周边环境正常的情况下，我们肯定是要首先使用最小系统法的。因为，这种开机无显的情况可能会涉及多种部件（但与软件的关系不大），但从电脑开机的工作过程来看，它只与电源、主板、CPU、内存、显示卡相关。因此，对于这个问题，只涉及硬件最小系统。那么，在这个最小硬件系统中都包含哪些硬件呢？我们说应该包含电源、主板和 CPU（笔记本电脑需要加上显卡和内存）。可能有人会问了，这样构建硬件最小系统，怎么判断啊？这也是根据电脑的基本工作原理来判断的。因为，在这样的环境下，肯定是不会有显示的（因为没有显示卡和显示器），但此时电脑会通过声音来告诉维修人员。如果在这样的最小系统下能够听到声音（报警声），那么就可以基本确定这个最小系统中的硬件是没有问题的，这个报警是告诉维修人员，没有安装内存和/或显示卡。反之，如果仍然听不到报警声，说明这个最小系统中的三个部件之一有故障，这时我们就需要一些测试工具来协助判断，常用的测试工具就是 Debug 卡（有报警声也应该使用这样的检测工具来判断）。

最小系统法常与逐步添加法结合，能较快速地定位故障，提高维修效率。

四、逐步添加/去除法

逐步添加法，一般以最小系统为基础，每次只向系统添加一个部件或软件，来观察故障现象是否消失或发生变化，以此来判断并定位故障部件。

逐步去除法，正好与逐步添加法的操作相反。即从当前电脑的软、硬件配置中，一次只去除一个部件或软件，然后观察故障现象是否消失或有无变化。

逐步添加/去除法，是一个比较细致的操作，它要求在每进行一次添加或去除操作后，都要认真观察故障现象的变化。如果故障现象再次出现或消失，就说明刚添加或移除的部件、软件有问题，应对刚添加或移除的部件、软件进行进一步的检查。

使用逐步添加/去除法，常常是要添加或移除与故障现象最相关的部件和软件。

使用逐步添加/去除法后，一般都配合使用替换法，可较为准确地定位并排除故障。

五、替换法

替换法就是用好的部件去代替可能有故障的部件，以判断故障现象是否消失的一种维修方法。好的部件可以是同型号的，也可以是不同型号的。替换法是在使用其他判断方法基本定位到故障部件时而采用的一种维修方法。

例如：台式电脑加电可开机，但无显示也无报警这样的故障，首先要用硬件最小系统法来缩小故障范围。如果，在硬件最小系统下，仍然无报警（即仍听不到报警声），则故障范围就锁定在这个最小系统中的部件——电源、主板和 CPU。现在的问题是，如何确认这三个部件中哪一个有故障呢？当然，我们可以用一些检测工具（例如 Debug 卡）来判断，在没有检测工具的情况下，我们就可以使用替换法来定位具体的故障部件。这里，我们要介绍一下基本的替换原则。

（1）在进行替换操作前，务必要运用观察法来观察外部环境和要替换部件周围的情况，如检查与要替换部件部件相连接的连接线、信号线，部件本身的状态（插接状态、表面情况）等，当连线正常时，再对要替换的部件进行替换操作。

（2）根据故障率的高低来确认最先应该替换的部件。如在此例中，主板的故障率较高，其次是电源，最后是 CPU。那么我们就可以先用好的主板，替换可能有故障的原主板，如果替换后，故障消失（即可听到报警声），则故障排除，否则重新开始，用好的电源替换可能有故障的原电源，直到在最小系统中能听到报警声为止。

（3）按操作的繁简程度，即以先简单后复杂的顺序进行替换。这对于不知道故障率高低的情况或无法判断哪个部件最有可能存在故障的情况下，经常使用。如对于此例来说，就可先替换电源或 CPU，最后是替换主板。

读者可考虑一下，对于电脑可加电开机，但无显示无报警的故障，如果在硬件最小系统中故障现象消失（即可听到报警声了），该用什么方法来确定哪个部件存在故障呢。

替换法不仅可以用在硬件维修上，也可用在软件调试上。例如：对于电脑经常死机的故障。我们用软件最小系统法确认这个最小系统可正常运行（即死机现象消失了），这时，我们应该使用逐步添加法来安装驱动程序和应用软件。当我们安装了网卡驱动程序后，死机现象出现了，说明网卡可能有故障。这时，我们可首先更换一个新版本的网卡驱动程序来检测，如果仍然死机，就可更换网卡硬件来检测了。这里更换新版本的网卡驱动，就是软件替换法的例子。软件替换还有很多应用，如更换一个新版的应用软件甚至操作系统、升级软件补丁或版本等。

替换法务必要在使用其他维修方法基本定位了故障范围之后再使用，这对于硬件替换和处理兼容性问题方面尤为重要。一定要摒弃凡是故障就用替换法来处理的不良习惯，否则，会对维修工程师的形象有很大的损害。

使用替换法，要注意以下几点：

（1）必须在断电的情况下，进行硬件操作。这里的断电不是单指关机，而是指必须将电脑与市电断开连接。

（2）替换操作，要避免将故障范围扩大。这一方面是指，在替换操作时，应做好防静电的措施；另一方面是指防止再次损坏新替换的部件，如更换电源前要确保市电是正常的，以免新电源更换后再次烧坏。

（3）如果要对软件进行替换操作，应注意客户存放在电脑中的数据是否会被损坏，如要更换或重新安装操作系统时，客户存放在硬盘上的数据是否会被删除。

六、比较法

比较法与替换法类似，即用好的部件与怀疑有故障的部件进行外观、配置、运行现象等相关方面进行比较，以找出它们的不同或现象的变化。比较法也经常用在两台电脑之间，这时，主要是比较两台电脑在软、硬件方面的配置变化，以找出不同，而这个不同，就是引起电脑故障的原因，从而排除之。

例如：客户反映他的一个应用软件在一台电脑上不能正常运行，而在以前的电脑上就运行正常。首先，我们不能马上肯定不能运行客户软件的电脑就有故障，而是要用比较法，先来查看两台电脑在硬件配置和软件配置及使用环境上有什么不同，找出这些不同，我们才能说明是有故障，还是环境不同而造成不能运行。对于不同的地方，我们应设法使之相同，如：在不能运行客户软件的电脑上少装或多装了一些软件，我们就可以设法将少装的软件安装上，多装的软件卸载掉；如果是硬件上的不同，我们首先要观察两台电脑的新旧，常常会有这样的情况，由于硬件的更新，有些软件在新的硬件上就是不能正常工作，这就需要更新软件版本。

比较法，还应用在其他维修方法之中。例如，使用替换法后，应比较替换前后故障发生的情况——是否消失、是否出现其他问题等，另外，还有一个重要的应用场景，那就是，有些故障，我们可以通过重新拆装硬件来检测，即将怀疑连接或安装不当的部件重新安装一下，来比较重新安装前后故障的变化。举个例子来说，在电脑可加电开机，但无显示无报警的故障中，有时是由于内存接触不良造成的，这时，我们可能通过重新安装内存（即拔下内存，再重新安装好）来观察（比较）插拔前后故障的变化，如果故障消失了，就说明是接触不良造成的，否则，硬件就真的有故障了，我们就可应用硬件最小系统来进一步判断。

从上面对比较法的分析，我们可以看出，比较法其实是观察的一种方法。观察，在多数情况下，总是先进行一些操作（如：插拔、替换、设定或改变环境条件等），然后对比操作前后的情况变化。因此观察法和比较法总是同时使用。观察就是比较，比较是观察的动作。

在使用比较法时，一定要把握一个原则，那就是可比较性。所谓可比较，就是要比较的事物满足一定的必要条件。举一个比较熟知的例子，在 Windows Vista 刚发布时，有很多能在 Windows XP 下正常运行的游戏软件不能在 Windows Vista 上运行。又如，在现今的主流电脑上，甚至不能安装 Windows 98。因此，对于客户常说我的某某程序在什么机器上能运行，为什么在新买的电脑上就不能运行时，一定要注意他所指的那台电脑与现在的电脑是否可以进行比较。

七、其他维修方法

1. 升降温法

升降温法，就是通过提高或降低电脑使用环境的温度来查看故障现象的变化的一个维修方法。

在维修间，有专用的工具来进行升降温，如恒温箱等，但在客户现场服务过程中，升降温法由于工具的限制，其使用与维修间是不同的。在客户现场服务中的升温法，可在客户同意的情况下，设法降低电脑的通风能力，靠电脑自身的发热来升温；降温的方法有：①一般选择环境温度较低的时段，如一清早或较晚的时间；②使电脑停机 12～24 小时以上；③用电风扇对着故障机吹，以加快降温速度。

2. 敲打法

敲打法一般用在怀疑电脑中的某部件有接触不良的故障。通过振动、适当的扭曲，甚或用橡胶锤敲打部件或设备的特定部位来使故障复现，从而判断故障部件的一种维修方法。

3. 释放电荷法

这种方法的操作是：将主机断电（即断开主机与市电的连接，如果是笔记本产品还需去掉电池），然后按2～3次主机电源开关，操作完成后再连接好市电电源。

这种方法常会用在不加电、加电无显、死机、网络不通等各种各样的故障现象的处理中。你可以对所有有故障的电脑都使用这种方法进行判断。这是因为，在电脑关机后，一般情况下，电脑中的各元器件都能通过电源回路将自身中电荷慢慢释放掉，这样再次开机时，各元器件可在CPU发出的复位信号的作用下恢复到可以工作的初始状态，这样电脑就可正常地开始工作了，但有时由于各种各样的未知原因及电源参数设计的原因，使得各元器件及电源本身不能释放自身的剩余电荷，即产生电荷的积聚，这样在开机时，就不能在CPU的复位信号的控制下恢复到初始状态，因而元器件也就不能正常工作了。这时通过释放电荷法，可人工消除这些残余电荷，使电脑重新可以正常工作。所以，释放电荷法可在一定程度上消除一些不是故障的故障，简化了故障的判断及维修。

但是，在目前的很多产品上，电脑的开关机组件比以往复杂了，并单独做在一个电路板上，这时候电荷释放法就不太适用了，可以考虑一些其他的方法。有关这方面的内容，读者可参看相应的资料（如联想的知识库等）。

【课堂实践】

通过计算机维修方法的学习，完成以下操作：

（1）解决电脑不能上网的问题。

（2）替换法解决不能开机的问题。

【课外拓展】

如何保养和维护好一台电脑，最大限度地延长电脑的使用寿命，这是我们非常关心和经常面临的问题。以下介绍最基本的电脑维护方法和应该注意的事项，让你的电脑常常保持在比较稳定的状态，就像新的一样。

1. 环　境

环境对电脑寿命影响是不可忽视的。电脑理想的工作温度应在10～35°C，太高或太低都会影响配件的寿命，条件许可的话，一定要安装空调，相对湿度应为30%～80%，太高会影响配件的性能发挥，甚至引起一些配件的短路。例如天气较为潮湿时，最好每天都使用电脑或使电脑通电一段时间。有人认为使用电脑的次数少或使用的时间短，就能延长电脑寿命，这是片面的观点。相反，电脑长时间不用，由于潮湿或灰尘的原因，会引起配件的损坏。当然，如果天气潮湿到了极点，比如显示器或机箱表面有水汽，这时是绝对不能给机器通电的。湿度太低易产生静电，同样对配件的使用不利。另外，空气中灰尘含量对电脑影响也较大。灰尘大，时间久了就会腐蚀各配件的电路板。所以，要经常对电脑进行除尘。

电脑对电源也有要求。交流电正常的范围应在 220（1±10%）V，频率范围是 50（1±5%）Hz，并且具有良好的接地系统。有可能的话，应使用 UPS 来保护电脑，使得电脑在市电中断时能继续运行一段时间。

2. 使用习惯

个人使用习惯对电脑的影响也很大，首先是要正常开关机，开机的顺序是：先打开外设（如打印机，扫描仪等）的电源，显示器电源不与主机电源相连的，还要先打开显示器电源，然后再开主机电源。关机顺序相反，先关闭主机电源，再关闭外设电源。其道理是，尽量地减少对主机的损害，因为在主机通电的情况下，关闭外设的瞬间，对主机产生的冲击较大。关机后一段时间内，不能频繁地做开机关机的动作，因为这样对各配件的冲击很大，尤其是对硬盘的损伤更为严重。一般关机后距离下一次开机的时间至少应有 10 秒钟。特别要注意当电脑工作时，应避免进行关机操作。如机器正在读写数据时突然关机，很可能会损坏驱动器（硬盘、软驱等）；更不能在机器工作时搬动机器。当然，即使机器未工作时，也应尽量避免搬动机器，因为过大的振动会对硬盘一类的配件造成损坏。另外，关机时必须先关闭所有的程序，再按正常的顺序退出，否则有可能损坏应用程序。

3. 硬件故障

安装好一台电脑后，难免会出现这样或那样的故障，这些故障可能是硬件的故障，也可是软件的故障。一般情况下，刚刚安装的机器出现硬件故障的可能性较大，机器运行一段时间后，其故障率相对降低。对于硬件故障，我们只要了解各种配件的特性及常见故障的发生，就能逐个排除各个故障。

（1）接触不良的故障。

接触不良一般反映在各种插卡、内存、CPU 等与主板的接触不良，或电源线、数据线、音频线等的连接不良。其中各种接口卡、内存与主板接触不良的现象较为常见，通常只要更换相应的插槽位置或用橡皮擦一擦金手指，就可排除故障。

（2）未正确设置参数。

CMOS 参数的设置主要有硬盘、软驱、内存的类型，以及口令、机器启动顺序、病毒警告开关等。由于参数没有设置或没有正确设置，系统都会提示出错。

（3）硬件本身故障。

硬件出现故障，除了本身的质量问题外，也可能是负荷太大或其他原因引起的，如电源的功率不足或 CPU 超频使用等，都有可能引起机器的故障。

4. 软件故障

软件故障通常是由硬件驱动程序安装不当或是病毒破坏引起的。

如未安置驱动程序或驱动程序之间产生冲突，则在 Win 7 下的资源管理中可以发现一些标记，其中“？”表示未知设备，通常是设备没有正确安装，“！”表示设备间有冲突，“×”表示所安装的设备驱动程序不正确。

病毒对电脑的危害是众所周知的，轻则影响机器速度，重则破坏文件或造成死机。为方便随时对电脑进行保养和维护，必须准备工具如干净的 DOS 启动盘或 U 盘启动盘，以及杀毒软件和磁盘工具软件等，以应付系统感染病毒或硬盘不能启动等情况。此外还应准备各种配件的驱动程序，如光驱、声卡、显示卡、MODEM 等。软驱和光驱的清洗盘及其清洗液等也应常备。

任务 3　故障处理流程

【任务描述】

掌握维修方法，掌握故障处理的流程。

【任务分析】

本任务的关键点：

（1）了解情况；
（2）复现故障；
（3）判断维修；
（4）检验验机。

【预备知识】

计算机故障处理流程为：了解情况、复现故障、判断维修、检验验机。它们的步骤能否调整？了解的内容（具体的故障现象、在故障前后做过的操作、故障常在何时出现，出现的频次、软件的版本）复现故障（是要查看用户描述的故障是否确实存在、是否还有其他问题或是其他问题引起、用户的操作习惯是否符合要求、复现故障要注意安全避免故障范围扩大）进行维修（使用各种恰当的维修方法来进行判断和维修。维修判断要以维修基本原则为准绳，结合后面将介绍的各类常见故障的判断要点来进行分析）检验内容（电脑标配软件、硬件、功能）。

【任务实施】

一、电脑维修步骤

对电脑进行维修，应遵循如下步骤：

1. 了解情况

在维修服务前，了解故障发生前后的情况，进行初步的判断。如果能了解到故障发生前后尽可能详细的情况，将使维修效率及判断的准确性得到提高。

应了解的情况包括以下内容：

(1) 具体的故障现象；

(2) 在出现故障前后都做过什么操作；

(3) 故障常在什么时候出现（是刚开机时，还是在使用中，还是在做何种操作时等），出现的频次；

(4) 操作系统、应用软件的类型、版本，等等。

向客户了解情况，是下一步复现故障现象的前提，只有对客户问题有一定的了解，才能在维修判断中有的放矢。

2. 复现故障

在与客户充分沟通的情况下，实际操作、观察电脑的工作情况及客户的操作习惯，以确认：

(1) 客户所报修故障现象是否存在，并对所见现象进行初步的判断，确定下一步的操作；

(2) 客户的操作习惯是否正确；

(3) 是否还有其他故障存在。

在复现故障的过程中，务必对各种情况考虑清楚，避免在复现故障的过程中将故障范围扩大（这就是在前面介绍过的维修原则之一，先想后做）。如对于不加电的故障，有可能是电源已击穿，如果贸然加电复现，就有可能把其他部件如主板、内存等烧坏。

3. 判断、维修

即是对所见的故障现象进行判断、定位，找出产生故障的原因，并进行修复的过程。在进行判断维修的过程中，应遵循下面“二、电脑维修操作”中所述的原则、方法、注意事项。

4. 检　验

检验是维修操作的最后一个环节，它是一个重要环节。在维修基本完成后，通过对整机的检验，能够确认客户所反映的故障已完全修复，并不存在其他可见的故障。

检验一般要检查以下几方面的内容：

(1) 确认所复现或发现的故障现象已解决，且不存在其他可见的故障；

(2) 电脑内部的各部件、连接线、跳线等均已安装正确、可靠，无机械变形、变色等情况出现；

(3) 客户的数据已正确恢复，没有丢失不可用现象。

二、电脑维修操作

以上，我们已介绍了有关维修方面的基本理论和方法、步骤。但在维修过程中还有一些方面需要工程师引起足够的关注。这些是：

(1) 在维修前，须查验、核对装箱单及配置；

(2) 对客户使用电脑的水平、操作习惯等要多加注意；

(3) 维修第一要素就是观察——观察、观察、再观察，这里再次强调：

① 周围环境：电源环境，其他高功率电器，电磁干扰源，电脑的摆放方式，网络硬件环

境，温湿度，环境的洁净程度；安放电脑的台面是否稳固。周边设备是否存在变形、变色、异味等异常现象。

② 硬件环境：机箱内的清洁度，部件上的跳接线设置、颜色、形状、气味等，部件或设备间的连接是否正确；有无错误或错接、缺针/断针等现象；客户加装的与电脑相连的其他设备等一切可能与电脑运行有关的其他硬件设施。

③ 软件环境：

a. 系统中加载了何种软件，它们与其他软、硬件间是否有冲突或不匹配的地方；

b. 除标配软件及设置外，要观察设备、主板等的驱动程序、补丁程序是否安装、是否匹配；要处理的故障是否为业内公认的 BUG 或兼容问题；客户加装的其他应用与配置是否匹配。

④ 加电过程中的观察：元器件的温度、异味、是否冒烟等；系统时间是否正确。

⑤ 拆装部件时的观察：要有记录部件原始安装状态的好习惯，且要认真观察部件上元器件的形状、颜色、原始的安装状态等情况。

⑥ 观察客户的操作过程和习惯，以及是否符合要求等。

(4) 在维修前，如果灰尘较多，或怀疑是灰尘引起的，应先除尘。

(5) 对于自己不熟悉的应用或设备，应在认真阅读客户使用手册或其他相关文档后，才可动手操作。

(6) 对于电脑厂商的专职维修人员，应多注意电脑厂商下发的技术资料及其他工程师们的经验来积累自己的经验和提高维修水平。

(7) 禁止维修工程师为客户安装地线。如客户要安装地线，请联系正式电工为其安装。

(8) 如果要通过比较法、替换法进行故障判断的话，应先征得客户的同意。

(9) 在进行维修判断的过程中，如有可能影响到客户所存储的数据，一定要在做好备份、或保护措施并征得客户同意后，才可继续进行。

(10) 当发现可能的大批量的相似故障时，一定要对周围的环境、连接的设备，以及与故障部件相关的其他部件或设备进行认真的检查和记录，以找出引起故障的根本原因。

(11) 对于客户电脑的随机性故障，如随机性死机、随机性报错、随机性出现不稳定现象等，应注意以下几点：

① 慎换硬件，特别是上门服务时。一定要在充分的软件调试和观察后，在一定的分析基础上进行硬件更换。如果没有把握，最好在维修站内进行硬件更换操作。

② 以软件调整为主。调整的内容有：

a. 设置 BIOS 为出厂状态（注意 BIOS 开关位置）；

b. 查杀病毒；

c. 调整电源管理；

d. 调整系统运行环境；

e. 必要时做磁盘整理，包括磁盘碎片整理、无用文件的清理及介质检查（注意：应在检查磁盘分区正常及分区中空余空间足够的情况下进行）；

f. 确认有无客户自行加装的软、硬件，如果有，确认其性能的完好性及与原部件或其他部件的兼容性；

g. 与无故障电脑比较、对比。例如，在一台配置与故障电脑相同的无故障电脑上，逐个插入故障机中的部件（包括软件），查看无故障机的变化，当在插入某部件后，无故障机出现了与故障机类似的现象，可判定该部件有故障。注意这种方式的对比，应做得彻底，以防漏掉可能有两种部件引起同一故障的情况。

三、电脑产品的清洁

有些电脑故障，往往是由于电脑内灰尘较多引起的，这就要求我们在维修过程中，注意观察故障机内、外部是否有较多的灰尘，如果是，应该先进行除尘，再进行后续的判断维修。在进行除尘操作中，以下几个方面要特别注意：

（1）注意风道的清洁。

所谓风道，就是电脑中空气流动的通道。它主要包括电脑前面的进风孔、CPU 所在位置的空间，电源风扇（出风口）及机箱后面可能的缝隙。风道的清洁，主要是使风道上无阻碍，气流流通顺畅；进风孔与出风口处没有灰尘。

（2）注意风扇、散热器的清洁。

电脑中有多种散热风扇，主要包括：CPU 风扇、电源风扇和机箱风扇，另外，在有些显示卡上也安装有风扇。这些风扇一般安装在相应的散热片上。因此对于风扇及散热器的清洁，主要是用毛刷等工具将扇叶上积聚的灰尘扫除掉，用吸尘器、毛刷等，将散热片中积聚的灰尘除去。

在对风扇的清洁后，最好在风扇轴承上点一点儿钟表油，加强润滑。

（3）注意接插头、座、槽、板卡金手指部分的清洁。

所谓金手指，是指板卡上镀金的金属片，即触点。金手指由于长时间使用，与空气的接触，常会发生氧化现象，另外，板卡的金手指，在与插槽触点间也会积聚灰尘。这些因素会导致板卡接触不良，所以应该定期进行清洁。对金手指的清洁，可以用橡皮擦拭金手指部分，或用酒精棉擦拭。

插头、座、槽的金属引脚（触点）上的氧化现象的去除：一是用橡皮擦拭，二是借助酒精进行清洁。

（4）注意大规模集成电路、元器件等引脚处的清洁。

清洁时，应用小毛刷或吸尘器等除掉灰尘，同时要观察引脚有无虚焊和潮湿的现象，元器件是否有变形、变色或漏液现象。

（5）注意使用的清洁工具

清洁用的工具，首先是防静电的。如清洁用的小毛刷，应使用天然材料制成的毛刷，禁用塑料毛刷。其次是当使用金属工具进行清洁时，动作要轻，且对金属工具进行泄放静电的处理。

用于清洁的工具包括：小毛刷、皮老虎、吸尘器、抹布、酒精（不可用来擦拭机箱、显示器等的塑料外壳）。

（6）如果电脑受潮，如进水或有液体溅落到电子线路、电子器件上，应想办法使其充分干燥才可再使用。可用的工具如电风扇、电吹风等，也可将电脑放在通风很好的地方，让其自然风干（注意这样的方法，需要较长的时间）。

（7）清洁操作必须在断电的情况下进行。

【课堂实践】

通过故障处理流程的学习，完成以下操作：

（1）更换主板的流程。

（2）电脑不能开机的处理流程。

【课外拓展】

维修中应注意的问题：

（1）观察！观察！再观察！

（2）核对查验装箱单；

（3）注意用户的操作习惯；

（4）注意灰尘的影响；

（5）禁止带电操作，禁止随意安装地线；

（6）随时留意用户操作手册和厂商的技术资料；

（7）进行具体操作前要征得用户同意，要保护用户数据；

（8）对疑难或在多台电脑上出现的类似问题要详细记录。

软件调试应注意问题：

（1）修复启动文件；

（2）调整系统配置（如启动项）；

（3）系统文件修复；

（4）查杀病毒；

（5）注意设备驱动程序的安装顺序；

（6）整理扫描磁盘介质；

（7）恢复 BIOS 默认值。

如何重建或安装一个干净的操作系统：

（1）一键恢复到出厂状态（如果有）；

（2）只要可能，应在命令提示符状态执行 Fdisk /mbr；

（3）只要可能，就应先格式化再安装操作系统；

（4）务必使用正版、正规的操作系统安装光盘来安装（如随机的系统恢复光盘等）。

任务 4　故障案例分析

【任务描述】

本任务将分析典型的计算机（笔记本电脑）故障，让同学们从中受到启发。

【任务分析】

本任务的关键点：

（1）不能开机故障；
（2）加电无显故障。

【预备知识】

按电脑从开机到关机整个使用过程的不同阶段来进行分类的。电脑的各使用阶段可分为：开机或重启阶段、启动操作系统阶段、使用电脑进行各种操作阶段和关机阶段。在使用电脑进行各种操作阶段，会涉及各方面的应用，如：网络方面的应用、存储文件、多媒体应用及对各种部件的操作等。在各阶段中的操作会出现这样或那样的故障或问题。基于这样的设想，将电脑故障或问题分为以下几大类：加电与自检类、启动与关机类、操作系统安装与升级、操作系统与软件应用、存储应用类、显示应用类、网络应用类、多媒体应用、设备应用类。

【任务实施】

一、加电与自检类

1. 定义举例

从按下主机电源开关（或复位、热启）到自检完成（即主板厂商、电脑整机厂商的 LOGO 消失前）这一段过程称为加电自检过程。加电与自检类即包含在这一过程中电脑所发生的故障。

2. 典型的故障现象

（1）主机不能加电（如：电源风扇不转或转一下即停等），有时不能加电；
（2）开机无显也无报警，开机无显但有报警；
（3）自检报错或死机，如：自检过程中报硬盘错误，或所显示的内存容量与实际不符等；
（4）电脑开机后噪声大；
（5）反复重启、自动开、关机；
（6）保存在 CMOS 中的配置丢失、时钟不准；
（7）开机掉闸、机箱金属部分带电等。

3. 可能涉及的部件

（1）市电环境、温度和湿度、灰尘等；
（2）连接在电脑上的可能有故障的外部设备，包括显示器等；
（3）电源、主板、CPU、内存、显示卡、其他可能的板卡；
（4）BIOS 中的设置（可通过放电来恢复到出厂状态）；
（5）开关及开关线、复位按钮及复位线本身的故障。

二、启动与关机

1. 定义举例

所谓启动在本讲义中是指从主板或电脑厂商 LOGO 消失后到操作系统的桌面出现这一过程；而所谓关机，是指在操作系统中执行关机命令（如：点击 Windows XP、Windows 7 的开始菜单中的关机按钮）开始，到主机电源关闭或开始重新自检这一过程。

启动与关机类包含在启动过程和关机过程中出现的各种故障。

2. 可能的故障现象

（1）启动过程中报错，或总是执行一些不应该的操作（如总是磁盘扫描，启动一个不正常的应用程序等）；

（2）启动过程中死机、无显示、反复重启等；

（3）登录时失败、报错或死机；

（4）关闭操作系统时死机或报错。

3. 可能涉及的部件

（1）市电环境；

（2）连接在电脑上的可能有故障的外部设备；

（3）BIOS 设置、启动文件、设备驱动程序、操作系统/应用程序配置文件；

（4）电源、磁盘及磁盘驱动器、主板、连接线、CPU、内存、可能的其他板卡。

三、操作系统安装与升级故障

1. 定义举例

这类故障主要是反映在安装或升级操作系统时出现的故障。

2. 可能的故障现象

（1）安装操作系统时，在进行文件复制过程中死机或报错；

（2）在进行系统配置时死机或报错；

（3）在进行操作系统升级（如安装补丁或更新时）出现异常；

（4）对于安装操作系统的过程中不能分区或找不到硬盘的故障。

3. 可能涉及的部件

（1）BIOS 版本、BIOS Setup 中设置是否妥当；

（2）硬盘驱动器、光盘驱动器；

（3）主板、CPU、内存，以及其他可能的部件、软件。

四、操作系统与软件应用故障

1. 定义举例

这类故障主要是指启动完毕后到关机前所发生的应用软件方面及系统方面的故障。

2. 可能的故障现象

(1) 休眠后无法正常唤醒;
(2) 系统运行中出现蓝屏、死机、非法操作等故障现象;
(3) 系统运行速度慢;
(4) 运行某应用程序，导致硬件功能失效;
(5) 游戏无法正常运行;
(6) 应用程序不能正常安装、使用及卸载、报错等。

3. 可能涉及的部件

(1) 操作系统本身、应用软件本身、主板 BIOS 等;
(2) 主板、CPU、内存、电源、磁盘、键盘、接插的板卡等。

五、存储应用类故障

1. 定义举例

存储应用类故障是指在应用过程中磁盘（硬盘、光驱、软驱、读卡器等）所产生的故障。

2. 可能的故障现象

(1) 硬盘驱动器。
① 硬盘有异常声响，噪声较大;
② 硬盘指示灯常亮或不亮、硬盘干扰其他驱动器的工作等;
③ 不能分区或格式化、硬盘容量不正确、硬盘有坏道、数据损坏等;
④ 逻辑驱动器盘符丢失或被更改、访问硬盘时报错;
⑤ 在对文件（夹）进行操作（拷贝、删除、保存）时报错。
(2) 读卡器。
① 读卡器不被系统识别;
② 不能读插在读卡器中的存储卡。
(3) 光盘驱动器。
① 光驱噪声较大、光驱划盘、光驱托盘不能弹出或关闭、光驱读盘能力差等;
② 光驱盘符丢失或被更改、系统检测不到光驱等;
③ 访问光驱时死机或报错等;
④ 光盘介质造成光驱不能正常工作。

3. 可能涉及的部件

(1) 硬盘、光驱、软驱及其它们的设置;
(2) 主板上的磁盘、USB 等接口、电源、数据线。

六、显示应用类故障

1. 定义举例

显示应用类故障是显示系统自身的故障（显示器和显示卡等），以及相关的设置问题。

2. 可能的故障现象

(1) 开机无显、显示器有时或经常不能加电;
(2) 显示偏色、抖动或滚动,显示发虚、花屏等;
(3) 在某种应用或配置下花屏、发暗(甚至黑屏)、重影、死机等;
(4) 屏幕参数不能设置或修改;
(5) 亮度或对比度不可调或可调范围小、屏幕大小或位置不能调节或范围较小;
(6) 休眠唤醒后显示异常;
(7) 显示器异味或有声音。

3. 可能涉及的部件

(1) 周边其他设备及地磁对计算机的干扰;
(2) 显示器(包括连接线)、显示卡及其它们的设置;
(3) 主板、内存、电源。

七、网络应用类故障

1. 定义举例

网络应用类故障主要反映局域网、宽带网和浏览 Internet 过程中的各种故障和问题,即此类故障与网络相关。

Internet 方面的故障诊断将在下一任务介绍,本任务介绍局域网中的故障判断。

2. 可能的故障现象

(1) 网卡不工作,指示灯状态不正确;
(2) 网络连不通或只有几台电脑不能上网、能 Ping 通,但不能联网、网络传输速度慢;
(3) 数据传输错误、网络应用出错或死机等;
(4) 网络工作正常,但某一应用下不能使用网络;
(5) 只能看见自己或个别计算机;
(6) 网络设备安装异常;
(7) 网络时通时不通。

3. 可能涉及的部件

(1) 网卡、交换机(包括 HUB、路由器等)、网线;
(2) 主板、硬盘等相关部件。

八、多媒体应用类故障

1. 定义举例

与多媒体播放、制作有关的软硬件故障。

2. 可能的故障现象

(1) 播放 CD、VCD 或 DVD 等报错、死机;

(2) 播放多媒体软件时，有图像无声音或无图像有声音；
(3) 播放声音时有杂音，声音异常、无声；
(4) 声音过小或过大，且不能调节；
(5) 不能录音、播放的录音杂音很大或声音较小；
(6) 设备安装异常。

3. 可能涉及的部件

(1) 音、视频板卡或设备；
(2) 主板、内存、光驱、音箱、磁盘介质。

九、设备应用类故障

1. 定义举例

设备应用类故障主要涉及在对具体部件或使用具体部件时所发生的故障,如对 USB 设备、键盘、鼠标、串行设备的使用时发生的各种故障。

2. 可能的故障现象

(1) 键盘工作不正常、功能键不起作用；
(2) 鼠标工作不正常；
(3) 不能打印或在某种操作系统下不能打印；
(4) 打印时报错、死机；
(5) 打印机未识别；
(6) 在某个应用软件中不能打印；
(7) 串行通信错误（如：传输数据报错、丢数据、串口设备识别不到等）；
(8) 使用 USB 设备不正常（如：不能识别、USB 硬盘带不动，不能接多个 USB 设备等）；
(9) 设备驱动程序无法安装或安装报错等。

3. 可能涉及的部件

(1) 装有相应端口的部件（如主板）、电源、连接电缆；
(2) 外部设备，如打印机、USB 设备等（U 盘、移动硬盘、数码相机等）；
(3) BIOS 中的设置。

十、案例分享

1. 不开机（不加电）

故障现象：按下电源开关，开机指示灯没有显示，或者无法维持。

故障现象确认：

(1) 移除系统电池和外接电源，按下开机按钮后，释放静电若干秒。

(2) 单独接上标配外接适配器电源（确保适配器处于正常供电状态），再次开机测试；如果能正常开机，最后确认电池能否正常开机？电池是否有足够的开机电压（电量）？

故障件确认：

最小化测试，维持开机最少部件通常认为有：主板（有些机型需要考虑开机板及其连线，可以使用“万用表”排除此类部件影响；另：有单独电源板机型）＋CPU（有些机型无需 CPU，即可维持开机状态）；如果测试能正常开机，可以通过逐个增加相关部件，找出影响故障部件，或者安装问题；如果仍然不开机，则可能故障部件为：主板，电源板，CPU 相关。

2. 开机无显示

故障现象：按下电源开关，开机指示灯显示正常，液晶屏无显示（非“屏暗”）。

故障现象确认：

（1）外接 VGA 设备（CRT 等），并且确认切换到外接显示状态。

（2）如果外接显示设备能够正常显示，则通常可以排除 CPU，内存相关部件，故障部件可能为：液晶屏，屏线，显卡（某些机型含独立显卡），主板，其他。

（3）如果外接显示设备也无法正常显示，则通常可以排除液晶屏模组故障，则可能故障部件为：显卡，主板，CPU，内存或其他。

最小化故障件确认：

最小化测试，维持开机显示最少部件通常认为有：主板（有些机型包含开机板及其连线，单独电源板）＋CPU＋内存；如果测试能正常开机显示，可以通过逐个增加相关部件，找出影响故障部件，或者安装问题。注意：内存、CPU 和主板之间兼容性问题，也要考虑其中。

3. 液晶屏显示暗

故障现象：开机后，液晶屏有画面显示，但很暗；外接显示器正常。

故障部件确认：

（1）背光板：无法将主板提供的直流电源进行转换，无法为液晶屏灯管提供高压交流电压。

（2）屏线：主板和背光板电源、控制线路不通或短路。

（3）主板：主板没有向背光板提供所需电源，或控制信号。

（4）休眠开关：按键不良，一直处于闭合状态。

（5）液晶屏：液晶屏模组内部的灯管无法显示。

（6）其他软件类：如一些不确定因素等。

4. 系统自动断电

故障现象：开机后，系统自动断电，使系统重新处于关机状态。

引起“断电”故障类别：

（1）系统过热，自动保护断电；则通常可能故障部件有：CPU，主板，风扇及散热模组；此外，不同的 BIOS 版本，也会影响分扇的转速。

（2）系统负载过大，电流过流保护断电；则通常认为可以改变主板“限流”参数，改变负载模组电流消耗等克服，如降低时钟频率等。

（3）其他不确定因素：如“病毒”、客户使用环境（温度，电压）相关。

5. 系统自动重启

故障现象：系统开机或系统运行时等自动重新启动。

故障原因分类：

（1）系统问题：系统文件异常，或“中病毒”等相关软件问题。

（2）硬件：主板/CPU等相关硬件问题。

（3）使用环境：客户无线、温度等环境干扰等因素。

（4）其他原因：如设置定时等。

6. 硬盘/光驱不读（引导）

故障现象：CMOS下硬盘/光驱无法识别；无法引导系统，不读硬盘；光驱不读碟，无法引导系统。

故障现象分类：

（1）CMOS下硬盘/光驱无法识别。

（2）BIOS下不支持该型号硬盘、光驱设备：

① 硬盘、光驱之一故障，导致它们之间相互冲突；

② 主板及相应部件故障，安装等。

（3）无法引导系统，不读硬盘/光驱：

① 硬盘系统或者引导分区破坏；

② 非正版光盘、光盘加密及光驱挑碟等；

③ BIOS不对某些型号的引导光盘支持。

其他：主板及相应硬件故障、安装等。

7. 外接显示无法切换

故障现象：显示画面无法正常切换到外接CRT/S-video等显示设备。

可能故障原因分类：

（1）相关接口不良：输出到该显示设备的线路接触，导通不良，线路信号衰减等。

（2）驱动相关类：显卡，快捷键等相关驱动程序未安装或未正常安装。

（3）主板：主板，显卡（部分机型包含独立显卡）等硬件故障。

（4）兼容性类：机器和外接显示信号不匹配，电脑无法识别到显示设备等相关；注意：此类现象，目前不针对客户有操作空间。

（5）其他软件类：软件冲突等。

8. 系统音频异常

故障现象：系统内外喇叭无声/杂音/共响等相关不良。

故障现象分类：

（1）系统内置喇叭无声，外接喇叭输出正常。

可能故障原因：内外喇叭接口损坏，内置喇叭，主板（部分机型含声卡板），连接线未接导致屏蔽等。

（2）系统内置，外接喇叭同时无声。

可能故障原因：主板，声卡驱动相关等。

（3）系统内置，外接喇叭同时发声。

可能故障原因：外喇叭接口损坏，主板（部分机型含声卡板），连接线未接屏蔽等。

（4）系统音频播放杂音，“卡”等相关。

可能故障原因：内置喇叭，主板（部分机型含声卡板），驱动相关等。

9. 系统电池充/放电异常

故障现象：系统电池无法充/放电，充电指示灯异常等。

可能故障部件：

（1）主板：主板无法正常侦测到电池电量，或充电线路坏，BIOS 软件问题等。

（2）电池：电池内部充电线路故障，无法正确提供主板相关充电信息等。

（3）外接电源：外接电源供电功率不够或者电压不稳定等。

（4）其他：如充电指示灯，系统电池侦测偏差等。

10. 触控板功能异常

故障现象：触控板无法使用或者使用不灵活相关。

故障现象分类：

（1）触控板无功能：触控板无法实现鼠标类相关功能，可能故障原因。

① 快捷键关闭或触控板驱动设置相关；

② 主板或触控板硬件故障；

③ 接口类接触性问题；

④ 其他软件或设置类。

（2）触控板使用不灵活：使用过程中鼠标箭头“不听使唤”，此现象可能原因：机型问题/使用者个体差异/触控板驱动等软件相关。

（3）其他不良。

【课堂实践】

通过故障案例分析学习，处理以下操作：

（1）花屏；

（2）黑屏；

（3）不能开机。

【课外拓展】

笔记本电池的保养

（1）在使用笔记本电脑之前认真阅读使用手册的电池保养部分。

（2）第一次充电时，你应该连续地把电池充电到 12 个小时，并且循环地完全充、放电 3 次以完全唤醒新电池。

（3）如果长时间使用外接电源，最好取下电池。

（4）定期充放电。即使没有记忆效应的锂离子电池存在一定的惰性效应，长时间不使用会使锂离子失去活性，需要重新激活。因此，如果长时间（3 个星期或更长）不使用电脑或发现电池充放电时间变短，应使电池完全放电后再充电，一般每个月至少完整地充放电 1 次。

（5）充电时最好关掉笔记本电脑，使电池能够完全充满电，不要在充电中途拔掉电源。关机充电会比开机充电缩短 30%以上的充电时间，而且能延长电池的使用寿命。最好在充电完毕 30 分钟后再使用。

（6）防止暴晒、防止受潮、防止化学液体侵蚀、避免电池触点与金属物接触发生短路等情况的发生。

（7）锂电池的充放电次数一般在 600 次，每充一次电，它就缩短一次的寿命。建议大家尽量使用外接电源，如果使用中途需要多次插拔电源，且笔记本电脑内置电池没有拔出，会让电池折寿很大，因为每次外接电源接入就相当于给电池充电一次。

（8）最好有电源时就插电源适配器使用。

【项目习题】

一、选择题

1. 电脑维修与家电维修最主要的区别是（　　）。
   A. 电脑使用的都是数字电路　　B. 电脑是在程序的控制下才能工作
   C. 电脑是自动工作的　　D. 没有区别

2. 如果你遇到一个未见过的故障，也不清楚是哪儿有问题，你会先考虑（　　）。
   A. 首先更换主板　　B. 检查系统中正在运行着哪些软件
   C. 检测电脑的配置情况　　D. 请求技术支持

3. 用户反映“电脑开机时出现烟雾”情况，你到达现场后，会（　　）。
   A. 先软后硬的原则检查软件方面的问题　　B. 查看有无相关的技术通报
   C. 检查哪个部件上的电路有烧毁的痕迹　　D. 通电复现故障

4. 对于不能上网的故障，你会首先检查（　　）。
   A. 网络电缆是否正确连接好　　B. 检查网卡驱动程序是否正确安装
   C. 检查是否有病毒　　D. 重新安装操作系统

5. 当你看到一台电脑在使用一段时间后就会死机的现象，最先应该观察下列哪方面的问题（　　）。
   A. 系统中是否有病毒　　B. 电脑中是否安装了新的硬件
   C. 系统中是否删除了某个重要文件　　D. 电脑摆放的位置是否通风良好

项目七 计算机外设实验

【项目目标】

通过本项目的学习，了解双机互联、打印机、路由、功能，熟悉打印机、路由相关设置的目标。

任务1 打印机实验

【任务描述】

实现打印机的硬件连接、驱动程序的安装、打印机共享，完成打印任务。

【任务分析】

本任务的关键点：

（1）打印机硬件连接。
（2）打印机驱动安装。
（3）网络共享打印机。

【预备知识】

打印机（Printer）是计算机的输出设备之一，用于将计算机处理结果打印在相关介质上。衡量打印机好坏的指标有三项：打印分辨率、打印速度和噪声。打印机的种类很多，按打印元件对纸是否有击打动作，分击打式打印机与非击打式打印机。按打印字符结构，分全形字打印机和点阵字符打印机。按一行字在纸上形成的方式，分串式打印机与行式打印机。按所采用的技术，分柱形、球形、喷墨式、热敏式、激光式、静电式、磁式、发光二极管式等打印机。

【任务实施】

一、打印机硬件连接

1. 连接线缆

并口打印机电缆：连接 PC 的一般为 A 型，连接打印机的一般为 B 型。并口打印连接电缆长度不超过 10 m，与线缆的质量关系密切，一般情况下线缆长度为 2 m，如图 7.1 所示。

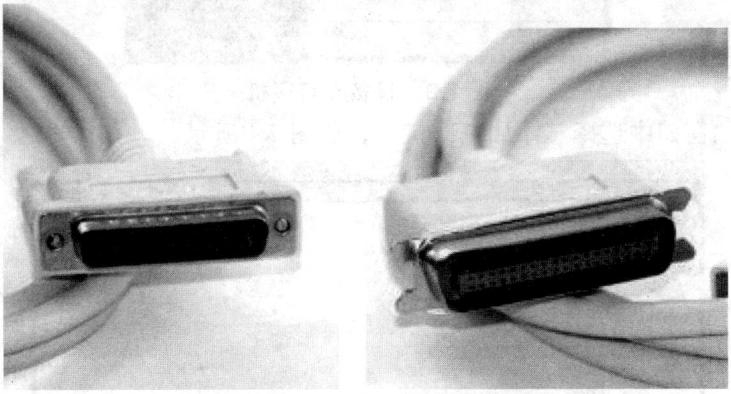

图 7.1 A 型接口和 B 型接口

2. USB 连接线缆

一般情况下，PC 上 USB 连接口为 A 口，打印机上 USB 连接口为 B 口，如图 7.2 所示。

图 7.2 A 口和 B 口

二、打印机驱动安装

下面介绍 Windows 7 下如何安装打印机驱动。

（1）点击“开始”菜单，单击“设备和打印机”，如图 7.3 所示。

图 7.3　设备和打印机

（2）在弹出的窗口中选择“添加打印机”，如图 7.4 所示。

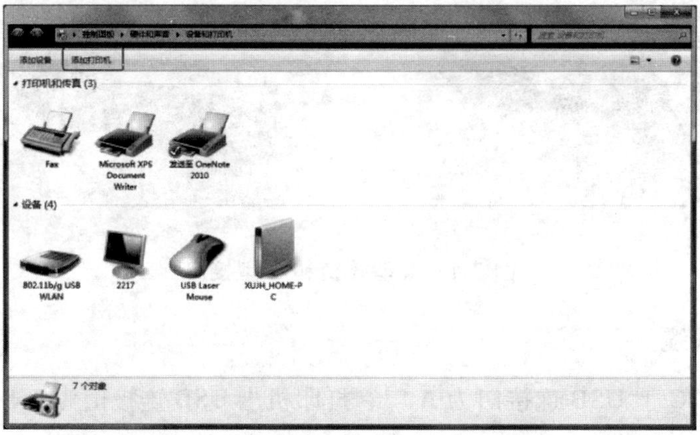

图 7.4　添加打印机

（3）在出现的“添加打印机向导”选择“添加本地打印机”，点击“下一步”，如图 7.5 所示。

图 7.5　添加本地打印机

（4）USB 端口的打印机会自动检测出来，一般情况下手动指定的都是 LPT 口，也就是并口，普通计算机只存在一个并口，即 LPT1，点击“下一步”，如图 7.6 所示。

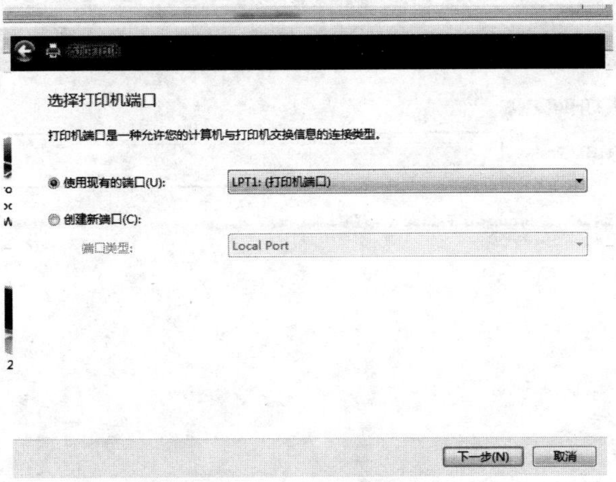

图 7.6　选择接口类型

（5）选择系统自带打印机类型或者点击“从磁盘安装”指定位置安装，如图 7.7 所示。

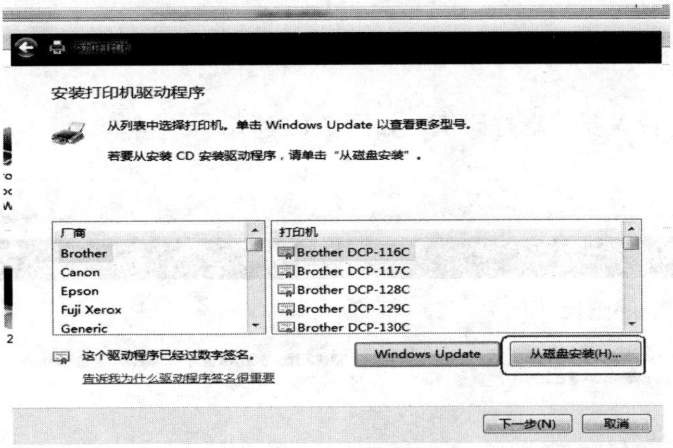

图 7.7　从磁盘安装

（6）如果系统中没有的打印机，则点击“浏览”选择打印机驱动所在的文件夹，然后点击“确定”，如图 7.8 所示。

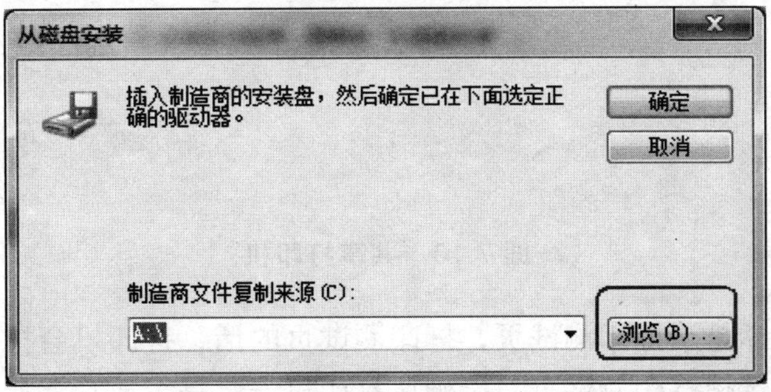

图 7.8　选择路径

（7）此处输入打印机名称或者使用默认名称，点击“下一步”，如图 7.9 所示。

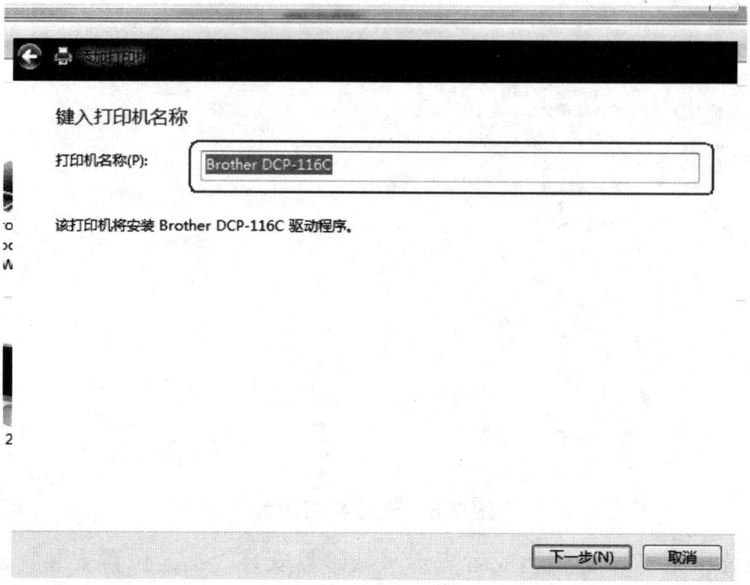

图 7.9　打印机名

（8）此处选择是否需要共享打印机，如图 7.10 所示。

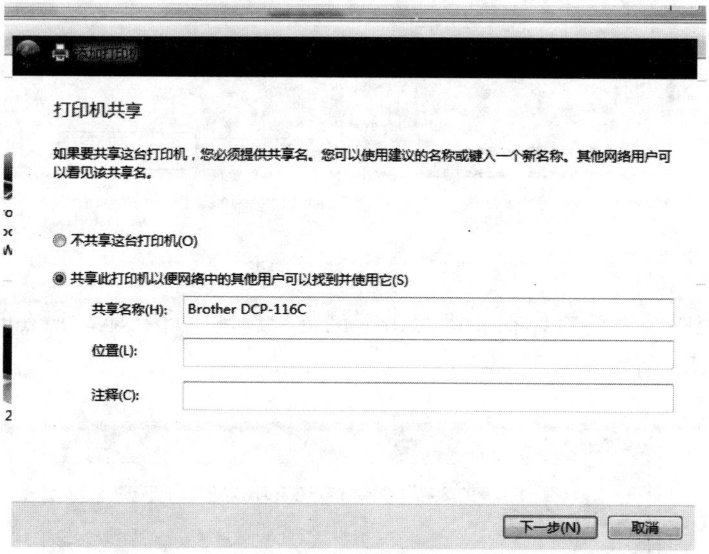

图 7.10　共享打印机

（9）此处可以选择是否打印测试页，打印测试页的话，打印机会打印一张打印机安装成功的纸张，建议此处选择打印测试页，以确认打印机安装是否成功。如果计算机内已经安装有其他打印机的话，还需要选择是否为“默认打印机”，如图 7.11 所示。

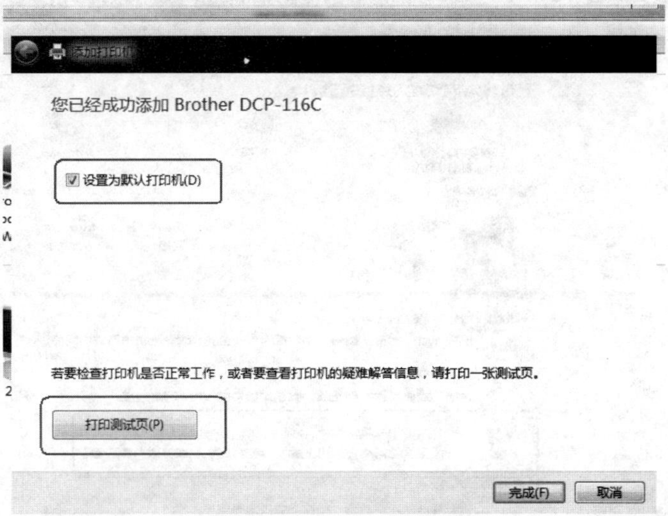

图 7.11　设置默认打印机

（10）点击完成，即完成了在 Windows 7 下打印机驱动安装。此时“打印机和传真”窗口中就会发现安装好的打印机，如图 7.12 所示。

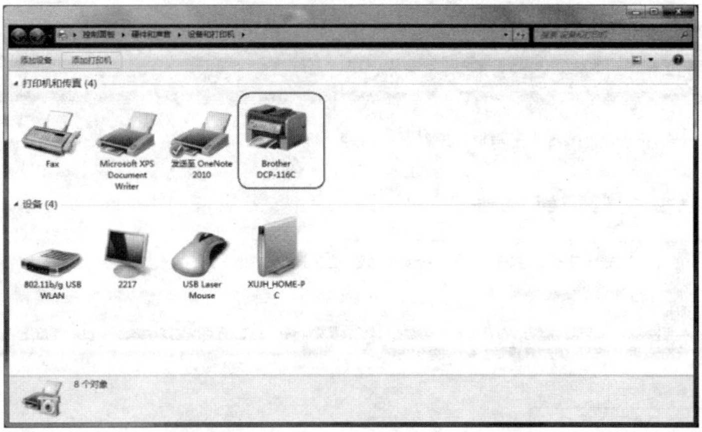

图 7.12　打印机已添加

三、网络共享打印机

1. 共享打印机

（1）检测确认主机已经正确连接打印机并安装好打印机驱动，可以正常打印测试页。

（2）检查“启用文件和打印机共享”是否开启，如未开启，则选择“网络和共享中心”→“选择家庭组和共享选项”→“更换高级共享设置”→“启用文件和打印机共享”，如图 7.13～7.15 所示。

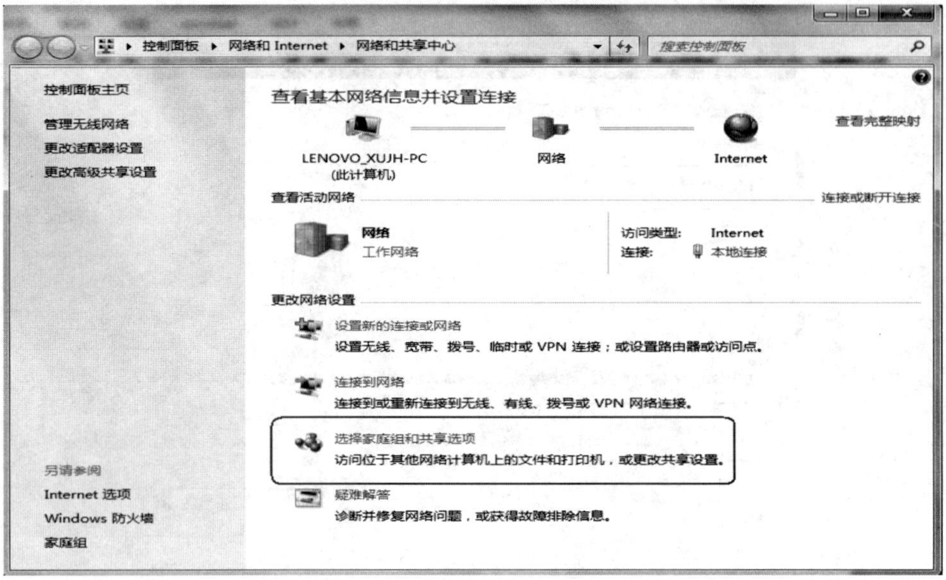

图 7.13 选择家庭组和共享选项

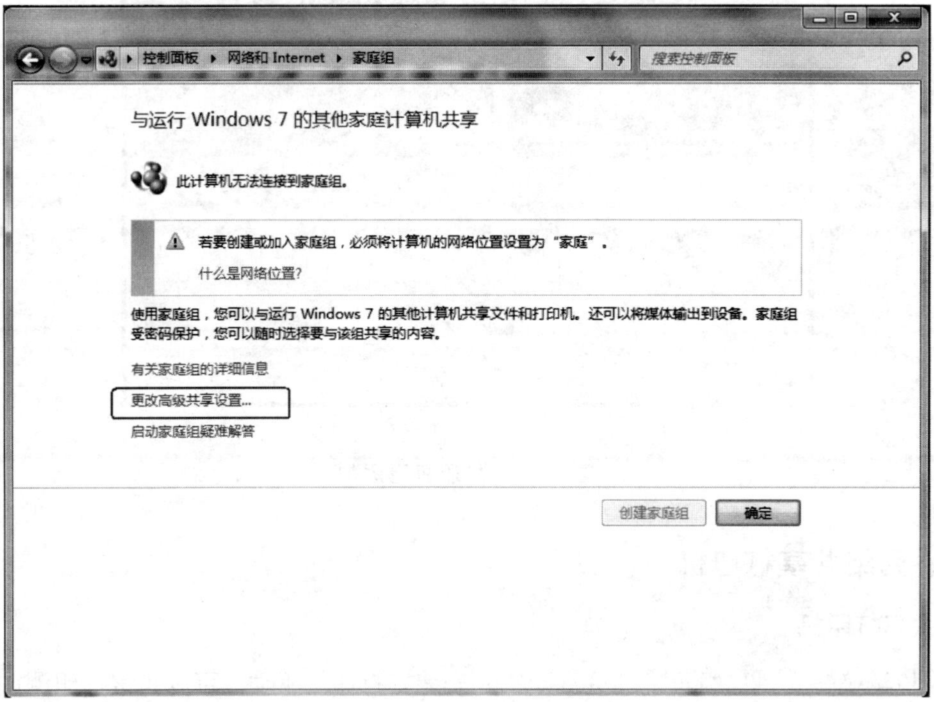

图 7.14 更换高级共享设置

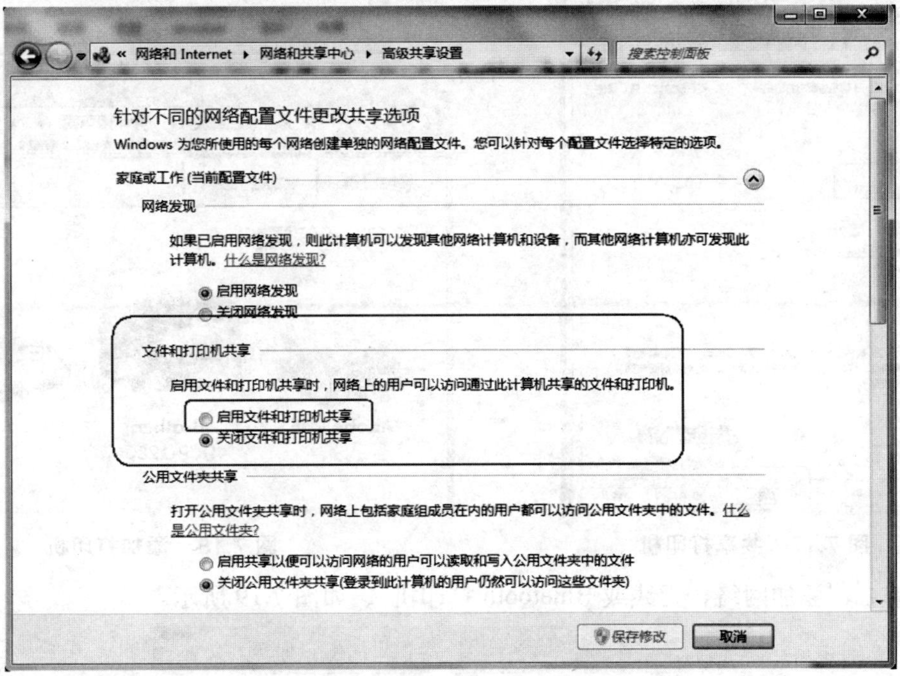

图 7.15　启用文件和打印机共享

(3) 单击“开始”菜单→“打印机和传真”，右键单击需要共享的打印机，单击“打印机属性”→“共享”选项卡→“共享打印机”→“确定”，如图 7.16 和图 7.17 所示。

2. 连接网络共享打印机

(1) 单击“开始”菜单→“设备和打印机”→“添加打印机”，如图 7.18 所示。

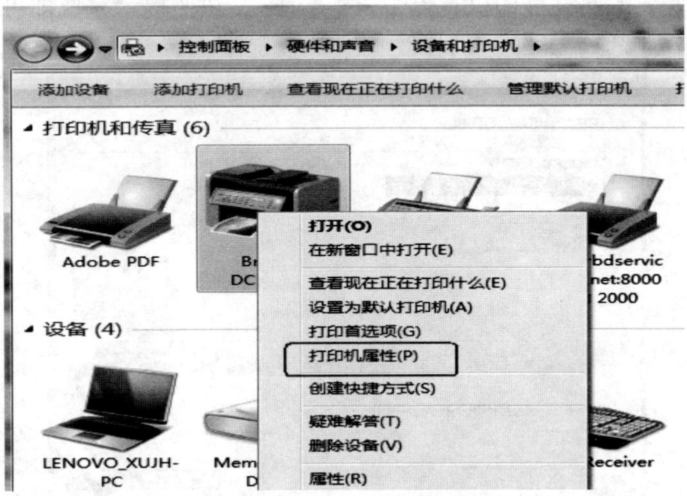

图 7.16　打印机属性

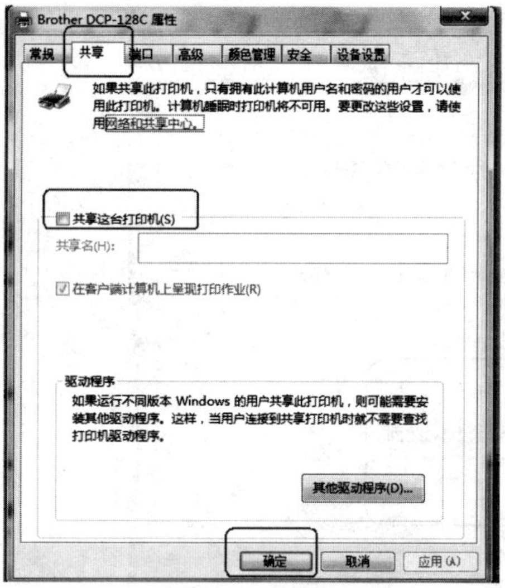

图 7.17　共享打印机

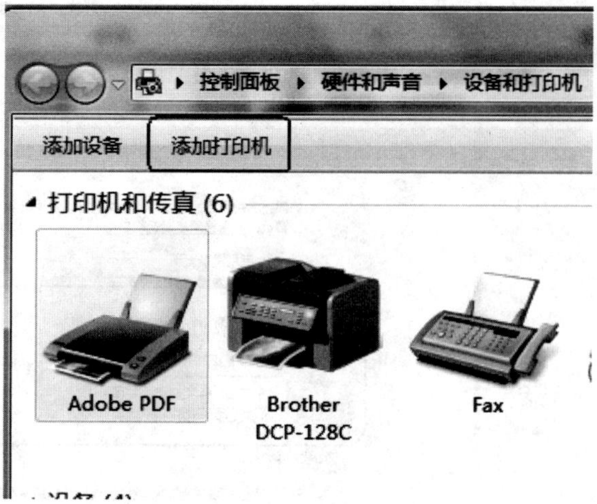

图 7.18　添加打印机

（2）单击“添加网络、无线或 Bluetooth 打印机”，如图 7.19 所示。

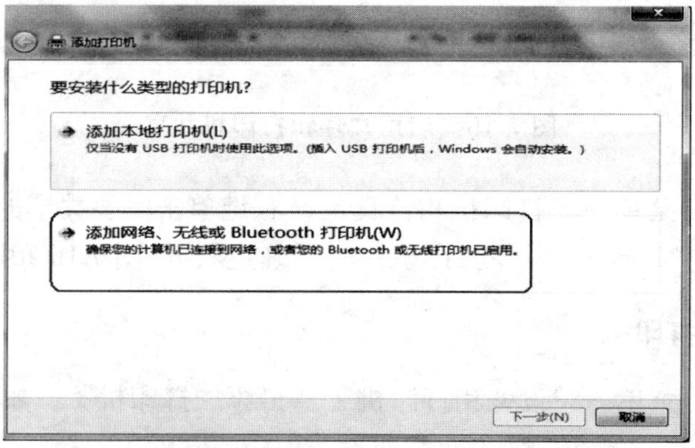

图 7.19　添加网络、无线或 Bluetooth 打印机

（3）单击需要安装的网络打印机，点击“下一步”，按照提示完成即可，如图 7.20 所示。

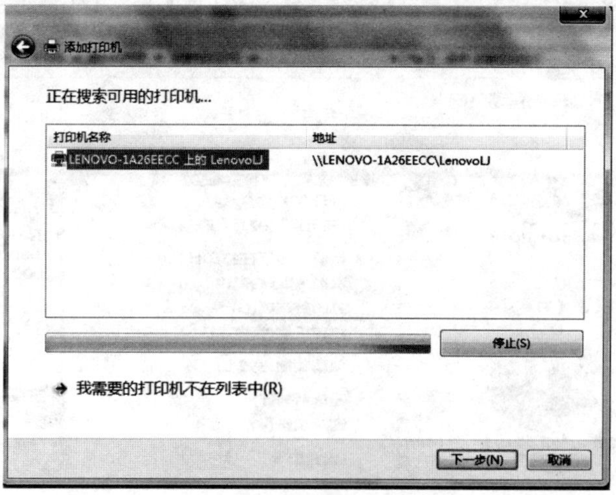

图 7.20　搜索网络打印机

（4）如果系统找不到所需要的打印机，可以点击“我需要的打印机不在列表中”，然后点击“下一步”，如图 7.21 所示。

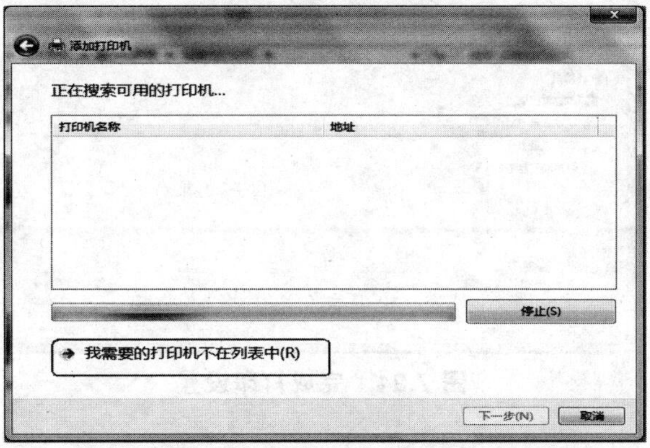

图 7.21　我需要的打印机不在列表中

（5）选择“浏览打印机”，点击“下一步”，如图 7.22 所示。

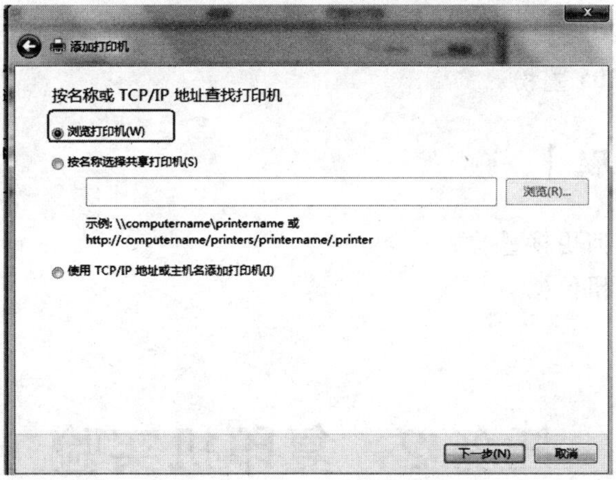

图 7.22　浏览打印机

（6）找到连接着打印机的计算机，点击“选择”，如图 7.23 所示。

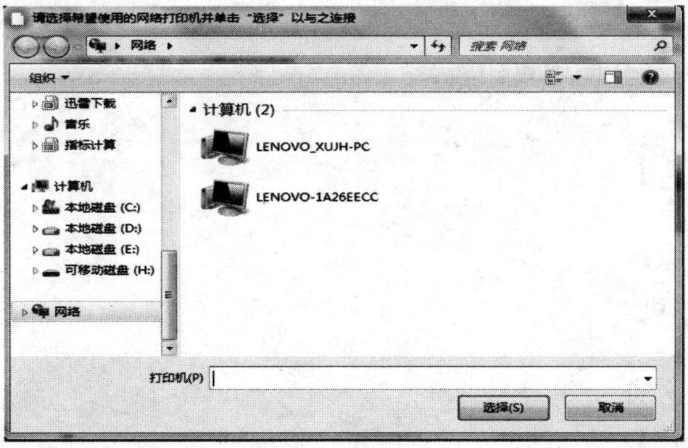

图 7.23　选择打印机

（7）选择目标打印机，点击“选择”，按照提示完成即可，如图 7.24 所示。

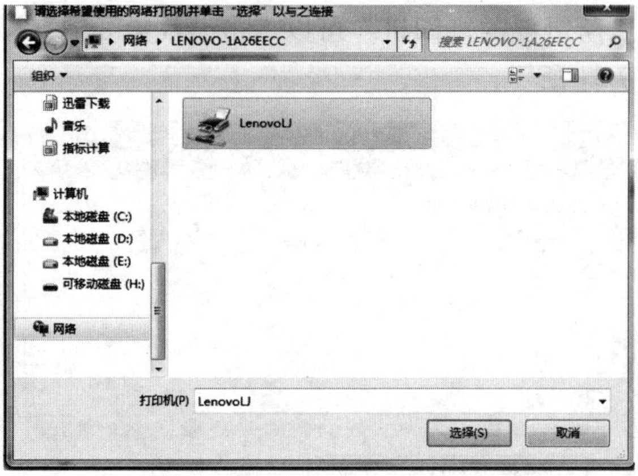

图 7.24　完成打印设置

【课堂实践】

通过打印机实验的学习，完成以下操作：

（1）使用联想 PM205 打印一段文字和复印一张身份证。

（2）更换联想 PM205 墨粉。

【课外拓展】

（1）针式打印机如何更换墨盒？

（2）了解主流打印机价格。

任务 2　复印机实验

【任务描述】

通过本任务的学习，会使用复印机。

【任务分析】

本任务的关键点：

（1）如何使用复印机。

（2）复印机更换粉盒。

【预备知识】

复印机属模拟方式，只能如实进行文献的复印。今后 OfficeMate 办公伙伴的复印机将向数字式复印机方向发展，使图像的存储、传输以及编辑排版（图像合成、信息追加或删减、局部放大或缩小、改错）等成为可能。它可以通过接口与计算机、文字处理机和其他微处理机相连，成为地区网络的重要组成部分。多功能化、彩色化、廉价和小型化、高速仍然是重要的发展方向。

【任务实施】

复印机复印并不是简单打开就能直接复印，在复印前应该有一个让复印机预热的过程，因此，我们应该先把复印机电源开关打开。开关位置不同的复印机位置会有区别，一般在面板上或左右两侧黑色开关键，如图 7.25 所示。

图 7.25　复印机开关

复印机的控制面板，如图 7.26 所示。

图 7.26　复印机控制面板

（1）打开复印机后开始预热，面板上应有指示灯显示，并出现等待信号。当预热时间达到，机器即可开始复印，这时会出现可以复印信号或以音频信号告知。示范的这台复印机预热完毕，绿色的预热灯会自动关闭，如图 7.27 所示。

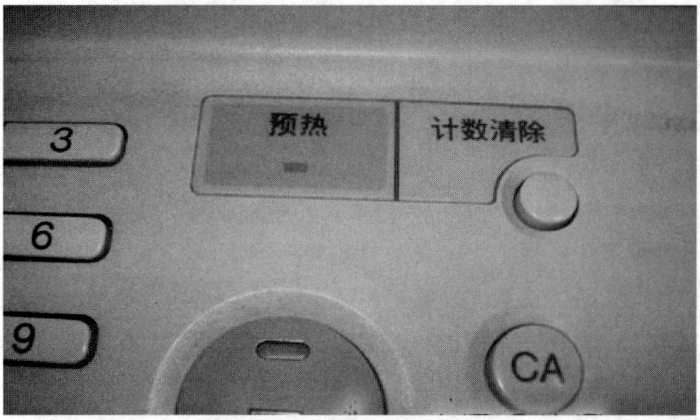

图 7.27　预热指示灯

控制面板上的功能设置，如图 7.28 所示。

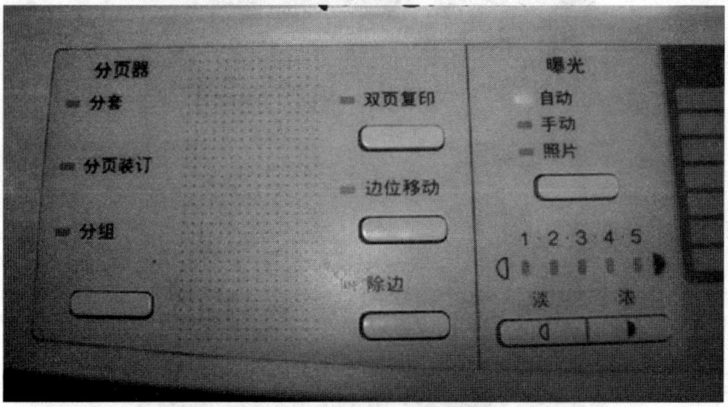

图 7.28　控制设置面板

（2）预热好后应该查看一下操作面板上的各项显示是否正常。主要包括以下几项：可以复印信号显示、纸盒位置显示、复印数量显示为“0”、复印浓度调节显示、纸张尺寸显示，一切显示正常才可进行复印。

（3）检查是否有足够的纸张.一般复印机有 2 种方法摆放空白纸张，分别是侧方与纸盒摆放。如图 7.29 所示，纸盒子在复印机的下方。而侧方放纸张，是一边放纸，一边出纸。一般默认复印纸张都是 A4。

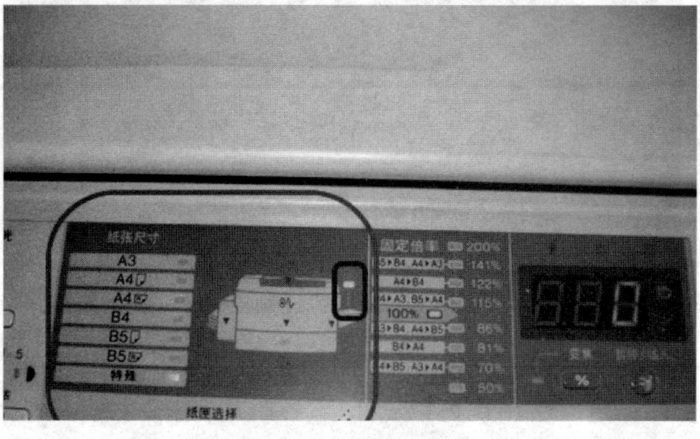

图 7.29　纸张设定

（4）一切就绪后，就是放置原稿。注意：原稿不要有复印钉，涂改液应该干透，原稿的字迹要清晰等。注意原稿的大小，原稿不应该大于设定好的空白纸张大小（这里默认是 **A4**），否则要分成多部分来复印。

（5）打开上盖，放置原稿，原稿对准大小刻度，如图 7.30 所示。

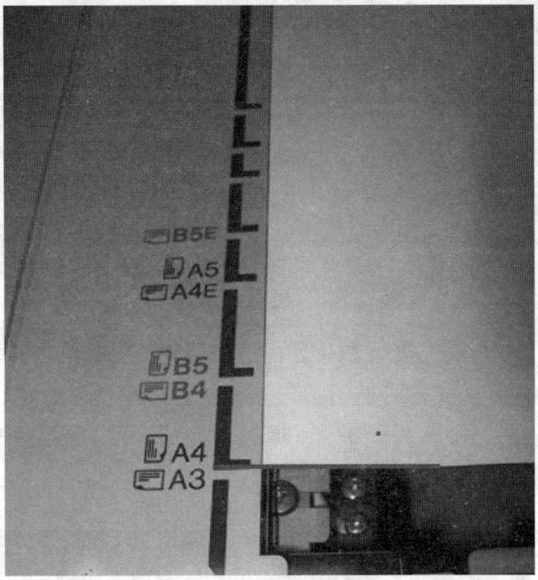

图 7.30　对应纸张大小

（6）掀开复印机上盖，将要复印的原稿面朝下（玻璃面板），对准大小刻度，注意要让原稿平整一点，盖上盖子。复印有顺序的原稿时，应从最后一页开始，这样复印出来的复印品顺序就是正确的，否则，还需重颠倒一遍。注意需要复印原稿内容朝下，如图 7.31 所示。

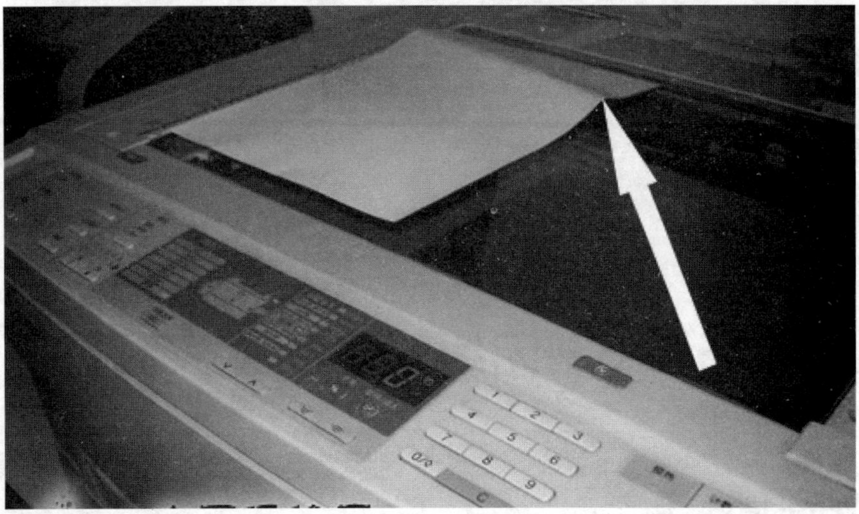

图 7.31　平整纸张

设置打印份数，如图 7.32 所示。

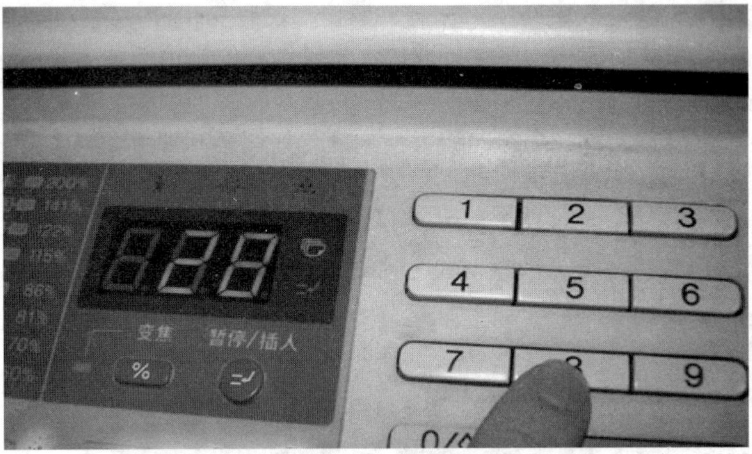

图 7.32　设置打印份数

在控制面板设定复印的份数，按下数字键设定复印份数。若按错了数字可按“C”键，然后重新设定复印份数。

如果忘记设定打印份数，显示为“0”，但按下打印后，机器会默认打印一张。

最后按一下复印按键即可，如图 7.33 所示。

图 7.33　复印文件

任务 3　无线路由配置实验

【任务描述】

通过本任务的学习，会设置无线路由器。

【任务分析】

本任务的关键点：

（1）密码设置。
（2）访问权限设置。

【预备知识】

无线路由器是带有无线覆盖功能的路由器，它主要应用于用户上网和无线覆盖。无线路由器可以看作一个转发器，将家中墙上接出的宽带网络信号通过天线转发给附近的无线网络设备(笔记本电脑、支持 WIFI 的手机等)。市场上流行的无线路由器一般都支持专线 xdsl/cable，动态 xdsl，pptp 四种接入方式，它还具有其他一些网络管理的功能，如 DHCP 服务、NAT 防火墙、MAC 地址过滤等功能。

【任务实施】

无线路由器配置的操作步骤：

（1）登录 192.168.1.1，输入用户名、密码，新的多数是“用户名：密码:”，其界面如图 7.34 所示。

图 7.34　无线路由界面

（2）建立 ADSL 拨号连接，如图 7.35 所示。

通常 ASDL 拨号上网用户选择第一项 PPPoE 来进行下一步设置。

到 ADSL 拨号上网的账号和口令输入界面，按照字面的提示输入用户在网络服务提供商所提供的上网账号和密码，然后直接按“下一步”。

接下来可以看到有无线状态、SSID、频段、模式这四项参数。检测不到无线信号的用户，留意一下自己的路由器无线状态是否开启。

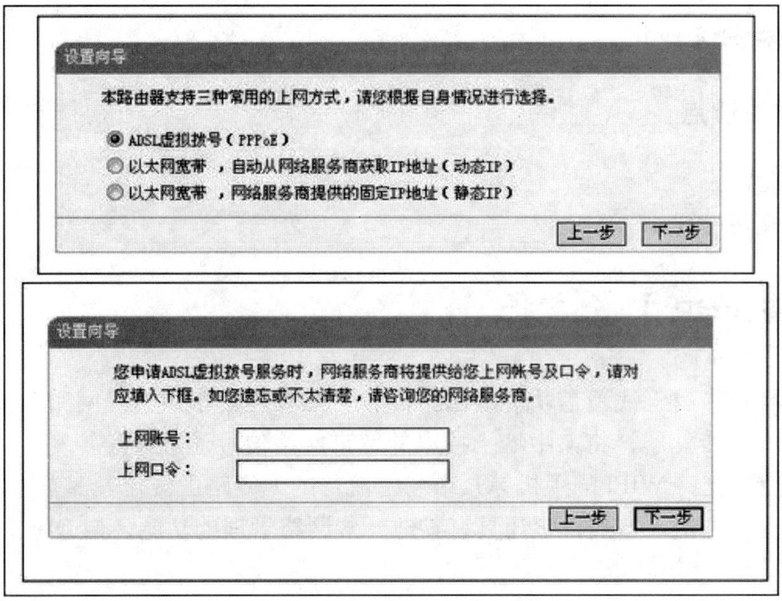

图 7.35　ADSL 拨号连接

SSID 这一项用户可以根据自己的爱好来修改添加，可以轻易找到自己路由器的无线网络，如图 7.36 所示。

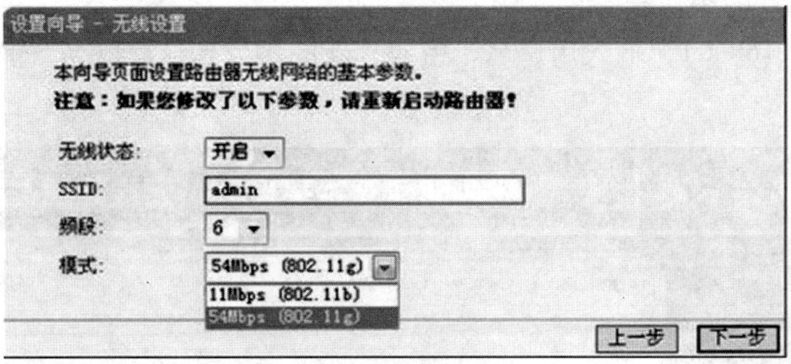

图 7.36　SSID

在频段这一项我们拉下来可以看到有 13 个数字选择，这里的设置只是路由的无线信号频段，如果你附近有多台无线路由的话，可以在这里设置使用其他频段来避免一些无线连接上的冲突，如图 7.37 所示。

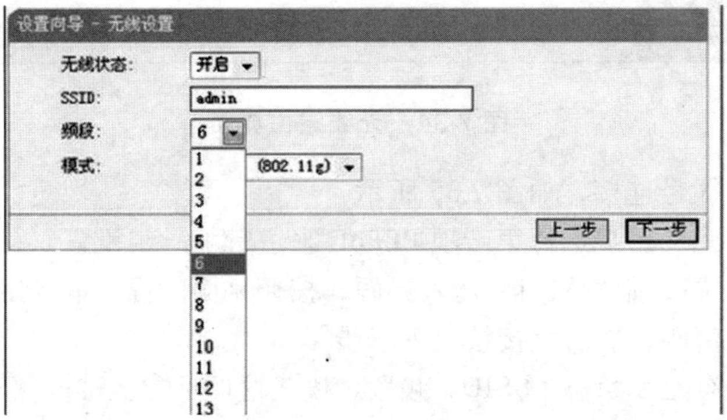

图 7.37　频段

接着模式这一选项拉下来，我们可以看到 TP-LINK 无线路由的几个基本无线连接工作模式，11 Mbps(802.11 b)最大工作速率为 11 Mbps；54 Mbps(802.11 g)最大工作速率为 54 Mbps，也向下兼容 11 Mbps。(在 TP-LINK 无线路由产品里还有一些速展系列独有的 108 Mbps 工作模式。)

(3) 接下来的高级设置简单地介绍一下每个设置选项的页面和设置参数。

首先这里是第一个选项运行状态。刚才我们对 TP-LINK 无线路由的设置都反映在上面，如果你是 ADSL 拨号上网用户，则在这里的页面按连接就可以直接连上网络；如果你是以太网宽带用户，则通过动态 IP 或固定 IP 连接上网，这里也会出现相应的信息，如图 7.38 所示。

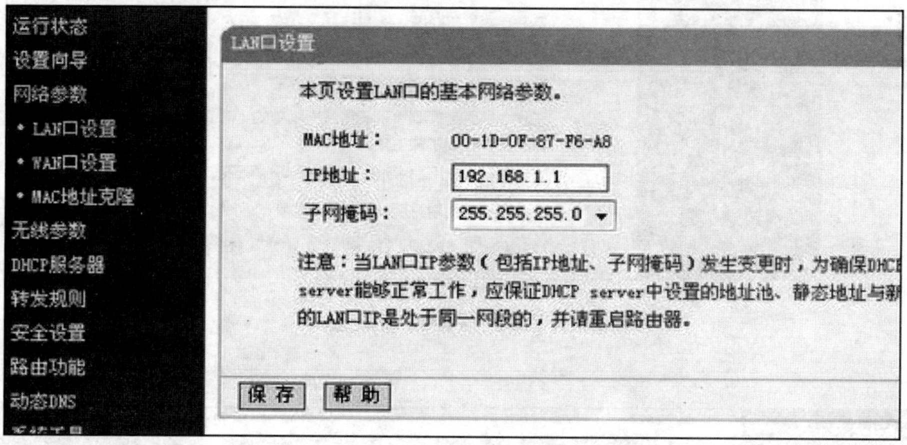

图 7.38　IP 设置

在网络参数里的 LAN 口设置这里，我们只要保持默认设置就可以了。如果对网络有一定认识的用户也可以根据自己的喜好来设置 IP 地址和子网掩码，只要注意不和其他工作站的 IP 有冲突，基本上都没什么太大问题。记得在修改以后按保存后重启路由器就可以了。

注意：当 LAN 口 IP 参数（包括 IP 地址、子网掩码）发生变更时，为确保 DHCP server 能够正常工作，应保证 DHCP server 中设置的地址池、静态地址与新的 LAN 口 IP 是处于同一网段的，并请重启路由器。

在这里基本上 TP-LINK 提供 7 种对外连接网络的方式，由于现在基本上家庭用户都是用 ADSL 拨号上网，主要给大家介绍一下对 ADSL 拨号上网设置。

首先在 WAN 口连接类型，我们选择 PPPoE 这一项，在这里我们可以看到有几个比较熟悉又基本的设置选项。上网账号和上网口令如之前所说，输入用户在网络服务提供商所提供的上网账号和密码就可以了，如图 7.39 所示。

在 MAC 地址克隆这里的界面也很简洁。一个恢复出厂 MAC 和一个克隆 MAC 地址的两个按钮。基本上保持默认设置就可以了。这里需要特别说明一下的是有些网络运营商会通过一些手段来控制路由连多机上网，这个时候各用户可以克隆 MAC 地址来破解（不是一定有效），如图 7.40 所示。

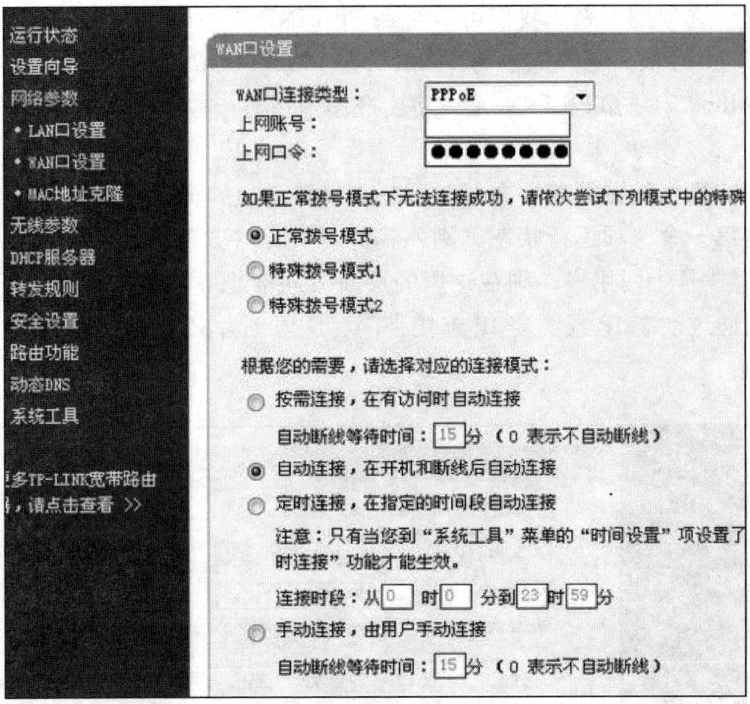

图 7.39　WAN 口设置

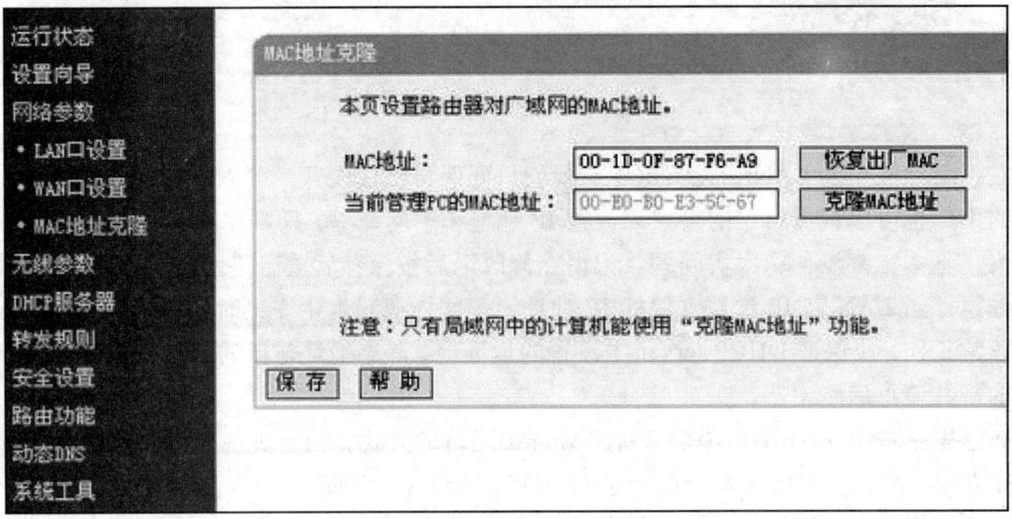

图 7.40　MAC 地址克隆

现在来到 TP-LINK 无线路由的重点了，在无线参数这里我们可以设置一些无线网络的连接安全之类的参数，如图 7.41 所示。

开启无线网络功能和允许 SSID 广播建议有无线网络连接要求的用户勾上。开启 Bridge 功能，如果没有特别的要求不用勾上，这是个网桥功能。

这里的安全类型主要有三个：WEP、WPA/WPA2、WPA-PSK/WPA2-PSK，以下分别介绍。

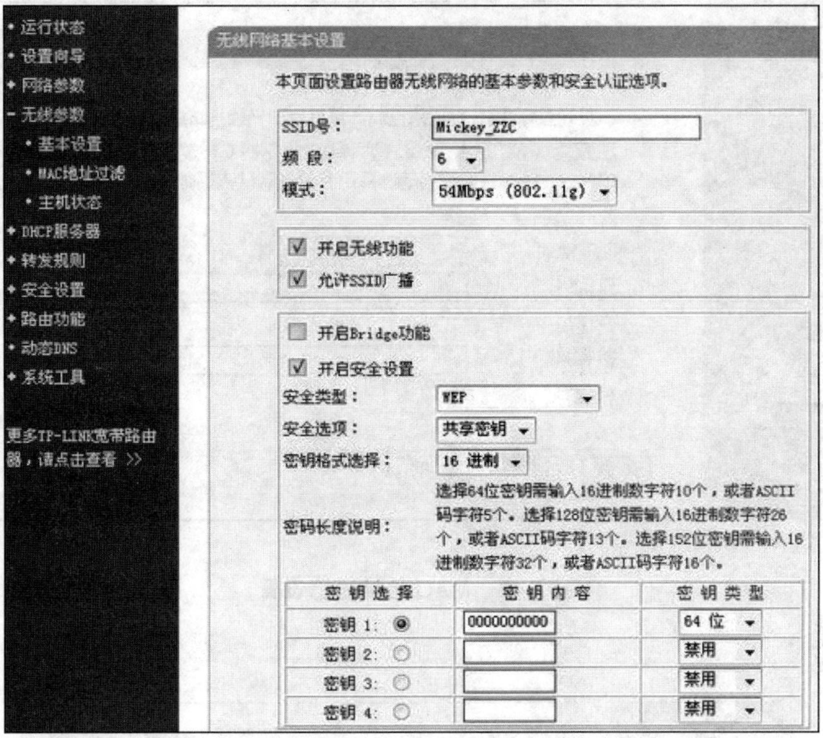

图 7.41　无线网络基本设置

WEP 的安全选项有三个：自动选择（根据主机请求自动选择使用开放系统或共享密钥方式）、开放系统（使用开放系统方式）、共享密钥（使用共享密钥方式）。

WPA/WPA2 是用 Radius 服务器进行身份认证并得到密钥的 WPA 或 WPA2 模式。在 WPA/WPA2 或 WPA-PSK/WPA2-PSK 的加密方式都一样包括自动选择、TKIP 和 AES。

WPA-PSK/WPA2-PSK（基于共享密钥的 WPA 模式）。这里的设置和之前的 WPA/WPA2 也大致类同。注意的是，这里的 PSK 密码是 WPA-PSK/WPA2-PSK 的初始密码，最短为 8 个字符，最长为 63 个字符。

无线网络 MAC 地址过滤设置。大家可以利用本页面的 MAC 地址过滤功能对无线网络中的主机进行访问控制。如果您开启了无线网络的 MAC 地址过滤功能，并且过滤规则选择了“禁止列表中生效规则之外的 MAC 地址访问本无线网络”，而过滤列表中又没有任何生效的条目，那么任何主机都不可以访问本无线网络，如图 7.42 所示。

在无线参数的设置以后，我们可以回到 TP-LINK 路由所有系列的基本设置页面其中的 DHCP 服务设置。

TCP/IP 协议设置包括 IP 地址、子网掩码、网关以及 DNS 服务器等。为局域网中所有的计算机正确配置 TCP/IP 协议并不是一件容易的事，DHCP 服务器提供了这种功能。如果需使用 TP-LINK 路由器的 DHCP 服务器功能的话，可以让 DHCP 服务器自动配置局域网中各计算机的 TCP/IP 协议，如图 7.43 所示。

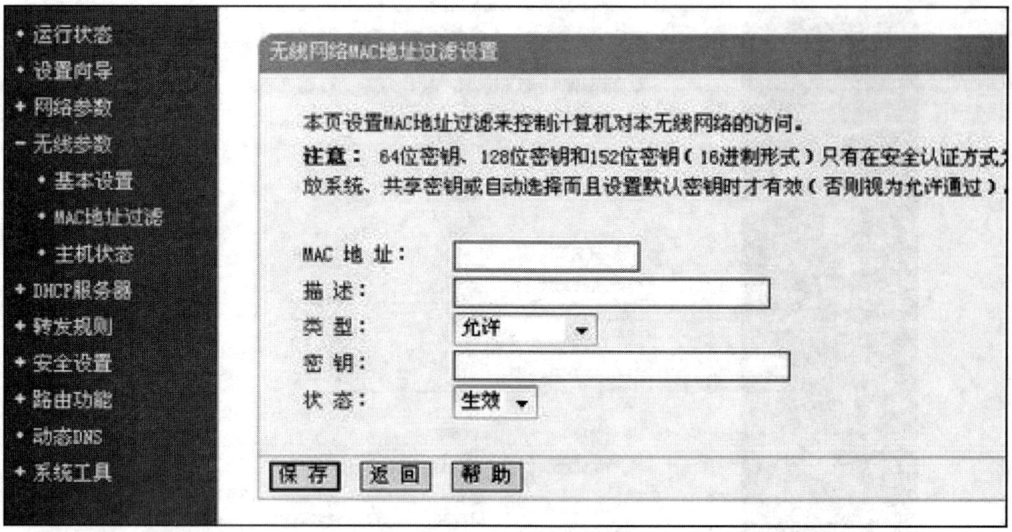

图 7.42　MAC 地址过滤设置

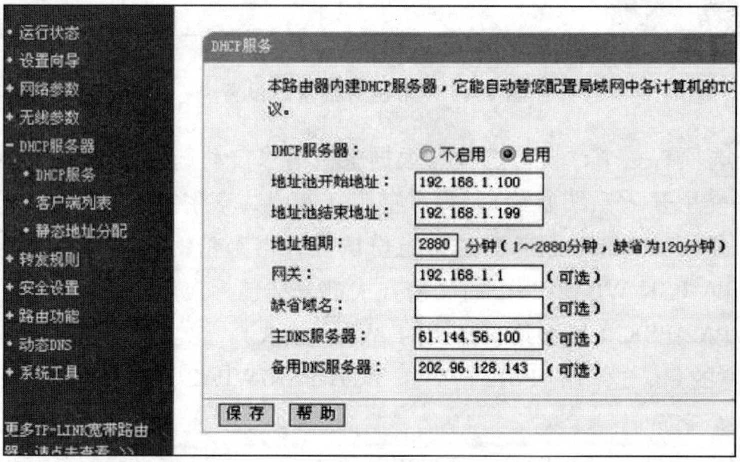

图 7.43　DHCP 服务

通常用户保留它的默认设置如图 7.43 就基本没什么问题。在这里建议在 DNS 服务器上填上用户在网络提供商所提供的 DNS 服务器地址，有助于稳定快捷的网络连接。

在 DHCP 服务器的客户端列表里用户们可以看到已经分配了的 IP 地址、子网掩码、网关以及 DNS 服务器等。

静态地址分配设置：为了方便对局域网中计算机的 IP 地址进行控制，TP-LINK 路由器内置了静态地址分配功能。静态地址分配表可以为具有指定 MAC 地址的计算机预留静态的 IP 地址。之后，此计算机请求 DHCP 服务器获得 IP 地址时，DHCP 服务器将给它分配此预留的 IP 地址，如图 7.44 所示。

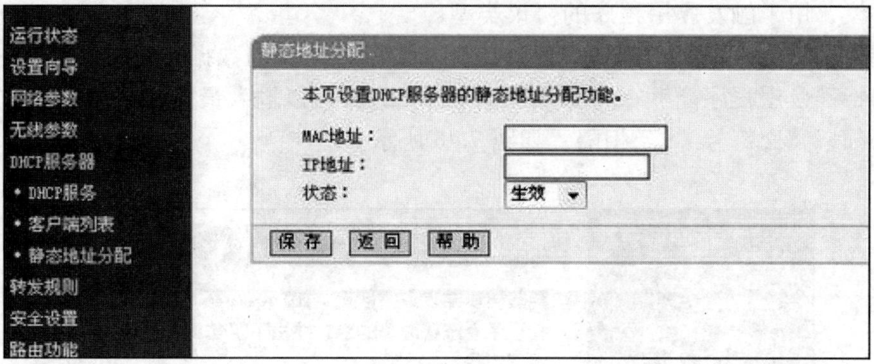

图 7.44　静态地址分配

常用服务端口下拉列表中列举了一些常用的服务端口，可以从中选择所需要的服务，然后单击此按钮，把该服务端口填入上面的虚拟服务器列表中。

如果用户对网络服务有比较高的要求（如 BT 下载之类），都可以在转发规则这里一一进行设置。虚拟服务器定义一个服务端口，所有对此端口的服务请求将被重新定位给通过 IP 地址指定的局域网中的服务器，如图 7.45 所示。

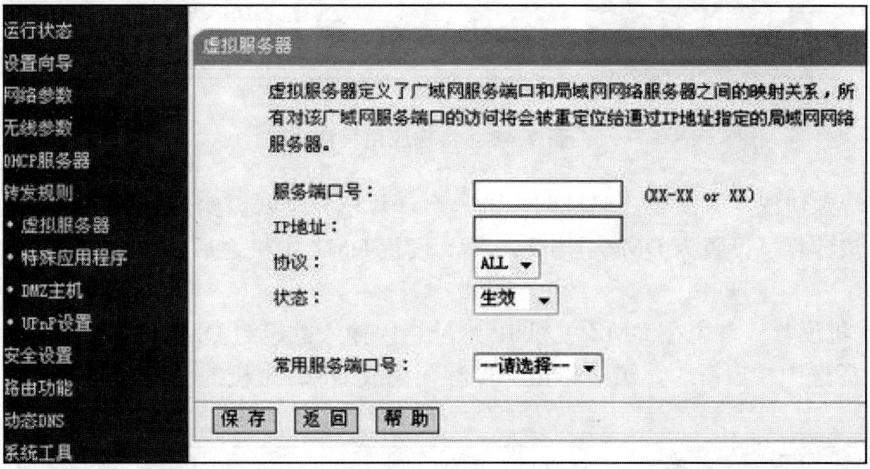

图 7.45　虚拟服务器

服务端口： WAN 端服务端口，即路由器提供给广域网的服务端口。可以输入一个端口号，也可以输入一个端口段，如：6001-6008。

IP 地址：局域网中作为服务器的计算机的 IP 地址。

协议：服务器所使用的协议。

启用：只有选中该项后本条目所设置的规则才能生效。

常用服务端口下拉列表中列举了一些常用的服务端口，用户可以从中选择所需要的服务，然后单击此按钮，把该服务端口填入上面的虚拟服务器列表中。

某些程序需要多条连接，如 Internet 游戏、视频会议、网络电话等。由于防火墙的存在，这些程序无法在简单的 NAT 路由下工作。特殊应用程序使得某些这样的应用程序能够在 NAT 路由下工作。

触发端口：用于触发应用程序的端口号。

触发协议：用于触发应用程序的协议类型。

开放端口：当触发端口被探知后，在该端口上通向内网的数据包将被允许穿过防火墙，以使相应的特殊应用程序能够在NAT路由下正常工作。可以输入最多5组的端口(或端口段)，每组端口必须以英文符号“,”相隔，如图7.46所示。

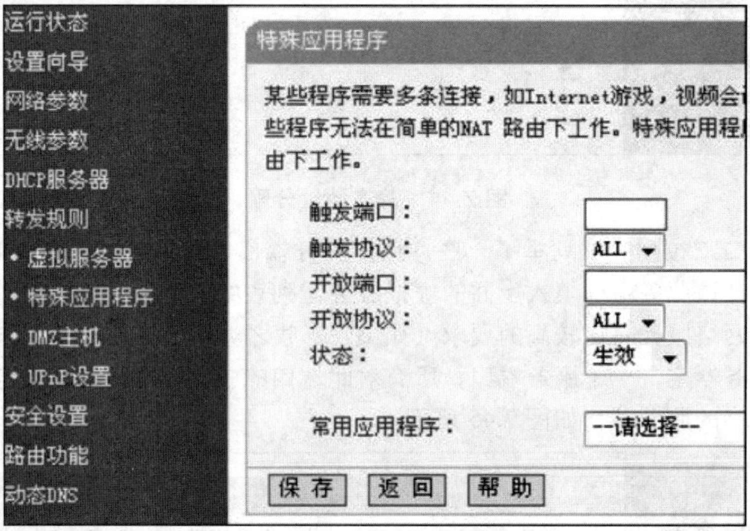

图7.46　特殊应用程序

在某些特殊情况下，需要让局域网中的一台计算机完全暴露给广域网，以实现双向通信，此时可以把该计算机设置为DMZ主机。注意：设置DMZ主机之后，与该IP相关的防火墙设置将不起作用。

DMZ主机设置：首先在DMZ主机IP地址栏内输入欲设为DMZ主机的局域网计算机的IP地址，然后选中“启用”，最后单击“保存”完成DMZ主机的设置，如图7.47所示。

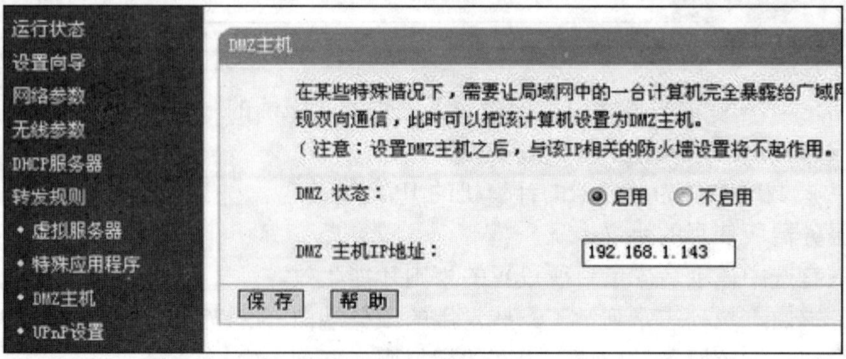

图7.47　DMZ主机

UPnP设置：如果使用迅雷、电驴、快车等各类BT下载软件就建议开启。其效果是能加快BT下载。具体就不作详细说明了，如图7.48所示。

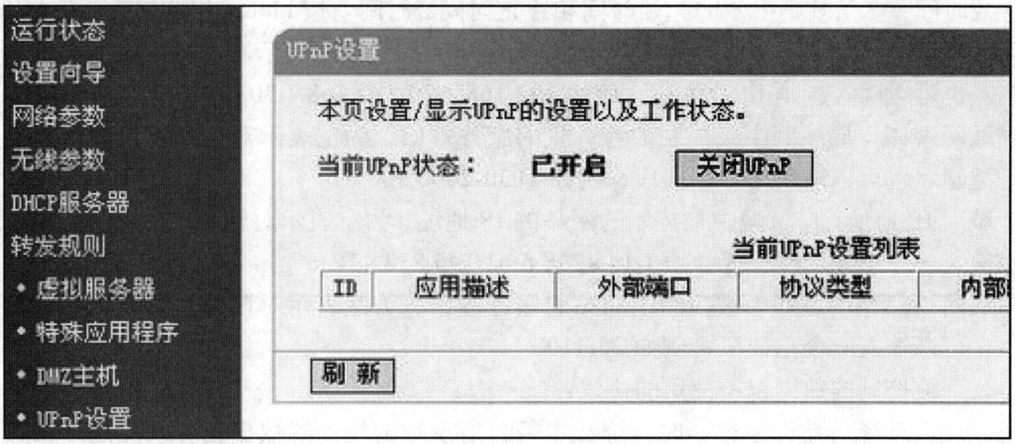

图 7.48　UPnP 设置

基本上普通的家用路由的内置防火墙功能比较简单，只是基本满足普通大众用户的一些基本安全要求。不过为了上网能多一层保障，开启家用路由自带的防火墙也是个不错的保障选择。

在安全设置的第一项防火墙设置内我们可以选择开启一些防火墙功能“IP 地址过滤”、“域名过滤”、“MAC 地址过滤”、“高级安全设置”。开启了以后使之后的各类安全功能设置生效，如图 7.49 所示。

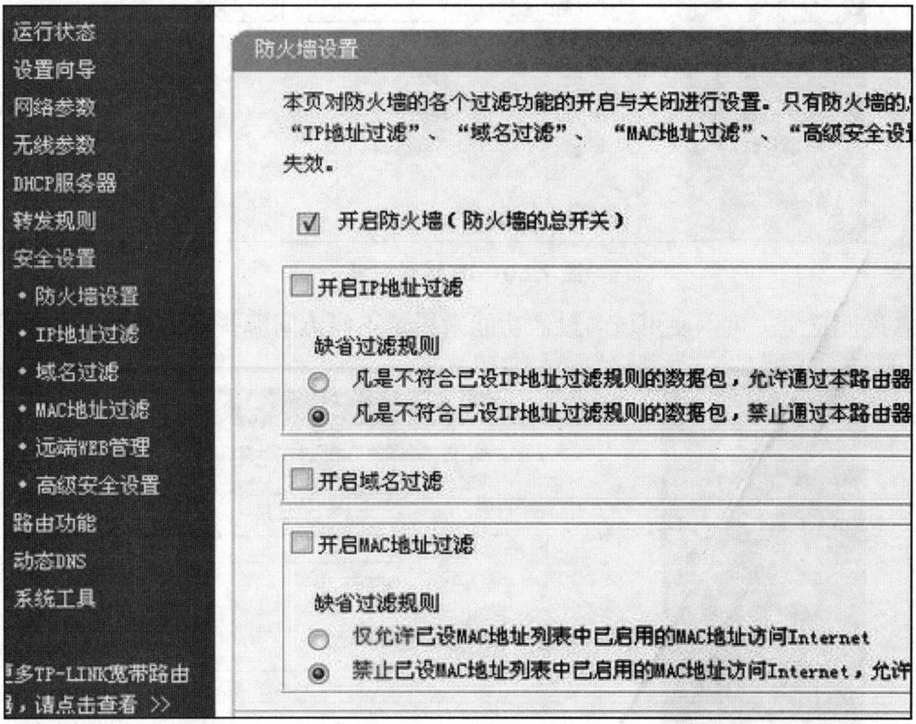

图 7.49　防火墙设置

在 IP 地址过滤这里，通过数据包过滤功能来控制局域网中计算机对互联网上某些网站的访问，如图 7.50 所示。

生效时间：本条规则生效的起始时间和终止时间。时间请按 hhmm 格式输入，例如 0803。

局域网 IP 地址：局域网中被控制的计算机的 IP 地址，为空表示对局域网中所有计算机进行控制。也可以输入一个 IP 地址段，例如 192.168.1.20-192.168.1.30。

局域网端口：局域网中被控制的计算机的服务端口，为空表示对该计算机的所有服务端口进行控制。也可以输入一个端口段，例如 1030-2000。

广域网 IP 地址：广域网中被控制的网站的 IP 地址，为空表示对整个广域网进行控制。您也可以输入一个 IP 地址段，例如 61.145.238.6-61.145.238.47。

广域网端口：广域网中被控制的网站的服务端口，为空表示对该网站所有服务端口进行控制。也可以输入一个端口段，例如 25-110。

协议：被控制的数据包所使用的协议。

通过：当选择“允许通过”时，符合本条目所设置的规则的数据包可以通过路由器，否则该数据包将不能通过路由器。

状态：只有选择“生效”后本条目所设置的规则才能生效。

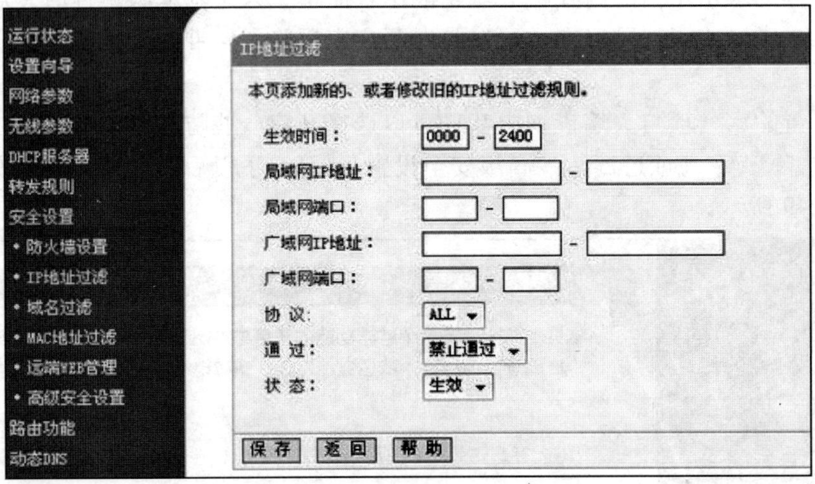

图 7.50　IP 地址过滤

在域名过滤这里，可以使用域名过滤功能来指定不能访问哪些网站，如图 7.51 所示。

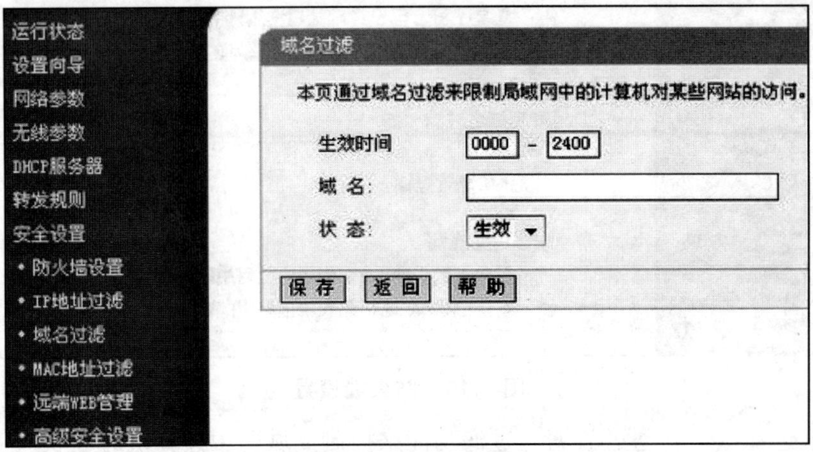

图 7.51　域名过滤

生效时间：本条规则生效的起始时间和终止时间。时间请按 hhmm 格式输入，例如 0803，表示 8 时 3 分。

域名：被过滤的网站的域名或域名的一部分，为空表示禁止访问所有网站。如果在此处填入某一个字符串（不区分大小写），则局域网中的计算机将不能访问所有域名中含有该字符串的网站。

状态：只有选中该项后本条目所设置的过滤规则才能生效。

在 MAC 地址过滤这里可以通过 MAC 地址过滤功能来控制局域网中计算机对 Internet 的访问，如图 7.52 所示。

MAC 地址：局域网中被控制的计算机的 MAC 地址。

描述：对被控制的计算机的简单描述。

状态：只有设为“启用”时本条目所设置的规则才能生效。

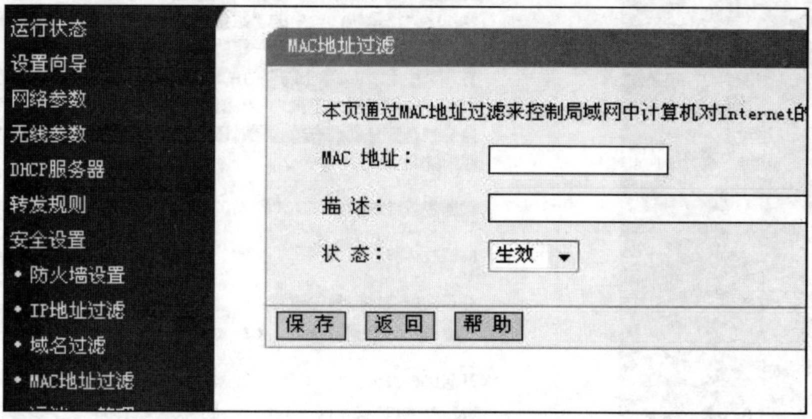

图 7.52　MAC 地址过滤

远端 WEB 管理按字面解析是设置路由器的 WEB 管理端口和广域网中可以执行远端 WEB 管理的计算机的 IP 地址，如图 7.53 所示。

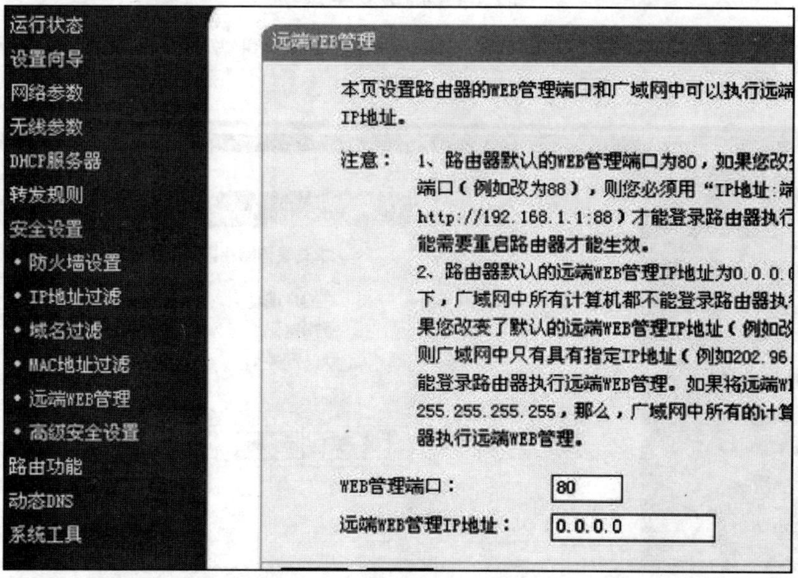

图 7.53　远端 WEB 管理

WEB 管理端口：可以执行 WEB 管理的端口号。

远端 WEB 管理 IP 地址：广域网中可以执行远端 WEB 管理的计算机的 IP 地址。

数据包统计时间间隔：对当前这段时间里的数据进行统计，如果统计得到的某种数据包（例如 UDP FLOOD）达到了指定的阈值，那么系统将认为 UDP-FLOOD 攻击已经发生，如果 UDP-FLOOD 过滤已经开启，那么路由器将会停止接收该类型的数据包，从而达到防范攻击的目的，如图 7.54 所示。

DOS 攻击防范：这是开启以下所有防范措施的总开关，只有选择此项后，才能使几种防范措施生效。

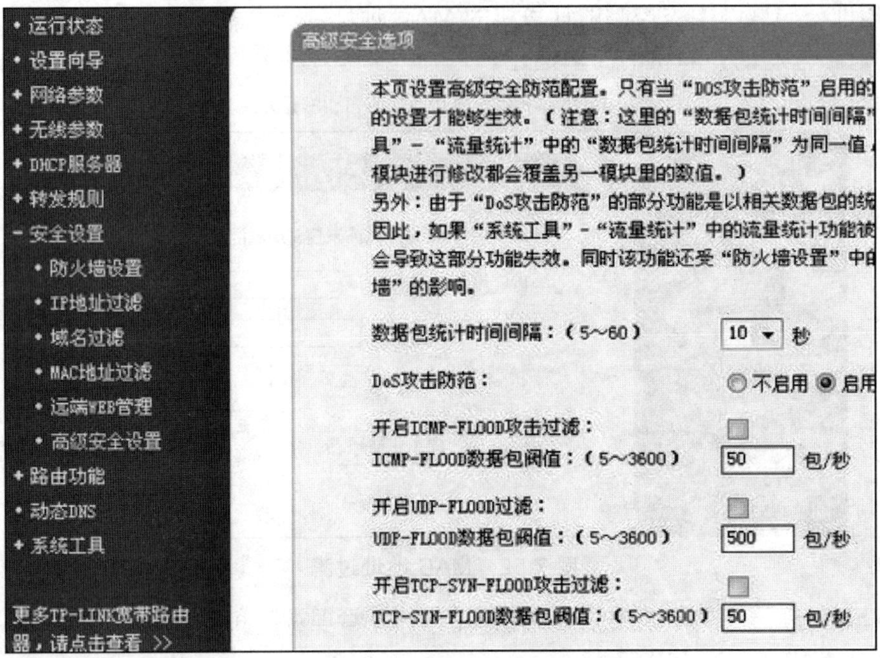

图 7.54　高级安全选项

紧接着路由功能这里，如果用户们有连接其他路由的网络需要则可进行设置，如图 7.55 所示。

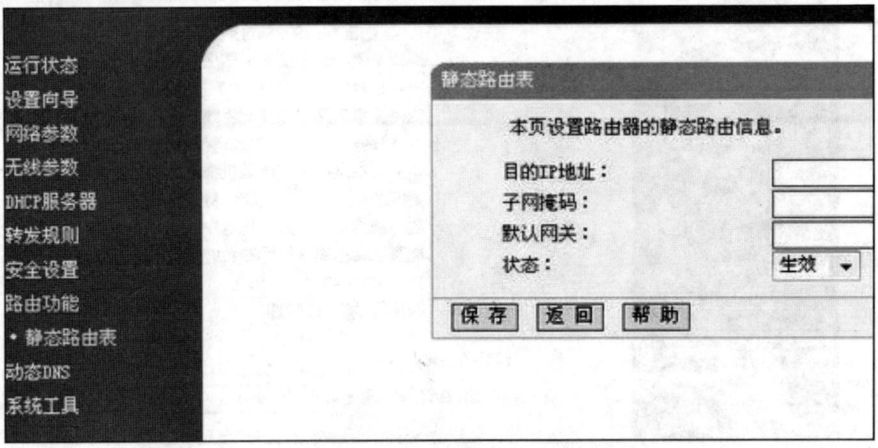

图 7.55　静态路由表

目的 IP 地址：欲访问的网络或主机 IP 地址。

子网掩码：填入子网掩码。

网关：数据包被发往的路由器或主机的 IP 地址。该 IP 必须是与 WAN 或 LAN 口属于同一个网段。

状态：只有选择“生效”后本条目所设置的规则才能生效。

动态 DNS 是部分 TP-LINK 路由的一个新的设置内容。这里所提供的“Oray.net 花生壳 DDNS”是用来解决动态 IP 的问题。针对大多数不使用固定 IP 地址的用户，通过动态域名解析服务可以经济、高效地构建自身的网络系统，如图 7.56 所示。

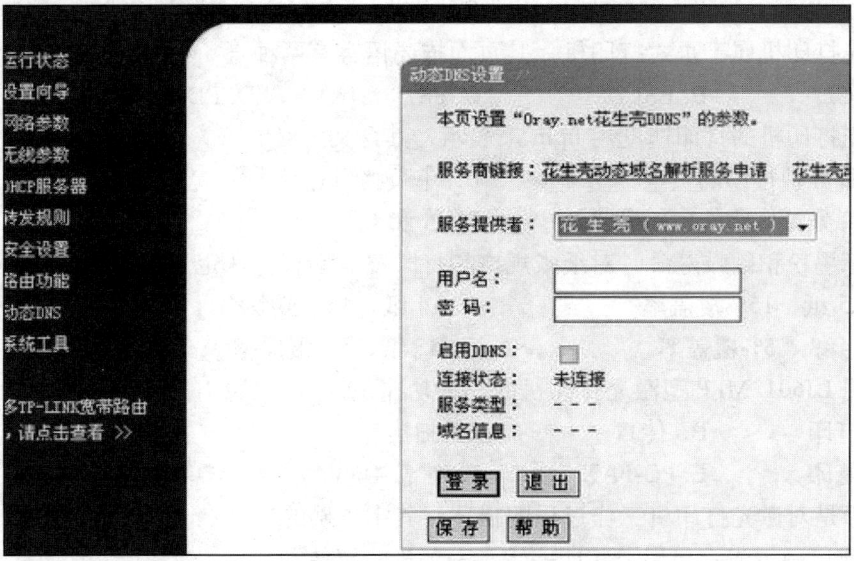

图 7.56 动态 DNS 设置

服务提供者：提供 DDNS 的服务器。

用户名：在 DDNS 服务器上注册的用户名。

密码：在 DDNS 服务器上注册的密码。

启用 DDNS：选中则启用 DDNS 功能，否则关闭 DDNS 功能。

连接状态：当前与 DDNS 服务器的连接状态。

服务类型：在 DDNS 服务器上注册的服务类型。

域名信息：当前从 DDNS 服务器获得的域名服务列表。有兴趣的用户可以尝试一下这个功能。

【课堂实践】

通过无线路由配置实验学习，完成以下操作：

（1）建立一个名字为“jsjwhfwgf”的网络，密码为“1234567890”。

（2）限制允许 5 台计算机连接。

【课外拓展】

了解 3500L 无线路由器网址过滤功能。

【项目习题】

一、选择题

1. 打印机按基本原理可分为二大类，它们是（　　）。

A. 页式　　B. 击打式　　C. 行式　　D. 非击打式

2. 激光打印机属于页式打印机，其页面描述语言有两种（　　）。

A. PCL　　B. ESC/2　　C. PS　　D. PDL

3. 激光打印机的打印速度用 ppm 来表示，其含义为（　　）。

A. 每分钟打印的页数　　B. 单页拷贝速度

C. 每分钟打印的字符数　　D. A 和 C

4. 测算墨粉和硒鼓寿命时对纸张规格和打印覆盖率有特殊定义，分别为（　　）。

A. A5 纸、15%覆盖率　　B. A4 纸、15%覆盖率

C. A4 纸、5%覆盖率　　D. B5 纸、5%覆盖率

5. 联想 LJ6012MFP 型激光打印机的三种功能是（　　）。

A. 打印　　B. 传真　　C. 扫描

D. 复印　　E. PC-FAX　　F. 信息中心

6. 下面是对激光打印机工作过程的描述，其中正确的有（　　）。

A. 充电→感光→显影→转印→定影→消影→清洁

B. 感光→显影→充电→定影→转印→消影→清洁

C. 充电→显影→定影→感光→转印→消影→清洁

D. 显影→定影→充电→感光→转印→消影→清洁

7. 多功能一体机的好处是（　　）。

A. 提高办公效率　　B. 多项功能集成在一起

C. 只需操作一个设备　　D. 节省空间和费用

8. 联想 LJ2312P 打印机支持的打印接口有（　　）。

A. 并口　　B. SCSI 接口　　C. USB 接口　　D. 串口

9. 打印机自检打印正常，在 DOS 系统下输入 DIR>PRN 后打印机无反应，其故障可能为（　　）。

A. 并口坏　　B. 电缆坏　　C. 驱动程序坏　　D. 盖没有关好

10. 下列对打印机的描述正确的有（　　）。

A. 打印速度和打印质量是衡量和评价打印机的两项重要指标

B. 打印机产品手册中给出的打印速度是指实际打印速度

C. 分辨率不是考查打印机质量的唯一指标

D. 不同类型的打印机其工作原理是相同的

参考文献

[1] 李密生. 计算机组装与维修教程[M]. 北京：中国铁道出版社，2010.
[2] 童建中. 计算机组装与维护[M]. 成都：西南交通大学出版社，2009.
[3] 李云. 计算机硬件技术基础[M]. 北京：机械工业出版社，2011.
[4] David A. Patterson. 计算机组成与设计：硬件、软件接口[M]. 北京：机械工业出版社，2012.